ENDURANCE

我在太空的一年

NASA宇航员
亲历太空的 340 天

A YEAR IN SPACE,
A LIFETIME OF DISCOVERY

〔美〕斯科特 · 凯利（Scott Kelly）

玛格丽特 · 拉扎勒斯 · 迪安（Margaret Lazarus Dean）— 著

郑永春 门雪洁 — 译

中信出版集团｜北京

图书在版编目（CIP）数据

我在太空的一年 /（美）斯科特·凯利，（美）玛格
丽特·拉扎勒斯·迪安著；郑永春，门雪洁译. -- 北京：
中信出版社，2020.1
　书名原文：Endurance: A Year in Space, A
Lifetime of Discovery
　ISBN 978-7-5217-1210-0

　Ⅰ.①我… Ⅱ.①斯…②玛…③郑…④门… Ⅲ.
①航天—普及读物 Ⅳ.① V4-49

　中国版本图书馆 CIP 数据核字（2019）第 247771 号

我在太空的一年

著　　者：［美］斯科特·凯利　［美］玛格丽特·拉扎勒斯·迪安
译　　者：郑永春　门雪洁
出版发行：中信出版集团股份有限公司
　　　　　（北京市朝阳区惠新东街甲 4 号富盛大厦 2 座　邮编　100029）
承 印 者：北京盛通印刷股份有限公司

开　　本：787mm×1092mm　1/16　　印　　张：26.5
插　　页：12　　　　　　　　　　　　字　　数：337 千字
版　　次：2020 年 1 月第 1 版　　　　印　　次：2020 年 1 月第 1 次印刷
京权图字：01-2018-3575　　　　　　　广告经营许可证：京朝工商广字第 8087 号
书　　号：ISBN 978-7-5217-1210-0
定　　价：78.00 元

献给艾米蔻
一个与我共度了这趟旅程的人

一个人必须直接将自己塑造成一个新的标记，
将旧的标记抛在脑后。

欧内斯特·沙克尔顿爵士（Sir Ernest Shackleton）
南极探险者，"坚忍号"（Endurance）船长

目录

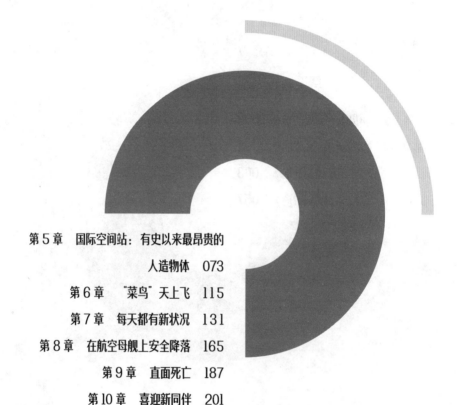

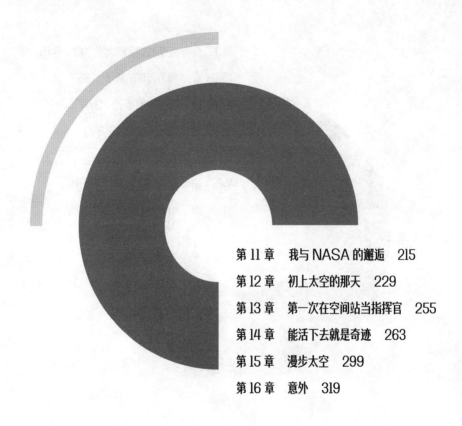

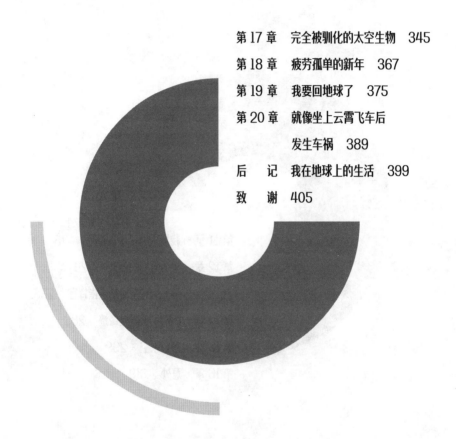

译序

被一本书激发的太空梦

在我们的印象里，宇航员小时候都是乖孩子，但实际上并非如此。斯科特·凯利在上小学和中学的时候，并不是班里的优秀学生，他的学习成绩很不好，老师教的内容丝毫无法引起他的兴趣，他上课总是开小差，很长时间都难以集中注意力。甚至在上大学之前，他一直都找不到人生的方向，所以毕业考试也考得很差。然而，一次偶然的机会，他走进一家书店，在展架上发现了一本书——《太空英雄》。后来，正是那本书改变了他的一生。那本书讲述了一些年轻人冒险征服太空的故事，写得非常真实。那些让人身临其境的生动场景激发了凯利内心追求梦想的冲动，他因此立志要成为驾驶航天飞机的宇航员。

冒险精神是宇航员必须具备的一个重要特质，凯利和他的双胞胎哥哥都具有这种特质。他们的身上伤疤叠着伤疤，他的哥哥小时候还差点被汽车撞死。这种冒险精神也源自他们的家庭传统，凯利的父母都是警察，一家人经常什么东西都不带就出海了，这种小时候出海冒险的经历为兄弟俩此后的职业生涯埋下了深深的种子。

在凯利小的时候，他的母亲下定决心想成为警察，还制订了详细的锻炼计划，每天按照计划严格执行，最终成功实现了梦想，成为男人堆里的一名优秀女警。这件事给凯利之后的学习和职业生涯带来了不可磨灭的影响。他相信，努力可以改变命运。上大学的时候，有些课程他实在无法学会，但为了实现驾驶航天飞机的梦想，他咬紧牙关，强迫自己每天必须在座位上坐足够的时间，一遍又一遍地做题，最终实现了从普通学生到优秀学生的逆袭，他后来甚至认为在考试中得 B 比得 A 更难，因为你要得 A，只要做到最好就够了，但是得 B 要比得 A 差一点，还必须考得比 C 要好，他觉得这是很难做到的。

我们可以看到，一本好书可以改变一个人的一生。所以，科学家也好，工程师也好，公众人物也好，我们每个人都要有社会责任感。我们要用自己的言行去影响周围的人，尽可能多地为社会做贡献，做一些公益的事。或许，通过你的一次演讲或一本书，一些人的人生轨迹就会改变。我一直认为做这样的事情是非常有价值的。这也是凯利在回到地球后写这本书的主要目的，虽然他并无写作经验，但他希望通过自己的亲身经历去鼓舞跟他一样心怀梦想的孩子。事实上，你会发现，凯利很有讲故事的天赋。

每个人心中都有梦想，但梦想是需要被激发和启迪的。有很多人，比如大山里的孩子，可能他们的梦想一生都没有被激发，人生也因此失去了很多可能性。这也是促使我翻译这本书、做科普报告、写科普书和参加科普活动的主要动力。我确实发现，有些人的一生，真的可能会因为我的努力而改变。如果他们中的一些人会因此爱上天文学，爱上太空，成为未来的科学家或者工程师，这是一件很幸福的事情。

揭秘宇航员的太空生活

宇航员身上不能有伤疤吗？非也。凯利身上的伤疤不少，甚至有一次在航天飞机发射时，他腿上还带着伤，但在科学评估之后竟然如期发射升空。宇航员有时候也喝酒，凯利与两位宇航员同事聚会时，曾喝得酩酊大醉，最后只能借宿到附近的朋友那里。宇航员也并非完美，凯利遇到过情感问题，还离过婚，他的宇航员同事也有类似的经历。

让我印象深刻的是，作为世界上航天技术非常先进的两个国家，美国和俄罗斯的航天作风截然不同。美国人在航天飞机发射的时候，仪式感更强一些。而俄罗斯人对航天飞机发射的态度似乎更轻松一些，有时让人感觉漫不经心，他们甚至不会疏散火箭发射台周围的无关人员，很多人就围在四周观看火箭发射，大概是对航天飞机的发射已经习以为常了吧。

俄罗斯航天局对宇航员的补贴也与美国大不相同。俄罗斯宇航员的基本工资比美国宇航员要低得多，但他们在国际空间站飞行的每一天都会得到奖金。这也使俄罗斯宇航员对空间站上的一切问题的回答都是"很好""没问题"，不然他们可能会被扣工资。美国宇航员在空间站上工作时每天只能拿到 5 美元的津贴，但他们的基本工资要比俄罗斯宇航员高得多。

毫无疑问，国际空间站是人类在太空中最大的基础设施，也是人类合作精神的重要象征。国际空间站虽然是由 16 个国家或地区组织合作建设的，分为很多个舱段，但最重要的部分还是美国和俄罗斯的。美国宇航员和俄罗斯宇航员事实上生活在不同的区域，相互之间的工作和生活都分得清清楚楚，他们通过各种协议来确定双方的合作。如果宇航员之间需要相互帮助，两国航天局就必须进行谈判，等价交换。但即便如此，两国宇航员之间仍然可以保持私人友谊，他们每周五晚上都会聚会，当新的宇航员到来、离开或宇航员过生日的时候，他们就会安排一次有仪式感的祝福和聚餐。当货运飞船返回地球前还有剩余空间的时候，他们偶尔会把自己一方多余的垃圾偷偷塞进对方的飞船，这种行为当然没有协议约束，却行之有效。美国宇航员在空间站上的工作日程表被排得满满当当的，俄罗斯宇航员的时间却很宽裕，但即使闲着，他们也不能帮忙。两国宇航员的这种差异也反映了俄罗斯航天投入受限的窘境。

大家都很想知道，宇航员在太空中吃什么。如今，一些太空食品已经出现在了超市的货架上，满足了普通人猎奇的需求。很多人以为，宇航员吃的东西都是压缩饼干或像牙膏那样的膏体。但事实上，宇航员的食物比我们想象的要丰富得多，有脱水鸡蛋、饼干，他们每天早上还能喝到加了奶油和糖的脱水咖啡。当新宇航员到来时，凯利还有机会吃到新宇航员带来的地方特产，比如知名品牌冰激凌和哈萨克斯坦的奶制品。由于每份食物都是小分量独立包装的，所以他们每顿饭都可以吃到不同的食物，而且宇航员可以自主决定今天吃什么。除了新鲜蔬菜和水果十分短缺之外，太空中的饮食与地球上并没有太大不同。为了解决新鲜蔬菜和水果的问题，凯利在国际空间站上的一个重要工作就是栽培作物，为今后在太空中的生活提供更多食物选择。

国际空间站建成至今已有二十多年了，外壳已经伤痕累累。空间站内部的很多设备，比如二氧化碳去除装置、尿液净化装置等，经常会出现故障，所以宇航员在空间站上的很大一部分工作是维修和更换各种各样的设备。有趣的是，尿液净化技术也是美国和俄罗斯的一种交换，俄罗斯人喝刚送来的新鲜的水，美国人负责收集和处理尿液。

宇航员是具有牺牲精神的勇士

很多人都知道，培养一位飞行员非常不容易，培养一位战斗机的飞行员更不容易，而培养一位在航空母舰上执行任务的战斗机飞行员，更是难上加难。在航空母舰上驾驶飞机起飞或降落，被形象地比喻为刀尖上的舞蹈，而凯利正是从航空母舰的战斗机飞行员中选拔出来的宇航员。所以，培养一位宇航员的难度可想而知。

太空探索是冒险者的游戏。凯利从一个海军学院的学员起步，在海军训练时，一个房间住着20个人，床铺都分为上中下三层，这使他练就了在狭小空间生活和工作的能力。这种能力对他后来在太空中狭窄空间的工作大有裨益。

领导力是每一位宇航员的必备技能，而凯利是一位既有冒险精神又有领导力的宇航员。在海军训练队的时候，有一次他组织船上派对深夜从船尾坠入水中，差点被淹死。凯利求学的阶段正好是美国载人航天事业大发展的时期。那时，NASA（美国国家航空航天局）开办了一个国际性的宇航员培训班，学员来自日本、欧洲、加拿大等国家和地区。有意思的是，这些他的同班同学，许多人后来都成了他的宇航员同事，这为他们在太空中开展合作降低了很多沟通成本。

宇航员是具有牺牲精神的勇士。从某种意义上说，他们是代表全体人类出征太空的。他们获得了在太空生活和工作的经验，这些经验最终也将为人类在太空中拓展我们的生存空间奠定基础。凯利是目前为止在太空中连续生活时间最长的人，在国际空间站上生活的一年中，他每周都要进行各种生理和心理指标的测试，目的是研究将来飞往火星的漫长旅途可能对人体产生的影响。幸运的是，凯利的哥哥也是一位宇航员，他们两人的基因有很大程度的相似性，甚至脾气性格也非常相近。通过他们之间的差异对比，我们就可以明白太空生活到底会对人类产生什么样的影响。

想想凯利在太空生活时面临的困境和做出的牺牲，我们就会对这些太空勇士产生更深刻的印象。在一次前往国际空间站之前，凯利被诊断出患有前列腺癌，他在手术之后再次出征太空，这本身就会有风险。在几次太空飞行中，他都能感觉到眼球充血，这对他的视力造成了明显的伤害。他甚至能感觉到高能量的宇宙射线穿透了他的身体。国际空间站上的二氧化碳去除装置并不稳定，当有人锻炼身体时，或宇航员人数太多时，空气中的二氧化碳浓度就会超标，他们的心情、工作效率、身体状况都会受到影响，这一切都可能损害宇航员的身体健康。

一名宇航员尤其难以忍受的是远离家人、独自一人生活的孤独和无助。凯利错过了和他的两个女儿、女友艾米蔻、他的父母、祖母一起共处的很多重要时刻。当他在太空工作时，有的亲人永远地离开了这个世界。他跟他的女友长期分离，造成感情生疏。他的嫂子，也就是他双胞胎哥哥的妻子，一位国会议员，遭受枪击，但他因为身在太空而无能为力。他看到曾经驾驶过的航天飞机在太空中爆炸，便组织了很多志愿者去碎片落下的地方，搜寻航天飞机的残骸和宇航员好友的身体残肢。明知发射升空危险重重，他还要冒险坐上飞船，这是非常残酷的一件事。

从 2003 年杨利伟首次成功飞天以来，中国载人航天工程进展十分顺利。目前，中国的空间站建设正在抓紧进行，预计在 2022 年左右，中国人将建成自己的空间站。这本书为我们了解空间站上的生活，利用空间站开展国际合作提供了启示。书中介绍了宇航员选拔、训练、工作和生活的细节，描述了他们丰富的内心感受，颠覆了我们对宇航员的传统认知。此书不仅可以满足很多普通读者的好奇心，而且对专业人士也有参考价值。

"火星叔叔"郑永春

行星科学专家，中国科学院国家天文台研究员

引言

此时此刻，在休斯敦的家中，我坐在餐桌的一端，与家人一起共进晚餐：我相恋多年的女友艾米蔻；我的女儿萨曼莎和夏洛特；我的双胞胎兄弟马克，还有他的妻子嘉贝丽，他们的女儿克劳迪娅；我的父亲里奇，以及艾米蔻的儿子柯宾。坐在餐桌边与你爱的人一起吃饭，是一件再普通不过的事情，许多人每天都在做，无须多加思考。但对我来说，这是一年来我梦寐以求的事情。我无数次地幻想着吃这顿饭的场景，现在终于美梦成真。不过，这一切似乎并不完全真实。我许久未见的所爱之人的脸，大家的闲聊声，银质餐具的叮当声，玻璃杯中的葡萄酒——一切都是那么陌生。即使重力使我坐在椅子上，这种感觉也很奇怪。每次把玻璃杯或叉子放到桌上时，我的脑海中都会浮现出一些尼龙搭扣或胶带把它们固定住。我回到地球已经 48 小时了。

我撑着桌子，努力站起来，感觉就像一位老人离开躺椅。

"我吃完了。"我对大家说。大家哈哈大笑，劝我去休息一下。我开始了通往卧室的旅程，从椅子到床约有 20 步距离。走到第三步的时候，地板似乎猛地一颤，我撞上了花盆。这当然不是地板的错，只是我的前庭系统正在努力适应地球的重力。我正再次习惯于走路。

"这是我第一次看到你绊倒，"马克说，"你做得很好。"对于从太空返回重力环境是什么感觉，他也有经验。我从萨曼莎身边走过，把手搭在她的肩膀上，她对我笑了笑。

我顺利到达卧室，关上门。浑身疼痛。所有的关节和肌肉都在与重力的压力对抗。虽然没有呕吐，但我依然觉得很恶心。我脱掉衣服，上床睡觉，感受床单的触感，毯子盖在身上的压力，还有枕头的蓬松。所有这些都是我之前错过的东西，我还可以听到门外传来的家人的欢笑声。因为卫星电话的声音失真，我一年来都没有真切地听过这种声音。伴着他们的欢声笑语，我坠入了梦乡。

一束亮光唤醒了我，天亮了吗？不，只是艾米蔻来睡觉了。我只睡了几个小时，但我觉得神志不清，要挣扎着让自己清醒一些，才能动弹一下。我想告诉她我的感觉有多糟糕。现在，我感到非常恶心，发着高烧，身上好像更疼了。这跟我上次任务结束后的感觉不一样。这次更糟糕。

"艾米蔻！"我终于叫了出来。

我的叫声吓了她一跳。

"怎么了？"她摸了摸我的胳膊，又摸了摸额头。她的手凉凉的，不过正好，我很热。

"我感觉不太好。"我说。

我已经去过4次太空了。2010年到2011年，我在国际空间站上度过了159天。而艾米蔻像以前一样，是我的主要精神支柱，陪我经历了整个过程。那次返回地球，我也有一些身体反应，但不像现在这样。

我挣扎着起身，摸着床边，双脚着地，坐起身，站起来。每一步，我都觉得像在流沙里战斗。最终，我站起来，双腿疼得可怕，除了这种痛苦外，我感觉到了更令人震惊的事：似乎全身的血液都在涌向双腿，就像倒立时血液都冲向脑袋一样，只不过方向相反。我可以感觉到腿部正在肿胀。我向浴室挪动，小心地把重心从一只脚挪到另一只脚。左，右，左，右。

我进了浴室，在灯光下，看着双腿。这简直是肿胀而怪异的树桩，而不是腿。

"哦，天哪，"我说，"艾米蔻，来看看这个。"

她跪在地上，按了按我脚踝的一侧，脚踝就像水球一样被挤扁了。她担心地抬头看着我说："我都摸不到你的踝骨。"

"我感觉皮肤在燃烧。"我告诉她。艾米蔻疯狂地检查我的身体。背上，双腿的背面，头和颈部的背面，凡是与床接触的地方都布满了奇怪的皮疹。我可以感觉到她凉凉的手轻轻地抚过我起皮疹的皮肤。"看起来像一种过敏性皮疹，"她说，"像荨麻疹一样。"

我洗完澡，又挪回床上，想着我应该做些什么。通常情况下，如果我醒来发现自己起了皮疹，我应该去急诊室，但医院里没人见过在太空待了一年后造成的病症。我爬回床上，想要找到一种躺下而不碰到皮疹的方式。我能听到艾米蔻正在翻箱倒柜地找药。她拿来两颗布洛芬和一杯水。她坐下来，我可以从她的每一个动作、每一次呼吸中，感受到她对我的担心。我们都很清楚我那份使命可能带来的风险。我们在一起 6 年了，即使在无言的黑暗中，我也非常理解她。

我一边努力让自己睡觉，一边很想知道，我的朋友米哈伊尔·科尔尼延科（Mikhail Kornienko）是否也腿部肿胀，是否也起了让人痛苦的皮疹？米沙[①] 和我在太空中一起度过了将近一年的时间，现在他在莫斯科的家中。我怀疑他也有同样的症状。毕竟，这就是我们自愿参加这项任务的原因，为了发现长期太空飞行如何影响人体。科学家会在我们的余生中研究我和米沙的身体数据。我们必须更多地了解如何克服太空飞行过程中最薄弱的环节——人体和思智，否

---

① 米沙是米哈伊尔·科尔尼延科的昵称。——译者注

则我们的航天机构将无法深入更远的太空，到达火星这样的目的地。太空任务存在风险，比如发射的风险、太空行走的风险、返回地球的风险，生活在一个以每小时 17 500 英里①的速度环绕地球的金属容器中，我们每一刻都面临风险。人们经常问我，明知风险存在，为什么还自愿参加这项任务？关于这个问题，我有几种答案，但没有一种答案让我自己感到满意，它们都无法很好地回答这一问题。

当我还是个孩子时，我常常做一些奇怪的白日梦。我幻想自己被安置在一个很小的空间中，这个空间小到无法让我躺下。我蜷缩在地板上，知道自己会在那里待很长时间，无法离开，但我不介意——我有一种拥有自己所需的一切的感觉。留在那个狭小的空间里，在那里做一些有挑战性的事，这种想象一直吸引着我。我觉得，我属于那里。

5 岁时的一天晚上，父母摇醒了我和马克，催促我们到客厅看电视上一个模糊的灰色图像，他们说这是人类第一次在月球上行走。我记得，我听到尼尔·阿姆斯特朗（Neil Armstrong）断断续续的声音，想要弄清楚他说的话，他说，他正在我家窗外的新泽西州夏夜的天空中，看到发光的地球。观看登陆月球的过程，让我反复做着奇怪的噩梦：我梦见自己正准备乘火箭发射到月球，不过我不是安全地坐在里面，而是被绑在火箭的尖端，背靠着火箭头，在空中直立着。倒计时开始了，月光笼罩着我，巨大的火山口让我感到恐惧。我知道，一点火，我就活不成了。每次梦到这件事，在点火发射的前一刻，我就会惊醒，害怕得直冒冷汗。

作为一个孩子，什么危险的事我都干过，倒不是因为我太莽撞，而是因为别的事情都很无聊。我脱了外套，到处钻来钻去，和其他小男孩比赛滑冰，摔

---

① 1 英里 ≈1.609 3 千米。——编者注

倒，游泳，翻船，有一次我差点死掉。6岁的时候，我和马克顺着排水管往上爬，从两三层楼高的屋顶向父母挥手，再爬下来，这种感觉就像一辆失控的自行车从山坡上直冲下来。尝试艰难的事情，是我们生活中的唯一乐趣。如果你正在做一些安全的事情，你已经知道自己可以完成的事情，那你就是在浪费时间。我发现令人困惑的是，有些人和我年龄相仿，却可以整天待在校园里安静地坐着，呼吸和眨眼，他们抗拒跑到外面探索世界，抗拒做新鲜事儿，他们没有冒险的冲动。他们是怎么想的？他们可以在教室里学到什么？

我不是个好学生，上课总是盯着窗外或看着闹钟，等待下课。老师责骂我，批评我，最后，一些老师直接忽视我。那时，我的父母一个是警察，一个是秘书，他们想要惩罚我们兄弟俩，但没什么用。我们都不听话。在大部分时间里，我们两个人放学后，父母还没下班；在周末早上，他们宿醉不醒。我们可以放肆地做自己喜欢的事情，而我们喜欢的是冒险。

上高中时，我第一次找到了一件大人同意我做的事：担任急救员。参加急诊医疗课程时，我发现自己能耐住性子坐下来学习。我开始做志愿者，几年来我一直把这当成我的全职工作。我整晚都待在救护车上，不知道接下来会遇到什么，枪伤、心脏病发作或是骨折。有一次，我在一处公共居民住宅接生了一个婴儿，那位母亲躺在一张破烂的床上，床上铺着很久没洗过的旧床单，一个裸露的灯泡在头顶摇晃，脏兮兮的碗碟堆放在水槽里。每次走进一处潜藏着危险的地方，我的心就怦怦直跳，我不得不依靠自己的智慧，这种感觉令人兴奋。我正在处理生死攸关的情况，而不是待在无聊的、对我来说没有意义的课堂上。早上，我经常开车回家，是去睡觉，而不是去上学。

急诊医疗课程进行到后半部分时，我高中毕业了。我去了唯一愿意录取我的学校，而不是我尽全力申请的那所学校。在那里，我还是和高中时一样，对学业没什么兴趣，而且我的年纪也大了，不再爬上跳下地玩耍了。参加聚会代替了出去急诊，但这并不能让我满足。大人问起来，我说我想成为一名医生。我已经报名参加了预科课程，但在第一学期失败了。我知道，自己只是在原地停滞不前，等待别人告诉我得做点别的事情，而我不知道自己要做什么。

有一天，我走进校园书店买零食，货架上的一本书吸引了我。这本书的书名似乎以不可阻挡的速度闯入了我的未来——《太空英雄》。我不是个爱读书的人，每次老师让我读书，我都几乎不会翻开，因为实在无聊透顶。有时，我会看看那些名著的导读版，记住书中那些可以让我通过考试的内容，有时我连导读版也不看。我这辈子没读过多少书，但这本书很吸引我。

我拿起书，第一句话就把我带入了烟雾弥漫的恶臭中。那是在佛罗里达州的杰克逊维尔海军航空站，一个年轻的试飞员刚刚遇难，并被烧得面目全非，无法辨认。他的飞机坠毁了，砸在树上，"他的头像西瓜一样，被撞得四分五裂"。我从未读到过这样吸引我的场景。尽管我也说不清楚为什么，但我对这些场景很熟悉。

我买了这本书，躺在还没铺好的宿舍床上，读了整整一天，小心脏一直怦怦直跳。汤姆·沃尔夫（Tom Wolfe）那生动的语句一遍遍在我的脑海中响起。书中那些关于海军试飞员的描写吸引着我，年轻的士兵从航空母舰上起飞，测试不稳定的飞机，酗酒，像最优秀的家伙一样在世界各地穿梭。

在兄弟会里，这种想法似乎是指一个男人应该能驾驶飞机，能躲避危险，然后用勇气、反应、经验和冷静在最后一刻把飞机开回来，接着第二天再次起飞，然后是第三天，第四天，无限地持续下去，最后飞出最好的表现。他这样做是为了成千上万的人，为了民族，为了国家，为了全人类。

这不仅是一个令人兴奋的冒险故事，还像是一个生活计划。这些年轻人在海军开飞机，在现实世界中这是一份真正的工作。有些人成为宇航员，那也是一份真正的工作。我明白，这些工作机会很难得到，但有些人确实得到了。这是能够做到的。驱使我成为海军飞行员的动力，不是我想成为《太空英雄》里的人物，虽然这本书里的几位勇士都有一种特殊的品质。我想做的是一些非常困难的事情，要冒着生命危险，最后幸存下来。这有点像开救护车的那些夜晚，只不过海军飞行员要以声速驾驶。我身边那些鼓励我当医生的成年人觉得我喜欢当急救员，因为我喜欢给人们量血压，处理骨折，帮助他人。但是我对急救的渴望，是源于对兴奋、困难、未知、风险的追求。在这本书中，我发现了一个我以为自己永远不会发现的东西——野心。那天晚上，合上书，我已经变得不一样了。

在接下来的几十年里，我多次被问到，是什么让我开始了宇航员的职业生涯。我通常会说，是孩提时代看登陆月球，或是看第一艘宇宙飞船发射。在某种程度上，这些答案也是对的。但我从来没有公开说过，一个18岁的男孩，在一间闷热的小宿舍里，沉迷于描写牺牲的飞行员的那些精彩语句。那才是真正的开始。

当我成为宇航员，并结识我的宇航员同学时，我们中的许多人都分享了同样的童年经历：穿着睡衣，下楼看电视里阿姆斯特朗登陆月球。他们中的大多数人当即决定，自己有一天要去太空。那时，我11岁。有人承诺说，到1975年的时候，美国人将会登陆火星，毕竟我们已经把人送到了月球，一切都有可能。但之后，NASA失去了大部分经费支持。那几十年里，美国的太空梦想被降级了。然而，我们的宇航员班被告知，我们将成为第一批去往火星的人，我们对此深信不疑，还把这颗在月球和地球上空升起的红色星球的图案缝在了我们的飞行夹克上。从那以后，NASA完成了国际空间站的装配，这可能是人类有史以来完成的最艰难的事情，但往返火星会更加困难，去火星要花更长的时间。我在太空待了一年，帮助解决了一些我们如何才能活着完成火星之旅的问题。

少年时代的冒险精神依然伴随着我。在我的童年记忆里，有物理学无法控制的力量，有飞得更高的梦想，还有重力的危险。对宇航员来说，这些记忆在某种程度上令人不安，但这也是我另一种自我安慰的方式。每一次冒险后，我都能重新呼吸；每一次陷入困境后，我都能活下去。

在为期将近一年的任务里，我一直在思考《太空英雄》到底对我的意义有多大，我决定打电话给汤姆·沃尔夫，我觉得，他可能会乐于接到来自太空的电话。我们还谈到了其他事情，我问他该怎么写书，因为我那时已经开始考虑怎样把自己的经历写下来。

"从零开始。"他说。所以，我也会这样做。

第 1 章
再见了，亲爱的家人

只有抵达地球的尽头，你才能离开地球。

由于美国的航天飞机在 2011 年已经退役了，因此，我们只能靠俄罗斯人的飞船飞向太空，而且必须动身前往哈萨克斯坦沙漠草原中的拜科努尔航天发射场（Baikonur Cosmodrome）。我先从休斯敦飞往莫斯科，这趟熟悉的旅程长达 11 个小时。然后，我从莫斯科乘坐面包车，前往 45 英里外的俄罗斯星城（Star City）①。根据莫斯科的交通状况，我在路上要走 1~4 个小时不等。星城相当于俄罗斯的约翰逊航天中心（Johnson Space Center）②。50 多年来，星城一直是俄罗斯人训练宇航员的地方。最近几年，还有与他们一起飞行的其他国家宇航员在此训练。

星城是一个小城，有自己的市长、教堂、博物馆和公寓楼。城中矗立着一座巨大的尤里·加加林（Yuri Gagarin）雕像。1961 年，他成为进入太空的第一人，迈出了低调而现实的一步，这一步引人瞩目，备受尊崇。几年前，俄罗斯航天局专门在星城为美国人建造了一排房屋。住在这里，就像身处俄罗斯电影

① 从 20 世纪 60 年代起，星城开始成为加加林宇航员培训中心。——译者注
② 约翰逊航天中心是 NASA 下属最大的太空研究中心，是美国载人航天飞机的研发基地和载人航天飞行任务中心。——译者注

中的美式生活场景里。这里有巨大的冰箱、电视，但不知何故，所有的一切都似乎有些不对劲。我在星城住过很长时间，曾经担任 NASA 驻星城的业务主管，但对我而言，住在那儿仍然有身处异乡的感受，尤其是在俄罗斯寒冷的冬季。仅仅几周的训练后，我就发现，自己已经开始渴望回到休斯敦。

从星城出发，我们飞行了 1 600 英里，抵达苏联太空计划的秘密发射基地拜科努尔。人们在形容一个地方人少时，会说这是个"人迹罕至"的地方，但我只在谈论拜科努尔时才会用到这个词。发射基地实际上建在一个叫丘拉塔姆的村庄，这个村庄以成吉思汗后裔的名字命名，但为了掩盖其真实的位置，发射基地对外宣称叫拜科努尔。而真正的拜科努尔，其实是另一个远在几百英里外的城镇。现在，发射基地是唯一叫拜科努尔的地方了。早些时候，苏联还把它的发射设施也称为星城，以进一步迷惑美国人。对于一个在冷战末期长大并受训成为海军飞行员的美国人来说，我总是对受邀进入苏联太空计划中心并接受秘密训练一事感到有些诡异。现在住在拜科努尔的，大多是哈萨克人、突厥人、蒙古部落的后裔以及少数苏联解体后留在这里的俄罗斯人。俄罗斯从哈萨克斯坦租赁发射设施，卢布是当地主要货币，来往的所有车辆都有俄罗斯牌照。

从高空向下俯视，拜科努尔就像被随意地丢弃在高高的沙漠草原上。这是一处丑陋的混凝土建筑的怪异组合，夏天炎热，冬天酷寒，锈迹斑斑的废弃机械堆得到处都是。成群的野狗和骆驼在航天设备的阴影中觅食。这个地方荒凉而残酷，是俄罗斯为世界大多数地区提供发射服务的唯一正在使用的宇航中心。

我乘坐一架旧式俄罗斯军用运输机降落到拜科努尔。这架飞机可能曾经装满炸弹架，在紧要关头它可能会被用作轰炸机，它是苏联为攻击美国而研发的冷战武器的一部分。但现在，它已被用来运送俄罗斯、美国、欧洲国家、日本和加拿大的宇航员。在共同建造国际空间站的过程中，曾经的敌手变成了一起工作的乘员。

飞机的前舱搭载的是主要乘员（我与两名俄罗斯乘员）和一些贵宾。有时，我会朝后舱走，前几次飞往拜科努尔时，我总是坐在后舱。今天早上离开星城以后，每个人都在喝酒，年轻的俄罗斯乘员在后舱开自己的派对。俄罗斯人从来不会只喝酒不吃东西，所以派对上除了伏特加和干邑白兰地，还有西红柿、奶酪、香肠、腌黄瓜、咸鱼干和一种叫"萨洛"的俄罗斯咸肉。我第一次去哈萨克斯坦是在 2000 年，当我穿过后舱的派对去找卫生间时，突然被拦下灌了些萨摩共酒，这种酒也叫俄罗斯月光。这些年轻人喝得酩酊大醉，叼着烟卷，在飞机的颠簸和酒精作用下跌跌撞撞，一片混乱，酒洒了一身，飞机地板上也到处都是。万幸的是，我们抵达了哈萨克斯坦，没有在半路上被炸成月光酒和喷气燃料混合而成的大火球。

今天，大家又喝醉了。当飞机穿过云层，越过平坦的、冻结的沙漠，降落在拜科努尔单跑道上时，我们已经精力充沛。我们站起来，在寒风中眨眨眼，遇到了欢迎我们的一群人，其中有来自俄罗斯航天局的官员，还有制造"联盟号"飞船的能源公司的工作人员，"联盟号"曾将我们送入轨道与国际空间站。拜科努尔的市长也来了，还有其他地方要员。当我们还在迷迷糊糊的时候，我的俄罗斯队友，根纳季·帕达尔卡（Gennady Padalka）站出来，用俄语坚定地对他们说："我们准备好进行下一步工作了。"

这是一种仪式，就像很多太空飞行一样。美国人在这样的发射准备阶段也有类似的仪式。仪式和迷信的界线很微妙，在太空飞行这样有生命危险的活动中，迷信甚至可以安慰那些不信教的人。

在停机坪的边缘，我们看到了一个陌生的却让人感到十分热情的景象。一群哈萨克族的孩子，来自地球尽头的小使者，他们的小脸圆圆的，长着黑头发，外表更像亚洲人，穿着色彩鲜亮但沾满尘土的衣服，手中拿着气球。俄罗斯的航天医生已经警告我们要远离他们——这个地区的麻疹疫情一直备受关注，如果我们中有一个人感染，后果将很严重。我们都已经接种疫苗，但俄罗斯医生非常谨慎，没有人想带着麻疹去太空。通常，我们会按医生说的做，特别是因为他有权力把我们留在地球上。但是，根纳季还是自信地走上前去。

"我们必须向孩子们问好。"他用英语坚定地说道。

20世纪90年代末，我前往俄罗斯参加联合空间站计划，那时，我就已经认识了根纳季和第三名乘组人员米沙。根纳季一头浓密的银发，目光犀利，让人难以忽视他。他是"联盟号"的指挥官，今年56岁。根纳季是天生的领导者，他既能在必要时大声发号施令，也能仔细倾听他人的不同观点。我对他绝对信任。

米沙将是我在未来一年的旅伴，他今年54岁。与根纳季很不一样，他随性、安静，喜欢沉思。米沙的父亲是与宇航员救援部队合作的一名军用直升机飞行员，后来死于直升机坠毁，那时米沙只有5岁。他最初希望飞往太空的梦想因为这次沉痛的打击而更加坚定。在入伍成为一名伞兵后，米沙必须在莫斯科航空研究所获得工程学位，才有资格担任飞行工程师。但由于他不是莫斯科居民，所以进不了研究所。因此，他先是成了一名莫斯科警察，获得了居住权，之后才被允许进入研究所学习。1998年，他被选中，成为一名宇航员。

当米沙用他那浅蓝色的眼睛盯着你看时，你会觉得，对他而言，没有什么是比完全理解你的话更重要的事情了。他比我所认识的其他俄罗斯人更开放。他要是个美国人，我会把他想象成住在佛蒙特州，穿着勃肯鞋的一个嬉皮士。

我们走近欢迎我们的哈萨克族小朋友，跟他们打招呼，握手，接过鲜花，尽管我知道花上可能会有麻疹病毒。根纳季和孩子们愉快地聊天，露出他标志性的微笑。

包括主要乘员、替补乘员和支援人员在内的全体人员乘坐两辆大巴前往隔离区，并在那里度过了接下来的两周。（主要乘员和替补乘员总是分开行动，就像总统和副总统那样）。我们上车的时候，根纳季开了个玩笑，坐到了司机的位置上，我们都用手机给他拍照。多年前，宇航员经常去拜科努尔，在那里待一天，检查"联盟号"飞船，然后回到星城，等两周后发射时再去。现在为了削减开支，我们只能来回一次，所以要在这里停留一段时间。我坐在靠窗的位置，戴上耳机，把头靠在窗边，我希望在抵达像旅馆一样的隔离设施之前，能小憩一会儿。路况很糟糕，整条路都这样，而且越往前开，路况越糟糕。车驶过颠簸的沥青路面，让我的头撞到了窗玻璃，我无法入睡。

我们路过苏联时代的破旧公寓楼，生锈的大型卫星天线是用来与俄罗斯航天器通信的，垃圾随意散落，偶尔还有骆驼出没。天气晴朗，阳光明媚。我们经过拜科努尔的尤里·加加林雕像，这尊举起双臂的雕像并不像一名体操运动员庆祝完美下马时摆出"V"形双臂的动作，而是像一个孩子正准备翻跟头，开心地伸直双臂。这座雕像还带着微笑。

在遥远的地平线上，一个发射台矗立在混凝土台上，时间长了，其质量也在变差。加加林第一次太空飞行时，就是从那里离开地球的，几乎每个俄罗斯宇航员都是通过这个发射台离开地球的。俄罗斯人有时看起来更在意传统，而不是外表和功能。这个发射台被称为"加加林发射台"，有着光辉的历史，至今俄罗斯人也没有替换它的计划。

我和米沙在国际空间站共度一年的任务是史无前例的。一项常规的太空任务通常持续五六个月。所以，科学家有大量的数据，说明在五六个月的时间内，人体在太空中会发生什么变化。但对 6 个月之后可能发生的事情，科学家知之甚少。例如，在第 9 个月，人体的健康状态可能会急剧恶化，也可能会稳定下来。我们并不清楚结果会怎样，只有一个办法可以让我们找到答案，那就是让宇航员在太空中待更长的时间。

我和米沙将用大量时间搜集各种类型的数据来研究我们自己。鉴于马克和我是同卵双胞胎，所以我会参与更进一步的研究，这项研究将比较我们两人的基因在一年中发生的变化。国际空间站是一个世界级的太空实验室，除了参与这项主要的人类研究项目外，我还将花大量时间进行其他实验，如流体物理学实验、植物学实验、燃烧实验和地球观测实验。

向别人介绍国际空间站时，我总是和他们分享在那里进行的科学研究的重要性。但是，对我来说同样重要的是，国际空间站是人类在太空中的立足点。在那里，我们可以学到飞向宇宙更深处的更多方法，其成本很高，风险也很高。

在最近一次飞往国际空间站的飞行中，我执行了159天的任务，骨量流失，肌肉萎缩，血液重新分配导致心壁紧缩。更令人不安的是，就像许多其他宇航员一样，我的视力出现了问题。我曾接触过比地球人承受限度高30倍的辐射，那相当于每天做10次胸透。这种接触会增加我下半辈子罹患致命癌症的风险。然而，这些风险都不能与最令人不安的风险相提并论：当我在太空中无法回家的时候，我所爱的人可能会遭遇不幸。

看着窗外拜科努尔的奇景，我意识到事实上，在这里度过的所有时光中，我从来没有真正观察过这个城镇。我只去过那些指定的、办正事的地方：工程师和技术人员准备航天器和火箭的机库；用于穿戴索科尔宇航服的用日光灯照明的没有窗户的房间；教练、口译员、医生、厨师、管理人员和其他地面支持人员居住的地方；还有附近那个被美国人亲切地称为"萨达姆宫"的建筑，我们就住在那里。这座豪华住宅是用来接待俄罗斯航天局局长及其工作人员和客人的。但在拜科努尔训练的时候，我们也可以住在这儿。这里比其他住宅的设施更先进，比办公大楼里简陋的宇航员宿舍要好得多。而通常，宇航员会在美国佛罗里达州肯尼迪航天中心的宿舍里度过隔离期。"萨达姆宫"有水晶吊灯、大理石地板，每人都有一间四居室套房，并配有按摩浴缸。这个楼里还有一个俄罗斯桑拿浴室，配有浴后泡澡的冷水池。在两周隔离期的前期，有一次我去桑拿浴室，看到赤身裸体的米沙正在用桦树枝抽打同样赤裸的根纳季。第一次看到这个场景的时候，我有点吃惊。但当我亲身体验了桑拿浴，然后往冷水池里一泡，喝一杯自制的俄罗斯啤酒时，我就完全理解了它的迷人之处。

"萨达姆宫"还有一个精致的餐厅，里面有压花的白色桌布、精美的瓷器，墙上还有一台平板电视，不断播放着宇航员们似乎很喜欢的俄罗斯老电影。俄罗斯的食物很好吃，但对美国人来说，这些食物一段时间后就失去了新鲜感，因为我们每餐都喝罗宋汤，吃肉和土豆，要不就是其他种类的肉和土豆，所有食物上都盖着大量莳萝。

在这里吃晚饭时，我问道："根纳季，所有食物上都放莳萝是怎么回事？"

"我不太理解你的意思。"他答道。

"你们给所有东西都盖上了莳萝。如果不放莳萝，其中的一些食物可能会更好吃。"

"啊，好吧，我明白了，"根纳季点点头，露出了招牌式的微笑，"这是因为俄罗斯人的饮食主要是土豆、卷心菜和伏特加，而莳萝可以帮助排气。"

后来，我用谷歌搜索了一下。真的是这样。能在被关进一个密封的"小锡罐"前排完体内胀气也不错。所以从此之后，我就不再抱怨莳萝了。

抵达拜科努尔的第二天，我们进行了第一次飞船健康检查。这是我们进入"联盟号"飞船的机会，因为它仍然在机库里，还没有被安装到把我们送入太空的火箭上。在被称为254号楼的洞穴般的机库里，我们穿上了索科尔宇航服——这真是一个尴尬的过程。穿戴宇航服的唯一入口位于胸部。因此，我们必须先把下半身伸进胸口的洞中，然后挣扎着把手臂塞进袖子里。同时，我们要闭着眼把头伸进脖子上方的宇航服环套里。这时，如果没有头发就很惨了。作为光头，每次完成穿戴时，我的头皮上都会留下刮痕。接着，我们要用一种令人不安的技术含量较低的方式，将宇航服胸口大洞的边缘拧在一起，并用橡皮筋固定住。第一次听说这种方式时，我简直不敢相信那些橡皮筋就是用来保护我们免受太空伤害的。到达空间站后，有一次我发现俄罗斯人在太空里用同样的橡皮筋密封垃圾袋。从某种意义上说，我觉得这样做很滑稽；而换个角度，我尊重俄罗斯在技术应用方面的哲学。如果它有效，为什么要改变它呢？

索科尔宇航服被设计成一件救援服，这意味着，它唯一的功能就是在"联盟号"飞船发生火灾或减压的情况下拯救我们。这不同于我在空间站任务后期的太空行走中穿的宇航服，那套宇航服更结实可靠，也更实用，它本身就是一艘小型宇宙飞船。索科尔宇航服的用途，与我过去在航天飞机上经常穿的、由 NSAS 设计的橙色压力服是一样的。1986 年"挑战者号"航天飞机发生空难之后，NASA 才引进了这套服装。在此之前，美国宇航员都穿着简易的宇航服。这和俄罗斯人很像，他们在 1971 年的一次减压事故中失去了三名宇航员，之后才更换了宇航服。从那时起，宇航员（以及任何加入"联盟号"的新宇航员）都穿着索科尔宇航服。惨剧带来的阴影以一种奇怪的方式包围着我们——迟来的补救措施本可以挽救那些和我们承担同样风险的宇航员。

今天就像一场彩排：我们穿戴整齐，进行密封检查，然后被绑在定制的座椅上，这些座椅是根据我们身体的石膏模具制成的。这倒不是为了舒适（因为舒适对俄罗斯人来说并不是特别重要的），而是为了安全和节省空间。这些定制的座椅将支撑我们的脊柱，在离开地球一年后，我们艰难地返回大气层时，这些座椅将减轻太空任务对我们的影响。

虽然在星城的"联盟号"模拟器里待了很长时间，但我仍然很吃惊，因为把自己和压力服塞进座位太困难了，每次我都会怀疑自己能否适应。但后来，我确实做到了——只是勉强能做到。如果我从座位上起来，头就会撞到墙上。我想知道那些高个子同事是怎么做到的。系好安全带后，我们就要练习使用硬件设备，伸手去按按钮，读取屏幕上的数据，抓取我们的清单。我们讨论了可能希望给自己定制的东西以及具体的细节，比如，我们希望计时器（用于确定发动机燃烧时间）放在哪儿，铅笔放在哪儿，在太空中帮我们固定物品的尼龙搭扣放在哪儿。

工作结束之后，我们爬出舱口，环顾尘土飞扬的机库。旁边就是"进步号"货运飞船，它看起来很像"联盟号"，因为但凡用一种设计能完成的事情，俄罗斯人从来不会做第二种设计。几个月后，这艘"进步号"飞船会将设备、实验、食物、氧气和护理包送到国际空间站。在那之后，"联盟号"将在7月发射，搭载一个新的三人小组。在这个机库的某个地方，下一艘太空飞行的"联盟号"飞船正在组装，然后再一艘，一艘接一艘。从我三岁起，俄罗斯人就开始发射"联盟号"了。

"联盟号"飞船的俄语名字"Soyuz"对应的是英语中的"Union"一词，它们都是"联盟"的意思。"联盟号"飞船的设计目标是使它能进行太空飞行，与空间站对接，保证人类的生存。但是火箭才是工作的主力，是人类用来摆脱地球引力的工具。这些火箭（由于某种奇怪的原因，也被称为"联盟号"）准备在第112号站点的机库对面，一处装配和实验设施中发射。根纳季、米沙和我穿过街道，经过扎堆儿的俄罗斯媒体，走进那座巨大的建筑，站在另一个洞穴般安静的房间里，这次是检查我们的火箭。火箭被平放在地上，它的外壳是暗灰色的。与之前的航天飞机、巨大的"阿波罗号"飞船、"土星号"火箭不同，"联盟号"宇宙飞船和火箭是水平组装起来的，我们要从这个位置将其水平移动到发射台。只有在发射前几天，到达发射台后，它才会立起来，指向目的地。而这时，本来庄严雄伟的垂直运载火箭，却在一辆巨大的履带运输车上平躺着。这点不像 NASA，NASA 会让整个过程充满了仪式感，这也是俄罗斯人和美国人做事方式不同的又一个例子。

这枚长 162 英尺[①]的"联盟–FG"火箭明显小于组装好的航天飞机，但它仍然有一个建筑物那么大，是一个令人望而生畏的庞然大物，我们希望它能离开地面。我们将乘坐在它的顶部，速度达到声速的 25 倍。它那海军灰色的金属板装饰着低科技含量的铆钉，虽然不漂亮，但很实用。"联盟–FG"是世界上第一枚洲际弹道导弹苏联"R–7"导弹的第三代。"R–7"是在冷战时期设计的，目的是向美国境内的目标发射核武器。我不禁回忆起，儿时的我就知道，纽约以及我的家乡新泽西州西奥兰治郊区肯定是苏联计划攻击的首批目标之一。今天，我站在他们以前的秘密设施里，和两个俄罗斯人一起讨论我们的计划。当我们乘坐这个用武器改装而成的火箭飞上太空时，我们可以将性命托付给彼此。

根纳季、米沙和我在被选中为宇航员之前，都曾在本国军队服役。虽然我们从未谈论过这件事情，但我们都知道，那时可能会收到命令而杀死对方。现在，我们正在参加史上最大规模的国际和平合作。当人们问起空间站的巨额投资是否值得时，我总会指出这一点。看到两个曾经的敌人将各自的武器转化为运输工具来进行太空探索，追求科学知识，这值得吗？看到以前的敌对国，把各自的士兵变成宇航员和终生的朋友，这值得吗？虽然无法用金钱衡量，但对我来说，这是最值得投资空间站的原因之一，甚至值得我们去冒失去生命的危险。

国际空间站是从 1984 年开始建造的。当时，里根总统在国情咨文演说中宣布，NASA 正在设计一个"自由号"空间站，它将在 10 年内被送入轨道。但国会的抵制导致了多年的预算削减和政府重组，而"自由号"并没有进入实际建造阶段。1993 年，克林顿总统宣布，该空间站将与俄罗斯联邦航天局提议的

---

① 1 英尺 = 0.304 8 米。——编者注

"和平2号"空间站合并。随着代表欧洲、日本和加拿大的航天机构加入，国际合作已经包括了15个国家。为了将这些零件送入轨道，人类总共进行了100多次发射，并通过100多次太空行走来组装这些零件。国际空间站是国际间科技合作的杰出成就。从2000年11月2日以来，一直有人住在里面，也就是说，人类并非全都同时待在地球上。这一状况已经持续了14年。国际空间站是迄今为止让人居住时间最长的太空建筑，接待过来自16个国家的200多人来访。这是和平时期有史以来最大的国际合作项目。

7点左右，我醒了，这是我在地球上醒来的最后一个早晨。整个上午，我都在检查行李，一个要送到哈萨克斯坦，剩下的则要送回休斯敦。这些琐事很奇怪：到了拜科努尔，我要带些什么？什么东西是以后不再需要的？我有没有记下信用卡号、水电费账号和银行账号？在地球上应付这些细节已经够麻烦的了，但我还是要做好准备，免得拖欠我的抵押贷款，我还要用信用卡从太空给艾米蔻和女儿们买礼物呢。

我在地球上的最后一顿早餐，是拜科努尔厨师尝试做的美式早餐：溏心蛋（我永远无法让哈萨克人理解什么是"半熟"）、吐司和早餐香肠（实际上是微波炉加热的热狗）。就像太空飞行的许多方面一样，在发射当天做准备工作的时间，要比你想象的长得多。我最后一次去泡了桑拿浴，放松一下，然后进行飞行前的灌肠仪式——一开始进入太空，我们不能排便，所以俄罗斯人鼓励我们提前把肠道清理干净。其他宇航员让他们的医生帮忙，用温水和橡胶软管灌肠。但是，我选择私下去处理，这样，我就可以和我的航天外科医生保持让人舒适的友谊了。我在按摩浴缸里洗澡，然后打了个盹儿（因为发射时间定在当地时间凌晨1点42分）。醒来后，我会再洗个澡，并拖延一会儿。我知道，在接下来的一年中，我会非常想念水的感觉。

在洗完澡后不久，那位被我们称为"不可以医生"的俄罗斯航天外科医生出现了。之所以被称为"不可以医生",是因为他可以决定一旦被隔离,我们的家人是否能看望我们。他的决定很武断,且不容商榷,有时他还有些小肚鸡肠。他来这里的任务,是用酒精湿巾帮我们擦拭身体。最初,用酒精擦拭身体的目的,是杀死所有可能被宇航员带走的细菌,但现在看来,这更像是一种仪式。与高级管理人员和其他重要人物一起举杯庆祝后,我们静坐了一分钟,这是长途旅行前的一个俄罗斯传统。离开大楼时,一位俄罗斯东正教牧师祝福我们,并向每个人的脸上洒圣水。尤里·加加林以来的每一位宇航员都经历过这些步骤,所以我们也一样。我不信教,但我总是说,当你准备进入太空时,祝福不会害你。我们在一首传统的俄罗斯歌曲《门前草地》的音乐声中从媒体面前走过,这首歌讲述了一群宇航员思念家乡的故事,听起来像是苏联的行进乐队在狂欢节上演奏的:

> 我们不会梦到发射场的轰鸣,
> 也不会梦到这冷冰冰的深蓝色,
> 但我们会梦到草地,我家附近的那片草地,
> 那绿色的青青草地。

我们坐上大巴,准备前往一座建筑,我们将在那里穿上宇航服。当身后大巴的门关上,阻挡人群的安全索放下来时,大家都冲了上来。场面一片混乱,刚开始,我看不清我的家人,但后来看到了,艾米蔻、萨曼莎、夏洛特和马克,他们在挤前排。不知是谁举起了11岁的夏洛特,这样她就可以把手放在窗户上,我把手放在她的手上,想让自己看起来高兴点儿。夏洛特在笑,她有着胖嘟嘟的白嫩的小脸,笑得合不拢嘴。如果她因为将有一年都见不到我而感到难过,如果她因为看到我将乘坐一枚几乎不可控的"炸弹"离开地球而害

怕，如果她知道，在一年后我再次拥抱她之前将面对各种各样的危险，她就不会笑得这么开心了。然后，她被放下来，站在柏油马路上，和其他人一起挥手。我看到艾米蔻微笑着，尽管我能看到她眼中的泪水。我看到了20岁的萨曼莎，她的笑容流露出对未来的忧虑。然后，大巴发出嘶嘶声，我们出发了。

在离"萨达姆宫"30分钟车程的254号大楼里，我坐在一张廉价的皮沙发上，等着穿宇航服。角落里的平板电视上，正播放着一个搞笑的俄罗斯电视节目，但我们都没有心思看。桌子上摆着一些食物——冷鸡肉、肉馅饼、果汁和茶。虽然我并不愿意让这些食物成为我在地球上吃的最后一餐，但我还是吃了点。

根纳季第一个被叫到邻近的房间里，脱光衣服，穿上尿布和一条崭新的白色长内裤（可以吸收汗水，保护我们免受索科尔宇航服橡胶的伤害），贴上心脏电极。根纳季回来后，米沙进去，然后是我。每次这样做的时候，我都会暗自发笑，没想到，在长大成人后的生活中，我居然再次穿上了尿布。现在该穿索科尔宇航服了。穿白大褂、戴医用口罩的俄罗斯专家帮我们穿好宇航服。他们用一系列褶皱和特殊的橡皮筋，熟练地把宇航服上的开口封起来。

我们三人走进用玻璃隔开的另一个房间。玻璃另一侧是我们的家人、俄罗斯航天局的管理人员、NASA的领导，还有媒体，他们面对我们坐着。我知道，最贴切的说法应该是，这就像NASA的新闻发布会，但这一刻我感觉自己就像动物园里的大猩猩。

我立刻发现了坐在前排的艾米蔻、马克和我的女儿们。艾米蔻和女儿们已经在这里住了几天，但马克刚刚才到。他们都对我微笑，挥手致意。虽然这已经不是第一次出征，但我依然很感激哥哥陪在她们三人身边。作为一个经验丰富的宇航员以及比任何人都更了解我的人，马克可以帮她们了解将要发生的事情，并在必要时安抚她们，没人能比他做得更好。

艾米蔻高兴地笑着，指着在离开休斯敦之前我为她做的吊坠，一枚银制的"太空一周年"任务徽章。萨曼莎和夏洛特也戴着银色的吊坠。我回到地球时，会给她们带来 2.0 版的镶嵌着蓝宝石的黄金吊坠。艾米蔻的微笑真诚而快乐，但我非常了解她，也能看出她很疲惫，这不仅是由于时差，还因为压力太大。这是艾米蔻第二次与我一起筹备一项长期任务了，所以她知道接下来会发生什么。虽然我不确定这是否会让她更轻松一些。她在 NASA 公共事务办公室工作，因此比大多数宇航员的伴侣更清楚我在这次任务中面临的问题。在某些情况下，了解这些会让人感到安慰，但大多数情况下并非如此。今天也是这样，我觉得她知道得越少，压力也会越小。

我和艾米蔻认识很长时间了。她和我的哥哥曾在一个项目中密切合作，还跟我的前妻莱斯利有共同的朋友。2009 年初，我和艾米蔻各自离婚了，但我们两人相互都不知道这个情况。巧的是，几个月后我们偶然遇到了好几次。艾米蔻说，她记得有一天晚上，虽然我开玩笑地承认她很有魅力，却还是拒绝了与她还有其他人一起泡热水澡的机会，只因为第二天早上我有训练活动，想早点休息。几周后，在一个聚会上，我又见到了她，这次我确实与她一起泡了热水澡。我们聊了一整晚，但她因我没有采取更进一步的行动而印象深刻。见过艾米蔻的人都知道，很多男人都关注着她，我想，我是因为试图了解她这个人而显得与众不同。但我不是傻瓜——那天晚上，我确实要到了她的电话号码。

我总是很好奇，人们最终是怎么完成他们的工作的，尤其是当他们看起来特别擅长做这份工作时，就像艾米蔻一样。她给我的印象与许多在 NASA 公共事务办公室工作的人不同，因为其中的一些人对新想法持保守态度，不愿改变。我问她是怎样开始职业生涯的，虽然她只告诉了我一点她的经历，但这些故事已经很有说服力了。她 15 岁时因为反抗母亲的虐待而被赶出了家门，除了身上的衣服，她一无所有。18岁，她就结了婚，23岁就生了两个孩子，还在NASA得到了一份秘书工作。从她被雇用的那一刻起，她就开始努力争取NASA竞争激烈的员工教育计划机会，在该计划中，NASA将资助被选中的雇员读大学。艾米蔻最终被选中了，在全职工作和抚养两个小男孩的同时，她每学期尽可能多地修学分。她以优异的GPA（平均绩点）成绩取得了她的传播学学位，获得了本科生能获得的所有荣誉。我知道她聪明能干，但我对她的人生故事了解得越多，对她的印象就越深刻。那时，她的两个儿子正在读高中，表现很好。所以，她就继续给自己设立新的挑战。大多数人都无法克服她所遭受的挫折，但是，通过智慧、勇气和坚定的决心，她为自己创造了她想要的生活。我看得出来，她不会轻易为任何人改变自己的生活，即使是为一个像她一样充满魅力的宇航员。

那年秋天，我们开始约会。到2010年10月我去太空执行任务时，我们已经很严肃地对待这份感情了。那是我在国际空间站执行的第一次长期任务，也是她成为我的女朋友以来我的第一次任务。对一段新的关系而言，那是一个不寻常的挑战。但我们俩都惊讶地发现，分开只会让我们更亲密。我会把她当作我在地球上的伙伴去依靠，我们享受每天那一小时的电话时间，彼此全神贯注地交谈。我回来时对这份感情比以前更有信心，我相信我们彼此属于对方。我知道，我们的一些朋友好奇为什么我们没有结婚，毕竟我们在一起已经5年半了，而且大部分时间都住在一起。必要的时候，我一直陪在她儿子身边，她总是陪在我女儿身边。我们和任何一对已婚夫妇一样，彼此忠诚，但是，因为我们都曾经结过婚，而且我们都不是特别传统的人，所以我们觉得结婚并不重要。媒体有时把艾米蔻称为我的"长期伴侣"，这倒是不错。

坐在艾米蔻旁边的是萨曼莎。当她出现在拜科努尔时，我惊讶地看到她的新造型，她把长长的卷发染成了黑色，画着浓重的黑色眼线和深红色的口红，穿着一袭黑色。我和她母亲离婚以来，我和萨曼莎的关系一直不稳定，而且很多方面还在恢复中。在她15岁的时候，我的前妻莱斯利违背我的意愿，把女儿们从休斯敦接到了弗吉尼亚海滩。在她当时的年龄，这种家庭剧变是她很难应对的。萨曼莎把离婚和从那之后出现的许多问题都归咎于我。今天，当我透过玻璃看着她时，她那双蓝色的眼睛在浓重的眼线下闪闪发光，我仍然能回想起第一次看到她的样子。那是1994年，在帕塔克森特河海军航空站的产科病房里，当时我还是一名试飞员。莱斯利经历了一段漫长而艰难的分娩过程，通过紧急剖宫产手术，终于生下了萨曼莎。当我第一次看到她那张粉红色的小脸时，她一只眼睛闭着，一只眼睛睁着，我产生了一种令人难以置信的想要保护她的冲动。虽然她现在已经是个成年人了，我还是有同样的感觉。

夏洛特出生时，萨曼莎已经快9岁了，这个年龄差距让她们很容易就能和睦相处。萨曼莎似乎很喜欢有一个崇拜她的小伙伴。夏洛特可以去任何她姐姐愿意带她去的地方，包括去拜科努尔。夏洛特出生的过程比萨曼莎还要艰难。我记得，我站在手术室里，听到医生在紧急呼叫。当他们最终把夏洛特抱出来时，她浑身无力，毫无反应。我仍然记得，她那细小的、青紫色的、毫无生气的手臂从切口处伸出来的那一幕。医生警告我们，她可能患有脑瘫，但是，她如今已经长大成为一个健康、聪明、坚强、充满活力的人。我知道，她今天的情绪一定极度激动，但她看起来很快乐，很平静。她坐在姐姐旁边，拨开眼前浅棕色的刘海，冲着我微笑。我很感激女儿们能依赖艾米蔻，向她寻求安慰，并跟她一起应对这一周面临的压力。

我还看到了史班奇·芬克，他是我在宇航员班上的一位朋友和同事，在我被隔离期间，他负责照顾我的家人。不执行任务的时候，宇航员可以承担各种各样的地面职责，而史班奇自己也去过国际空间站，可能还会再去，他一直都对我的家人很好，他会回答她们的问题，满足她们的特殊要求，并尽可能向

NASA 传达她们的偏好。这是史班奇第二次帮我处理这项工作了。

在我们这一边是"联盟号"飞船座位的模型，根纳季、米沙和我一个接一个地坐上去，躺好。技术人员检查宇航服是否密封。我躺了 15 分钟，头盔被盖上，膝盖紧贴在胸前，而满屋子的人，有些人我并不认识，只是礼貌地看着我。为什么我们要为从来都不知道是谁的那些观众这么做——这是另一种仪式。之后，我们坐在玻璃前的一排座椅上，通过麦克风和家人进行最后一次交谈。

现在来自许多国家的媒体都一排排地坐在我们面前，并准备记下我们所说的每一个字。这时我们所说的，并不是在可能死于哈萨克斯坦上空的一个火球里前，我们真正想对所爱之人说的话。更尴尬的是，我们共用一个音频系统，因此，每个家庭都必须等轮到他们时才能说话，以免串音。尽管如此，我还是不想让自己留给女儿们的最后一个印象是我对着麦克风说了几句简短的话。所以，我试图通过一些方法与其他人区别开来，言简意赅，我认为，简单的手势可以表达很多含义。我冲着艾米蔻和女儿们做了一个"我在看着你"的手势，指指我的眼睛，再指指她们的眼睛。这个动作把她们逗笑了。

我们完成这个仪式走出去的时候，外面又黑又冷。我们走进停车场，刺眼的泛光灯照得我们几乎看不见东西，旁边是一排排我们看不清的媒体和观众。索科尔宇航服是专门为宇航员坐在"联盟号"上而设计的，而不是为了走路而设计的。所以，我们三个人都像驼背的企鹅一样蹒跚而行，尽可能地保持尊严。像以前 NASA 录像带中的阿波罗宇航员一样，我们携带的冷却风扇将空气吹入压力服。我们都戴着两副薄薄的白手套，这是为了防止把细菌带到太空（至少，这是设计初衷）。在进入"联盟号"飞船之前，我们会把外边的一副手套脱掉。

开往发射台的大巴停在附近，泛光灯照出了汽车尾气的轮廓。我们三个人走到三个涂在沥青路面上的白色小方块上，上面写着我们在"联盟号"的位置：根纳季是指挥官，米沙是飞行工程师，我是 2 号飞行工程师。我们走进各自的小方块中，等待俄罗斯航天局的负责人再次问我们是否已经准备好飞行。这有点像结婚，只不过当被问到的时候，你会说"我已经准备好飞行了"，而不是"我愿意"。我相信，美国人的仪式对俄罗斯人来说，就像外星人仪式一样：在美国，乘坐航天飞机之前，我们会穿上橙色的发射服，站在操作和检查大楼里的一张桌子旁，玩一种打法非常特殊的扑克，直到指挥官输了一局，把他这一天的坏运气都用光，我们才能到发射台去。没有人确切记得这个传统是怎样开始的。可能有些宇航员先这样做，然后活着回来了，所以其他人也不得不这么做。

我们和航天外科医生、加加林宇航员训练中心的管理人员，还有一些宇航服技术人员一起上了大巴。我们坐在一边，面对所有的灯光和喧闹的人群。我最后一次看到我的家人，向他们招手。大巴慢慢开走，他们消失在我的视线中。

很快，车平稳向前，令我们昏昏欲睡。过了一会儿，大巴就慢了下来，停在了发射台前。我们互相点头致意，下车，站在各自的位置上。我们都解开了一个小时前仔细检查过的橡皮筋封条。我站在右后轮胎的前面，把手伸进宇航服。我真的不需要小便，但这是一个传统：尤里·加加林在前往发射台进行他历史性的首次太空飞行前，要求在我们现在所站的位置上靠边停车，然后在大巴车的右后轮胎上撒尿。之后他上了太空，又活着回来了。所以现在我们都必须做同样的事情。这个传统非常受人尊重，连女宇航员都会带着一瓶尿液或水，洒到轮胎上，而不需要完全脱掉宇航服。

这个仪式圆满结束，我们回到了大巴车上，继续最后一段路程。几分钟后，大巴车又停了下来，给刚刚为火箭加满燃料的火车让路。大巴车门开了，一张让人感到意外的脸出现了：我的哥哥。

这违反了隔离期的规定：哥哥昨天刚乘坐了有细菌的飞机，从美国飞到了莫斯科，再到拜科努尔，他可能携带着各种各样的可怕病菌。"不可以医生"已经说了一周的"不可以"，现在，他突然看着哥哥说了"可以"。俄罗斯人用铁腕手段强制执行隔离，却让我们兄弟俩因为感情的原因而打破规定；他们按照规定把我们的宇航服密封起来，却让我们拆开封条在轮胎上撒尿。有时，他们的矛盾之处让我抓狂，但这种举动让我在最不抱期望的时候再次见到了哥哥，这对我来说意义非凡。马克和我一起坐了几分钟大巴到发射台，其间并没有说太多话。这就是我们，两个美国新泽西州的蓝领工人家庭的男孩，就这样来到了离家这么遥远的地方。

第 2 章

《太空英雄》引发的梦

我儿时最初的记忆是温暖的夏夜，在新泽西州西奥兰治米切尔街的房子里，母亲哄着我和马克入睡。外面的灯光依然明亮，窗户开着，金银花的香味随着邻居的声音飘进来，年龄大点儿的孩子大喊大叫，篮球砰砰地砸在车道上，树叶在微风下沙沙作响，远处传来汽车声。我还记得在夏夜睡觉时那种飘然失重的感觉。

我和哥哥出生于1964年。我父亲这边的亲戚，叔叔、阿姨和表兄弟姐妹都住在我们街区附近。这个城镇被一座小山分隔开来。有钱人居住在"山上"，我们住在"山下"，一开始我不明白为什么，后来才知道这是因为社会经济条件。我记得小时候，我们大概两岁时，一天早晨我和哥哥一起醒来，父母还在睡觉，所以我们只好自娱自乐了。我们感到无聊，就想了个办法，打开了后门，出去探险，两个蹒跚学步的孩子就这样在附近游荡。我们走到一个加油站，在那里玩耍，弄得满手油污，直到被主人发现。他知道我们家在哪儿，就把我们送回了家，并且没有吵醒我的父母。当母亲终于起床下楼时，她看到了我们身上的油污，感到很困惑。后来，加油站的老板过来，告诉她发生了什么事。

我们还在上幼儿园的时候，有一天下午，母亲弯腰告诉我们，她有个重要任务交给我们。她拿着一个白色的信封，仿佛这是一个特别的奖品。她让我们把信直接放在我们家对面的邮箱里。她解释说，因为从街道中间穿过马路不安全，我们可能会被车撞到，所以我们要走到街角，穿过街道，沿着这条街的另一边走过去，邮寄信件，然后沿着原路返回。我们向她保证知道怎么走了。我们走到拐角处，向两边看了看，然后穿过马路。我们走到街道的邮筒旁，马克把我举起来，我拉下沉重的蓝色把手，骄傲地把信投进邮筒。然后，我们考虑了一下怎么回去。

"我不要一路走回街角，"马克宣布，"我就在这儿过马路。"

"妈妈说我们应该在拐角处过马路，"我提醒他，"你会被车撞到的。"

但马克已经下定决心了。

我独自走回街角，因为遵循了指示会受到表扬而感到很满足。（现在想起来，遵循那些看似武断的指令，是成为一名宇航员很好的早期训练。）我走到拐角处，穿过街道，转身向家走去。接着，我听到了汽车刹车声和碰撞的声音。我瞥了一眼，看到一个孩子般大小的物体飞到空中。下一刻，马克就坐在了马路中间，茫然不知所措，发狂的司机对着他大发雷霆。有人跑过去告诉母亲，一辆救护车过来把她和马克送到医院，我只能和乔叔叔一起度过整个下午和晚上，反思马克和我做出的不同选择所带来的不同后果。

随着我们慢慢长大，我们继续疯狂地冒险。我们都受过伤，所以经常会在以前缝合的伤口上，再缝合新的伤口，但只有马克曾经住过院。我一直嫉妒他住院时得到的关注。马克被车撞了，马克从楼梯扶手上滑下来时摔断了胳膊，马克得了阑尾炎，马克踩碎了一个装着虫子的玻璃瓶子而血液中毒了，马克被带到城里进行一系列检查，看他是否患有骨癌（他没有）。我们都无所顾忌地玩气枪，但只有马克的脚部中过一枪，然后他又被拙劣的手术弄伤了。

5岁时，父母在泽西市的海岸边买了一座小小的度假别墅，我童年时代最美好的回忆就是从那时开始的。它只不过是一间没有暖气的小屋，但我们都喜欢去那里。半夜，父亲刚下班，父母就会把我们叫起来，让我们坐在旅行车后座，我们穿着睡衣，盖着毯子，在汽车上继续睡觉。我记得那种随着汽车前进而颠簸摇晃的感觉，我们看着窗外的电话线和远处的星星。

清晨，我和马克在海边，骑着自行车去一个叫怀特里斯的地方。那是一个码头，我们在那里买了钓螃蟹的饵料。我们会整天待在小屋后面的码头上，等着看螃蟹上钩。我们用剩余的栅栏木板造了木筏，从潟湖边的房子出发，驶向巴尼加特湾。我们有一种我们自己的孩子从来没有过的自由。我记得在学会游泳之前，我有一次从码头摔进了黑暗阴冷的潟湖里，我不知道该怎么办，只能看着最后一点含着空气的气泡升起。然后，父亲看到了我的金发漂在水面上，于是抓了一把，把我拉了上来。

　　我父亲是个酒鬼，但有时他会长期戒酒。我记得在泽西海岸边度假的一个周末，他失踪了，我们母子三人没有食物也没有钱。母亲向我们解释说，父亲把家里唯一的车开到了一家酒吧，于是我们搭了一辆便车去找他。那家酒吧建在巴尼加特湾边的湿地上，破烂不堪，造房子用的棕色加压木材被饱含盐分的海风漂成了白色。他拒绝给我们钱，也不愿意和我们一起离开。我记得母亲带我们离开时的表情。她很沮丧，但她的脸上显现出决心：她会带我们渡过难关。那个周末，我们没有吃东西，我永远不会忘记那种感觉。身体饥饿的感觉是可怕的，但更糟糕的是，我们不知道饥饿什么时候才会结束。这种饥饿的记忆一直影响着我，直到今天，我听说有些人没有足够食物的时候，还会产生糟糕的感觉。

　　我和马克上二年级的时候，父母把泽西海岸的房子卖了，这样他们就可以在"山上"买一栋房子。他们希望我们能进入一所更好的公立学校。我们搬到了一条长满了巨大的绿叶橡树的街道，这条街的名字叫格林伍德大道。我记得那条街上春天的气息，树上长出新叶，还有粉色和紫色的杜鹃花丛。奇怪的是，我们一搬家，就再也没有在米切尔街上看到过我家亲戚了。父亲不怎么和亲朋好友走动，所以在我们搬家的时候，他可能已经把所有这些关系都断掉了。

现在，我们已经住到了"山上"，但在社会经济条件方面，我们仍属于"山下"，这有点像我们在电视上看到的《比佛利乡巴佬》。我们在附近的富裕犹太家庭中很显眼。我和马克过去常常和邻居家的孩子打成一片，打雪仗、砸石头、扔从树上掉下来的海棠果。所以我们现在也用海棠果扔隔壁的成年邻居。但我们发现，邻居把海棠果扔回来的时候手劲很大。我们就像是从未被逮住的少年犯，可能因为我们是警察的孩子。

夏天的时候，我父亲和他的警察朋友们会在附近的公园里野餐，那些日子总是很有趣——至少开始是这样的——我们吃热狗，打垒球。但随着时间的流逝，空瓶子和空罐子堆积起来，你会看到，20多个醉醺醺的警察开始争吵，事情变得棘手起来。最后，父亲喝得烂醉，把我们塞进车里。当他沿着普莱森特山谷路行驶，驶向逆行车道时，我们尖叫起来，叫他不要撞车。

有时，我父亲的警察朋友会来我家聚会，他们喝醉的时候会拔枪。有一次，父亲想向朋友们炫耀他的新枪，所以就把我刚刚在学校做的一个木制雕塑当作靶子。我把它带回家，骄傲地拿给父母看，父亲却把我的艺术品打出一个个弹洞，我伤心极了。

以前，我和哥哥每星期都会和爷爷奶奶共同度过一晚，我爱他们。这时父母就可以出去喝酒了。奶奶海伦有点胖，她总是戴着假发，穿着得体。她很高兴每个周末都能见到我们，她一直都那么善良和慈爱。她让我们看所有想看的电视节目，唱歌哄我们入睡。"二战"时，爷爷曾在太平洋的一艘驱逐舰上服役，我觉得奇怪的是，在那段不平凡的经历之后，他居然回到家乡，在一家床垫厂工作了半辈子。但他很知足，很有幽默感。虽然只受过6年的教育，但他为自己和家庭创造了美好的生活。

早上，爷爷奶奶总是带我们去同一家餐馆吃早餐。早餐后，我们用几个小时游览新泽西州北部的历史古宅周围的花园，这就是我开始喜爱花卉的原因。

在太空生活的那一年里，我的任务是把一批百日菊从死亡的边缘救回来，我又找回了那种爱花的感觉。就像我喜欢早餐和鲜花一样，我喜欢这种生活方式，喜欢我们按照同样的顺序做同样的事情，喜欢和爷爷奶奶一起过稳定的生活。

当我和哥哥大约 9 岁或 10 岁时，父母认为，他们出去喝酒时已经不需要有人再照顾我们了。他们喝得烂醉，半夜才回家，还会打架。我们睡得很沉，所以这种声音会先悄悄进入我的梦境——低声的喊叫和砰砰声，这也许是我想象出来的。但是，随后声音会逐渐变大，我和马克最终被吵醒，我们躺在床上，在黑暗中眨着眼睛，心怦怦直跳，听着咆哮声和尖叫声，还有东西砸在墙上的声音。

有时，母亲会因为害怕父亲而带着我和马克离开家。我们跑到几英里外的爷爷奶奶家，在半夜敲门叫醒他们，让他们收留我们。我们总是第二天就回到家。记得那些早晨回家的时候，我总感觉这一切都是一场梦，但随后就会看到那些被打碎的东西散落在地板上。有时候，我和哥哥会全神贯注地修理那些东西，盘子、家具、小玩意儿，我们希望修复这些破碎的东西，就能结束这个问题，但那从来不起作用。

我十几岁时，开始尝试介入父母之间的暴力冲突。我从没见过父亲打母亲，但我知道他确实打了，因为有时我会看到母亲的伤痕。我记得，有一天晚上，父母正在争吵，我走到客厅里，看到父亲喝醉了，嘴里叼着枪，说要自杀。哥哥也出来了，我们俩说服他把枪放下了。他能活下来，真是个奇迹。

有时候我觉得，父亲如果不是警察，那他就是个罪犯。他过去常常讲一个故事，当他还是个年轻警察的时候，一天半夜，他从一家轮胎店接到了假警报。一位比他更有经验的搭档，打开警车后备厢，取出一个备用轮胎，把它砸向商店的窗户。然后，他们把所有能装进警车的新轮胎都装上车，开车回到家，把轮胎扔在草坪上，然后回到商店再去装一批货。他们叫所有值班的警察都过来抢劫。最后，他们打电话给店主，告诉他："你的轮胎店被抢了。"

虽然父亲如此作为，但我仍然尊敬他，我年轻的时候甚至还以某种方式崇拜着他。你的父母可能很糟糕，但他们是你唯一的父母。我父亲不喝酒的时候又帅又有魅力，在我看来，他就像电视里的侦探，一个追捕坏人、伸张正义的英雄人物。那时，我并没有意识到，他可能只是另一种蓝领工人，也是工作5天然后过周末，工作几年就退休。有些人似乎需要冲突，在冲突中茁壮成长，到处制造冲突。我听说，寻求冲突的人的孩子一直被教导要拥有他们父母所缺乏的情感控制能力，有一些父母是战士，却培养出了和平的缔造者。

在生活很糟糕的时候，我父母总是会买船。我们乘船到大西洋，远远驶出人们的视线范围。我们会在任何天气条件下出海，有时直接进入茫茫大雾中。我们没有什么导航设备，只有指南针和收音机。我们整天都在钓鱼，当觉得该回来时，我们会跟在别人包租的渔船后面回到海湾。那些船总是比我们的船快，当我们跟不上的时候，我们就会向西走，直到看见陆地，然后沿着海岸线向北或向南走，直到我们看见熟悉的景色。

质量低劣的发动机常常会发生故障，那时我们只好随波逐流，直到叫住一艘可以用无线电的船，呼叫海岸警卫队把我们拖回去。有时，我们甚至会冒着溺水的危险下水。每次回到家，我们都会庆祝自己活了下来，然后尽快再次出海。我们从来没想过应该停止冒险，因为我们总是靠自己的智慧生存下来，而且似乎总能从中学到一些东西。

我11岁时，妈妈决定当警察。我小的时候，她偶尔会从事餐饮工作或保姆工作来赚更多的钱。之后，她成了一名秘书，但这份工作让她没有成就感，而且薪水也不高。那时，她想要干一番事业。正如许多部门在20世纪70年代的做法一样，当地警察局对女性开放了入职考试。许多男警察会因为他们的妻子也想成为警察而感到权威受到挑战，但我父亲不会。值得称赞的是，爸爸一直在鼓励她。

为了准备公务员考试，妈妈需要花费大量时间和精力。通过这个考试后，她还必须参加体能测试。她必须达到和男人相同的标准，这对一个身材矮小的女人来说是个巨大的挑战。父亲帮她在后院设置了障碍训练场，她可以每天在那里练习。她背着一个装满重物的工具箱，绕着一套圆锥体跑来跑去。她练习把我拖到距离后院30米的地方，让我代替真正考试时她要拖的那个假人。

最困难的部分是攀岩，岩壁高约2.2米。为了克服这个困难，爸爸为她建造了一面比真正的岩壁还要高一点的练习墙。起初，她够不到顶。她用了很长时间，才能跳起来抓住墙顶。最终，她不仅能自己跳起来，还能一条腿跨过去。通过每天练习这个技巧，每次她都能在首次尝试时就爬到墙顶。考试那天，她在攀岩项目上比大多数男人的成绩还要好。她成了少数几个通过考试的女性之一，这给我和马克留下了深刻的印象：她设立了一个似乎不可能实现的目标，但她下定决心，依靠周围其他人的支持，实现了目标。我还没有为自己找到一个能给我同样动力的目标，但我至少看到了那个目标应该是什么样子的。

我对学校的主要记忆，是我被困在一间教室里，心烦意乱，总想着外面发生了什么。在整个义务教育阶段，我几乎忽视了老师的存在，整天做着白日梦。我不清楚自己想做什么，只觉得那一定是很特别的事情。但我很确定的一点是，我想做的事与历史、语言或代数没有任何关系。无论怎么做，我都无法集中注意力学习这些。7岁时，我的阅读能力远远落后于年级平均水平。所以，父母邀请作为特殊教育老师的外祖母给我评估一下，他们试图帮我。跟我一起学习了几天后，她放弃了，并宣布我没什么希望了。如果现在我还是个孩子的话，我想我会被诊断为多动症。但那时，我只是个坏学生。虽然从来没有做过任何家庭作业，但我能利用天分勉强通过考试。哥哥记得，高中的一天，父亲让我们坐下来，对我们说，毕业后他可以帮我们加入焊工工会。他认为，学一门手艺可能是我们职业生涯的最佳选择，因为我们的成绩太差了。马克意识到，如果他想做比焊工更刺激的事或挣更多钱，他最好努力提高自己的成绩。从那天起，他就开始行动。我对这次谈话一点印象也没有，因为当时我可能正看着窗外的一只松鼠。

与此同时，我们的高中校长杰瑞·塔诺夫劝我不要放弃三角函数课。他试图让我明白，如果我能集中注意力，我还是很有潜力的。我试图向他解释，我不可能在这门课上集中注意力。他的话对我不起作用，我最终还是放弃了三角函数课。从此之后，每当我在走廊里看到他，我都会躲开他的目光。我惊讶地发现，让他失望这件事使我感到很困扰。尽管如此，他似乎从未放弃我。几年后，他参加了我驾驶航天飞机进入太空的两次发射仪式。我想，这对他来说意义重大，因为他看到了他的信念给至少一个学生带来了益处。

我做的唯一一件还算成功的事情，就是担任急救员。马克也在当地的志愿救护车车队工作。后来，为了让我们兄弟俩在附近的奥兰治找到一份有偿的救护车服务工作，父亲使出了各种手段。我们因此有机会看到了更多类型的紧急医疗状况，并从中学习经验。高中毕业后，整个暑假我都在泽西市当急救员，就像被扔进了美国职业棒球大联盟一样。我发现了一些对我来说有价值，而且我很擅长的东西。我决定成为一名医生。而且我知道，如果能经历10年的培训，我就能成为一名好医生。

大学申请被我搞砸了，所以，我最终进入了马里兰大学巴尔的摩分校（本来我是打算申请帕克分校的）。大一时，我满怀希望地开始了我的新学期，希望自己能改变现状，成为一名优秀的学生，就像我以前每个学年开始的时候一样。但这种决心总是只能维持几天，直到我再次意识到自己不可能集中精力上课或自学。每天早上醒来，我都要努力思考去上课的理由。因为我知道，我无法理解教授们的任何课程。我经常不去上课。那我怎样才能大学毕业（都不用说学得很好），怎样才能被任何一所医学院录取呢？

那天下午，当我拿起《太空英雄》一书时，一切都改变了。我以前从未读过这样的书。我曾经听说，可以用"声音"来描述文学，但以下这些话确实是我能在脑海中听到的。沃尔夫写道："即使在沼泽地的中央，在有松树干、浮渣、死掉的菟丝子和蚊子卵的腐烂沼泽里，甚至是在这个烂透了的污水坑里，'被烧得面目全非'的味道，掩盖了一切。"

我感觉到，那些语言的力量冲击着我，即使有些词我得查字典才能理解，比如"危险的""初学者"致命的"。我觉得，我已经找到了自己的使命。我想成为这本书里的那些人，那些可以在夜晚把飞机停在航空母舰上，然后昂首阔步离开的人。我想成为一名海军飞行员。虽然我只是一个没有方向、未受过良好教育的18岁孩子，我成绩糟糕，对飞机一无所知。但是，《太空英雄》使我拥有了一个人生计划。

第 3 章
离开地球

听保罗·麦卡特尼唱歌时，我们用的是吱啦吱啦的通信系统。到目前为止，我们已经听到了酷玩乐队、布鲁斯·斯普林斯汀、罗贝塔·弗莱克的歌。碰巧，其中有我喜欢的歌《温柔地杀死我》，我有些情难自禁，但考虑到当下的情形，我觉得这不太合适。我挤在"联盟号"飞船里右侧的座位上，能清楚地感觉到飞船底部装有280吨推进剂。再过一小时，我们就要冲向太空了。现在，轻柔的摇滚乐减轻了我们坐在狭窄座位里的痛苦。

我们在发射场下车时，天已经漆黑一片，泛光灯照亮了运载火箭，我们可以从几英里外看到它。虽然我以前坐过三次火箭，但当我靠近即将登上的火箭时，这仍然是一次令人难以忘怀的经历。我看清了这台机器的大小和功率，超低温燃料周围凝结的水汽形成了巨大的云雾，翻涌奔腾，水汽裹住了我们的脚和腿。和往常一样，发射台周围的人数之多让我感到惊讶，因为一枚装满燃料的火箭就相当于一颗炸弹，人站在它周围是多么危险。在美国，肯尼迪航天中心周围3英里范围内的非必要人员都要被疏散，即使是负责收尾工作的人，也会在把我们绑在座位上之后，开车前往一个安全的观测场地。而今天，数十人在发射台周围转悠，一些人在抽烟，还有一些人将在危险距离内观看火箭发射。有一次，作为替补宇航员，我观看了"联盟号"飞船的发射。我站在掩体外，离发射台几百米远。当发动机点火时，发射台的主管用俄语说："打开你们的通气管，做好昏过去的准备。"

1960年，苏联的火箭发射台发生爆炸，数百人丧生。如果这件事发生在

NASA，它应该会对这一事件进行全面调查，并制定一系列新的规定，以避免此类事件再次发生。但苏联像什么也没发生一样，在第二年将尤里·加加林送入了太空。1989 年，相关信息被解密后，苏联才承认了那次灾难性事故。

按照传统，还有最后一个仪式：根纳季、米沙和我爬上通往电梯的最初的几级楼梯，然后转身向聚拢的人群说再见，最后一次挥手告别地球人。

现在，我们在"联盟号"飞船上等待发射。我们以前都经历过这些事，所以很清楚自己扮演的角色，知道会发生什么。我估计，自己膝盖的剧痛已经无法缓解，所以我试图通过工作来分散注意力：我检查了通信系统，打开一系列阀门，将氧气引入舱内。这是我作为 2 号飞行工程师的主要职责之一，这个职位，我称之为飞船副驾驶的副手。

根纳季和米沙用俄语低声交谈着，不时蹦出一些词语："点火""晚餐""氧气""婊子"（俄罗斯人惯用的脏话）。我们正在等待的时候，返回舱开始加热了。我们现在听到的是莎拉·布莱曼的《告别时刻》，她原本计划今年晚些时候前往国际空间站，但由于变故不得不取消了计划。下一首是俄罗斯流行歌曲《飞行家》。

发射逃生系统被激活时，发出了一声巨响，把我们都惊动了。这个逃生系统是一枚连接到航天器顶部的独立火箭，很像之前的"阿波罗号"和"土星号"火箭的设计，当发射台爆炸或发射失败时，我们用它将飞船弹射出来。（1983 年，"联盟号"的逃生系统曾经被使用过一次，它从爆炸的火球中拯救了两名宇航员。）燃料和氧化剂涡轮泵开始加速运转，发出鸣叫声，它将在上升过程中向发动机输送大量的液氧和煤油。

俄罗斯任务控制中心提醒我们，距离发射还有一分钟。这要是在美国的航天飞机上，我们早就知道了，因为可以看到倒计时。与 NASA 不同的是，俄罗斯人认为戏剧化的倒计时并没什么必要。在 NASA 的航天飞机上，我并不清楚那天我是否真的能去太空，直到我感觉到固体火箭助推器在我的下方运作，但我能感受到的更多的是摩擦，而不是即将发射。而在"联盟号"上，我从来不会有这种疑问，因为自1969年第一批俄罗斯宇航员坐上飞船以来，俄罗斯人还没有临时取消过原定的发射计划。

"我们准备好了。"根纳季对着耳机说道。

"点火。"任务控制中心说。

一级火箭的发动机全速启动，隆隆作响，我们在发射台上伴随着发动机震动坐了几秒钟——我们要燃烧掉一些推进剂，使火箭变得足够轻，以便起飞。然后，座位开始强力挤压我们的背部。一些宇航员用"重大挫折"来形容这个时刻。火箭在一分钟内从静止加速到声速，这种加速度的冲击让人心跳加速，令人着迷。毫无疑问，我们正在直线上升。

现在已是晚上，但即便是在大白天，我们也看不到窗外的东西。这艘飞船被包裹在一个叫"整流罩"的金属圆筒中，在离开大气层之前，整流罩保护飞船免受空气动力的压力。整流罩里又黑又吵，我们穿着索科尔宇航服汗流浃背。面罩开始起雾，我看不清检查清单。

两分钟后，火箭4台发动机上的4个捆绑式助推器平稳脱落，剩下的4台发动机将把我们送入太空。当飞船加速到地球重力的三倍时，冲击力把我挤压在座位上，我感到呼吸困难。

根纳季向控制中心报告，说我们都感觉良好，并从监视器中读取数据。我的膝盖很疼，但发射的兴奋掩盖了一些痛苦。二级火箭的发射时长是三分钟，当我们感受到推力时，整流罩被炸成两部分，脱离我们而去。我们第一次看到了外面，透过肘边的窗户，我看到的景象和发射时一样，漆黑一片。

突然，我们被甩向前方，然后摔回座位上。二级火箭发射已经结束，三级火箭开始启动。经过刚才的暴力阶段，现在我们的身体有些摇摆，轻微地前后摇晃，这没什么好担忧的。然后，最后一台发动机砰的一声熄灭了，就像一场小型车祸一样，我们震动了一下，什么也没有发生。

我们的失重护身符是根纳季的小女儿做的一个小雪人玩偶，它现在正被系在安全索上飘浮着。我们正处于失重状态。我们把这段时间叫作 MECO，意思是"主发动机熄火"，这时总会发生剧烈震动。飞船现在正环绕着地球轨道飞行。在遭受了如此强大和奇怪的力量冲击之后，四周突然安静下来，这让人感到不自然。

我们互相微笑着，伸出手来击掌，我们很高兴能活到现在。在很长一段时间内，我们不会再感受到重力了。

有些事情似乎有点不同寻常，过了一会儿，我终于发现哪里不对劲了。"没有碎片。"我向根纳季和米沙指出这一点，他们也认为这很奇怪。通常情况下，MECO 阶段会让藏在飞船中的垃圾显露出来——随机的小螺母和螺栓、钉子、金属碎屑、塑料碎片、头发、灰尘，我们称之为外来物体碎片，当然，NASA对它们有一个专门的英文缩写：FOD。在肯尼迪航天中心，有人专门负责清除航天飞机中的 FOD。我曾经在"联盟号"飞船保养和待飞的机库里待过一段时间，我注意到，相比于航天飞机的维修机库，它本身并不是很干净。在某种程度上，俄罗斯人保持了高标准的 FOD 清理，这让我印象深刻。

"联盟号"飞船的太阳能电池阵列从设备舱的两侧展开，并展开了天线。现在，这是一个功能齐全的在轨航天器了。这让我们松了一口气，但只是暂时的。

我们打开头盔。风扇的噪声和燃料泵的噪声混在一起，太吵了，我们根本听不到对方的声音。当然，我还记得以前在国际空间站执行任务时也有各种噪声，但仍无法相信这里如此嘈杂。我想我可能永远无法适应它。

"几分钟前我才意识到，米沙，"我说，"没有噪声的生活已经不复存在了。"

"伙计们，"根纳季说，"整整一年！"

"根纳季，你不用提醒我。"米沙回答。

"你们可是英雄。"

"是的，"米沙同意道，"完蛋了。"

现在我们正处于交会阶段。将不同轨道上的、以不同速度运行的两个物体（这里指"联盟号"飞船和国际空间站）对接在一起是一个漫长的过程。这一点我们很清楚，也经历过多次，但这仍然是一个精细的动作。在欧洲上空，我们听到了这样一条奇怪的广播：

……分散在 1 400 英尺范围内的区域。温度 19 摄氏度。露点温度 17 摄氏度。高度 2 995 米。机场终端情报服务信息，奥斯卡……

这是一些机场的终端广播，是给飞行员提供天气和进场着陆信息的录音。我们不该收到这个，但"联盟号"的通信系统实在太可怕了。每次俄罗斯控制中心和我们谈话时，我们都能听到手机干扰的嘀嘀声。我想冲他们大吼，让他们关掉手机，但我不想以国际合作的名义这么做。

飞行几小时后，我的视力依然很好，没有变模糊，这是一个积极的信号。我开始感受到挤压，这是我以前在太空中出现过的一种症状。被塞进这个座位几个小时之后，我感觉腿抽筋了，膝盖的疼痛也一直没有停止。在 MECO 阶段后，我们可以松开安全带，但真的没什么地方可去。

根纳季打开了轨道舱的舱门，这是"联盟号"上的另一个可居住空间。到空间站要花几个小时，宇航员可以在这里休息一下，但这个轨道舱的空间不大。我解开了缠在身上的用来监测呼吸和心跳的医疗腰带，飘浮到轨道舱去上厕所。穿着压力服时，我几乎没办法小便，我更想象不出女宇航员这时要如何小便。在回到座位上后，控制中心冲我大喊，要求我把医疗腰带系回去。在与国际空间站对接前的几个小时内，我们都要绑着医疗腰带。根纳季在他的平板电脑上翻阅任务清单，开始向"联盟号"飞船控制系统输入指令。这个过程大部分是自动的，但他要待在轨道舱中，万一出了什么问题，他必须随时介入。

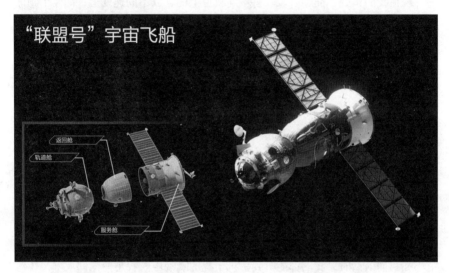

图 3-1 "联盟号"飞船的三个舱：轨道舱、返回舱、服务舱

当对接探测器启动指令发出后，系统没有任何反应。我们耐心地等待着。根纳季用俄语快速向俄罗斯控制中心说了些什么。他们做出了回应，听上去有点恼火，然后他们平静下来。我们不能确定他们是否听到了我们的声音。这时我们离国际空间站还很远。

"都是废话！"根纳季喊道。

仍没有迹象表明我们已经成功对接探测器，可能出问题了。

从"双子星座号"飞船开始，两个航天器的对接过程几乎没有变化：一个航天器（指我们）伸出一个探测器，将它插入另一个航天器（指国际空间站）

中一个被称为"锥"的接收器中，建立连接。大家把这个过程戏称为性交。在打开舱门前，我们会先检查一下接口，然后向新的宇航员同事打招呼。在过去50年里，这一对接过程一直很可靠，但这次，探测器似乎没有起作用。

我们三人对视了一眼，露出了国际通用的"我简直不敢相信"的表情。很快，国际空间站就隐约出现在窗口，它的8个太阳能电池阵列翼在阳光下闪闪发光，就像一只巨型昆虫的腿。然而，如果没有对接探测器，我们就无法连接并登上国际空间站。那样的话，我们只能返回地球。什么时候才能执行下一次任务，取决于下一艘"联盟号"飞船什么时候才能准备好，那可能要等上几周或几个月。我们完全有可能错过这次机会。

我们想象着回到地球会发生什么，那该是多么可笑的场景。我们爬出返回舱，再次向人们问好，而我们刚刚才举行过世界上最盛大的告别仪式。我们与地面之间的通信间歇性地进行着，他们无法帮我们弄清楚到底发生了什么。我转过身去，看着米沙的脸。他失望地摇了摇头。

然而，等到根纳季和米沙将计算机软件切换到新的工作模式时，我们发现，实际上探测器已经部署完毕。只是软件和我们开了个玩笑。

我们都松了一口气，这一天并非毫无意义。我们仍然要去空间站。

随着国际空间站上的对接口越来越近，我看到显示屏上出现了模糊的黑白图像。我想知道的是，探测器是否真的没问题。对接过程的最后一个环节，比之前其他航天器的对接变化更多，这实在令人兴奋。以前航天器必须采用手动对接方式，因此这是一出节奏缓慢的"芭蕾舞"，几乎不允许出现任何错误。但是，"联盟号"飞船通常会采用自动对接方式连接国际空间站，在双方接近的最后几分钟里，飞船会高速旋转，开启发动机，调整飞行姿态。虽然我们早就知道这一点，但它仍然很吸引我。我看着窗外的景色，亮晶晶的金属板在阳光下闪闪发光，仿佛着火了一般。我们听到了发动机短暂点火的声音，并感受到了加速度。剩余的燃料燃烧着，火焰在阳光下闪烁。点火结束后，飞船重新回到原位，向对接口移动。

当最终连接到国际空间站时，我们听到了探测器撞击的怪异声音，并感受到震动。然后，探测器摩擦着进入"锥"中，发出一种金属间的摩擦声。最后结束时，它们又发出了令人满意的撞击声。现在，国际空间站和"联盟号"飞船都收到了命令，双方连体，进行自由飘移——它们不再控制自己的姿态，而是在太空中自由旋转，直到双方之间建立更加牢固的联系。飞船上的对接探测器被收回，两个航天器更加接近。然后，通过对接端口的驱动挂钩，两个航天器之间的连接得到了加强。成功了！我们高兴地拍拍彼此的胳膊。

我进入轨道舱，和根纳季待在一起。在轨道舱里，我们费力地脱下穿了近10个小时的索科尔宇航服。虽然疲惫不堪，汗流浃背，但我们很高兴来到这个新家。我脱下了离开地球之后一直穿着的尿不湿，然后把它放进装湿垃圾的俄罗斯垃圾袋里，带到国际空间站上进行处理。我穿上蓝色的飞行服，因为胸前有一面巨大的美国国旗，所以我把它称为"美国队长飞行服"。我讨厌这些飞行服，那些有多年宇航服制作经验的俄罗斯人竟然无法理解我们在太空中会长高3~5厘米。因此，短短几周之后，我就穿不进"美国队长飞行服"了。

虽然渴望见到国际空间站上的队友，但我们需要确保"联盟号"飞船和空间站之间密封良好。完成泄漏检测要将近两个小时。我们必须让两个对接舱之间的空间充满空气，然后进行测试，确定空气压力是否下降。如果下降的话，就说明密封不够完好，如果那样就打开舱门，国际空间站和"联盟号"飞船就会发生漏气事故。我们在等待检测结果时，偶尔会听到另一侧的宇航员友好地敲击舱门。我们也做出同样的回应。

检测终于完成，根纳季打开了我们这侧的舱门，国际空间站上唯一的俄罗斯宇航员安东·什卡普列罗夫（Anton Shkaplerov）打开了他那一侧的舱门。我闻到了一股奇怪而熟悉的味道。没错，这是一种强烈的金属灼烧的味道，就像独立日烟火的味道一样。暴露在真空环境下的物体会散发出这种独特的气味，有点像焊接时的气味——这就是太空的味道。

空间站里已经有三个人了：指挥官特里·维尔茨（Terry Virts），他是这里唯一的美国人；安东；代表欧洲空间局的意大利宇航员，萨曼莎·克里斯托弗雷蒂（Samantha Cristoforetti）。这些人我都认识，这比重新认识新人好得多。很快，我们就会更加了解彼此。虽然我和特里的工作并没有太多重合的地方，但 2000 年他刚刚被选为宇航员时，我就认识他了。安东和萨曼莎则是我去年开始准备这次任务后才开始了解的。我和安东的上一次会面在休斯敦，也就是在我的上一次太空飞行任务之前。在那附近的波多格斯酒吧，我们喝得酩酊大醉。最后我们俩都无法开车，只能到附近一个朋友家过夜。

今年，我和米沙总共将看到 13 名宇航员在太空中来来往往。今年 6 月，"联盟号"飞船将与特里、萨曼莎和安东一起离开国际空间站。7 月，会有 3 名新宇航员来代替他们的工作。9 月，还有 3 名宇航员将加入我们的队伍，国际空间站的总人数将达到 9 人——一个不寻常的数字。此后，12 月，将有 3 人离开，几天后又会再来新人。我和米沙希望，乘组人员的变化能有利于任务分配，打破单调乏味的工作氛围，减少我们未来一年面临的挑战。

在早期的太空飞行中，驾驶技术是关键因素。而在 21 世纪，我们之所以被选拔为宇航员，是因为我们有从事许多不同类型工作的能力，我们能与他人相处融洽，尤其是在长期工作紧张和环境拥挤的情况下。我的每一位同事，不仅是各种高强度工作的密切合作者，也是我的室友以及全人类的代表。

根纳季首先从舱口飘过去，拥抱了安东，这些问候总是令人欢欣鼓舞。虽然我们早就清楚地知道，当舱门打开的时候，我们看到的会是谁，但是当从地球发射升空，进入太空旅行并找到已经生活在这里的朋友，这仍然令人惊喜。

如果你从 NASA 电视台看到国际空间站的舱门被打开，你会看到大大的拥抱和满面的笑容，这些都是无比真诚的。当根纳季和安东打招呼时，我和米沙在等待轮到我们的问候。我们知道，地面上有许多人都在看着我们，包括我们的家人。在哈萨克斯坦的拜科努尔、美国的休斯敦任务控制中心和网络上，每个人都可以看到实况转播。就像其他所有的通信方式一样，视频信号首先从卫星上发射出来，然后被传送到地球。突然，我想到了一个主意，转向米沙。

"我们一起过去吧，"我建议，"这样显得更团结一些。"

"好主意，兄弟。我们一起过去。"

两个人一起飘过狭小舱口的姿势有点让人尴尬，但另一侧的每个人都被这个姿势逗乐了。飘过去之后，我和安东握了握手。

接着，我抱了抱特里·维尔茨，然后是萨曼莎·克里斯托弗雷蒂。她是意大利第一位女宇航员，而且不久后，她就会成为单次太空飞行最长时间的女宇航员纪录创造者。我们在拜科努尔的家人正等着与我们进行通话，而通话将在属于俄罗斯的服务舱进行。我飘了下去，但转错了弯。回到国际空间站的感觉很奇怪——虽然在这里飘浮的感觉很熟悉，但我有时候也会迷失方向。这只是刚刚开始的第一天。

随着太空的味道渐渐消散，我开始闻到国际空间站的独特气味，它就像我童年时家的味道一样熟悉。这种气味主要来自仪器设备和其他东西，在地球上我们称之为"新车的气味"。在国际空间站，这种"新车的气味"更为强烈，因为塑料的微小颗粒是失重的，就像空气一样，所以它们会混入我们的每一次呼吸中。其中还混杂着一股微弱的垃圾和身体的味道。虽然我们尽可能地把垃圾密封起来，但只有当货运飞船每隔几个月到达空间站，并在回程变成一辆垃圾车时，我们才能把垃圾处理掉。

风扇的声音和电子产品的嗡嗡声很响，但我们又无法逃避。我觉得必须提高嗓门才能让声音盖过噪声，让别人听到我说的话。根据以前的经验，我知道我会习惯这一点的。俄罗斯舱段的噪声格外强。这里又黑又冷。我感到一阵战栗：我居然要在这里待上将近一年。这到底是个什么鬼地方？我突然觉得，这可能是我做过的最愚蠢的事情之一。

到达服务舱时，我一下子就注意到，它比我上次来这里时变亮了许多。显然，俄罗斯人已经升级了照明系统。这里也比我记忆中的要有条理得多，我猜这是因为安东想要发挥他的组织能力，给根纳季留下个好印象。根纳季坚决要求宇航员保持俄罗斯舱段的整洁。

在通话期间，家人能听到我们的声音，也能看到我们，但我们只能听到声音，看不到他们。这里的通信配置略微差了一点，通话时的回声很大。我听到夏洛特告诉我这次发射的情况，然后，我和女儿萨曼莎简单地谈了一会儿，然后又与艾米蔻通话。听到她们的声音真是太美妙了。但我突然意识到，我的俄罗斯同事也在等着和家人通话。

一打完电话，我就和特里、萨曼莎·克里斯托弗雷蒂一起去了美国舱段。在接下来的一年中，我更长时间会待在那里。虽然国际空间站是一个整体设施，但在大多数情况下，俄罗斯人在他们那边生活和工作，而其他人在另一侧的美国舱段生活和工作。我注意到，这里比我记忆中还要暗得多，烧坏的灯泡还没有更换。这不是特里和萨曼莎的错，而是反映出从我上次来这里至今，任务控制中心采用十分保守的方式管理着我们的消费品。因为我将在这里待很长时间，良好的照明对我的健康至关重要，所以我决定，在接下来的几个月里改善我们的资源利用方式。

特里和萨曼莎带我四处看看，告诉我现在这里的使用情况。他们从最重要的设备厕所开始，厕所也被称为废物和卫生间（WHC）。安顿下来，我们就快速地做了一个安全简报，这个安全简报将在未来几天内被彻底重做。在国际空间站，任何时候都可能会发生紧急情况——火灾、氨泄漏、减压。我们必须准备好应对任何可能发生的事情，即使是在刚刚抵达的第一天。

我们回到俄罗斯舱段，参加一个传统的欢迎晚宴。这种特别的晚宴通常被安排在周五晚上或其他特殊时刻，比如假期、生日和每艘"联盟号"飞船离开前的告别时刻。欢迎晚宴也是其中的特殊时刻之一，特里已经把我最喜欢的烤牛肉加热了，利用烤肉酱的表面张力，我把酱抹在玉米饼上（我们吃玉米饼，是因为它保质期很长，而且不会产生碎屑）。此外，我们还吃到了周五晚上才能分享的传统食物——蟹肉和黑鱼子酱。每个人都像过节一样开心。对刚到国际空间站的我们三人来说，这是漫长而艰难的一天。严格来说，是两天。最后，我们互道晚安，特里、萨曼莎和我回到了美国舱段。

我找到了我的乘员宿舍，这是空间站中即将属于我的空间。它的大小相当于一个老式电话亭。在空间站2号节点舱段中，共安排了4个乘员宿舍，分别在地板、天花板、左舷和右舷上。这次，我的乘员宿舍在气孔边的墙壁上，而上次在天花板上。乘员宿舍很干净，但空荡荡的。我知道，在接下来的一年中，它会像其他的家一样被装满杂物。我躺进睡袋里，特别要感谢的是，睡袋是全新的。虽然在接下来一年里，我会换几次内衬，但睡袋本身不会被更换掉。我关上灯，闭上眼睛。

在飘浮状态下睡觉并不是一件容易的事，尤其是在你没有练习过的情况下。我的眼睛是闭着的，但宇宙的闪光偶尔也会照亮我的视野，这是因为太空辐射击中我的视网膜，眼睛产生了光的幻觉。在阿波罗时代，宇航员第一次注意到了这种现象，但眼睛产生幻觉的原因，我们至今仍然不完全清楚。我会习惯的，但现在，这些闪光对于我是一个警示，提醒我大脑正在受到辐射的影响。在尝试一段时间后，我没能成功入睡，就吃了一片安眠药。昏昏欲睡的时候，我突然意识到，这是我接下来在这里的340次睡眠中的第一次。

第 4 章
第一次真正接触海军

1982年秋季余下的时间里，带着对人生的新认识，我走遍了马里兰大学巴尔的摩分校的每一个角落。在此之前，我一直在想，大家都是从哪里获得一大早就去上课的动力的？在音乐演奏还未停歇的时候，他们就离开了派对，连啤酒都还没有开封。现在，我知道是什么原因了：他们每个人都有一个追求的目标。现在，我也找到了目标，这是一种绝妙的感觉。

我非常幸运地看到了一本书，它让我看清了人生的目标，而我计划去实现这些目标。我不仅要成为一名海军飞行员，还想成为一名宇航员。这是我所见过的最具挑战性、最激动人心的目标，我已经准备好了。我只有一个问题：成为海军飞行员这条路竞争很激烈，而我是一个长期表现不佳、学业记录糟糕的人。我想成为一名海军军官，但这条路上全是在高中阶段表现突出的年轻人，他们的SAT（大学入学考试）成绩也十分优秀。之后，他们会被国会议员或参议员推荐，到美国海军学院学习。

读高中时，我常常做白日梦，胡说八道，所以我的学习几乎是零基础起步，而我将要开始学习的必修课程包括微积分、物理学、工程学。此外，我心里很清楚，即使我现在就开始补课，也可能跟不上。不管我的学习动机多么强烈，我确实缺乏必要的学习技能。

无论向哪个方向看，我都能发现，有些学生听一小时的演讲就能问出一些聪明的问题，然后做好笔记。他们不仅按时交作业，而且完成得很好。他们拿出教科书和讲义，做一件他们称之为学习的事情，这样他们就可以在考试中表现出色。我却完全不知道该怎么学习。如果你从未有过这种感觉，我确实很难表达出这种感觉有多糟糕。

如今，我哥哥马克在纽约国王郡的美国商船学院读大一。"二战"时期，我的外祖父是商船上的一名军官，后来成为纽约市消防局的消防队长。马克想要追随外祖父在商船队的足迹，但他并不会吊死在一棵树上，他觉得，他如今在学院接受的教育是未来一系列职业生涯的良好起点。鉴于我确立的新目标，美国商船学院似乎也是一个很好的开端，因为国王郡为我提供了一条成为海军军官的道路。即便我无法进入军事学院学习，国王郡仍然可以给我提供一种军事氛围。我认为，这正是我所需要的。更加绝妙的是，我已经认识了可以帮我转学的人。圣诞假期的时候，我与商船学院的招生顾问进行了一次面谈。

那年1月，我穿上了自己最正式的一套服装——卡其布裤子和马球衫，当我到达学校时，招生办主任亲自迎接了我，他穿着全套的军装。我从来没有与穿制服的工作人员打过交道（当然，警察除外）。他请我进入他的大办公室，这间办公室看起来几乎完全是木材制作的：木制的家具、书架、椅子、模型船以及满墙的航海纪念品。在房间角落，一个生锈的黄铜船舶传令钟孤零零地立在那里。主任盯着我的眼睛，问我为什么想转学到这里来。

"主任，我想成为一名海军军官。我的目标是驾驶战斗机，降落在航空母舰上。"

在我自己看来，这是一个非常明确且令人信服的目标。但当我说话时，那个男人已经目光呆滞，他一直盯着手表看，好像已经在考虑下一个会面，也可能在想中午吃什么。他一直盯着我身后的窗户看，而没有看我的眼睛。我讲完后，他清了清嗓子，合上桌面上装着我的证书的文件夹。

"听着……"他叹了口气，说道。

这可不是好兆头。

"你的高中成绩非常糟糕。SAT成绩也低于新生的平均分数。在大学的第一学期，你的成绩并没有比高中时好。没有任何事实可以证明，你将在这个极具挑战性的项目中获得成功。"

"我打算从现在开始提高成绩，"我解释道，"我知道我能做到。还有我的SAT成绩——虽然我还没有开始备考。我觉得，如果再试一次的话，我会考得更好一些。"

"嗯，我们必须从两次考试成绩中取平均值，"他解释说，"所以你需要一个极高的成绩，才能达到我们录取的平均成绩。即使你考得已经算不错了，也无法达到我们录取你的成绩。"

这次对话并不是我所期待的。

我告诉招生办主任，我的父母都是警察，我讲述了我们在那些船上的悲惨生活，还有我从事急救工作的经历。我告诉他，我读过《太空英雄》这本书，而且我知道自己要做什么。最终，我想找到明确的人生方向。我向他讲述了我对喷气式飞机和航空母舰的向往，以及我实现重要目标的风险与可能性。我告诉他，我觉得一切都可以从国王郡开始。我问他，我该怎么做才能改变他的想法。

主任只是摇摇头。"对不起，孩子，"他说，"单凭你的这些记录，我的想法根本不可能改变。你在这里不会成功的。"他站了起来，谢谢我来面谈，并解释说，只是因为我哥哥非常出色，所以他才同意见我。他握了握我的手，请我离开。

我走出门，站在明媚的阳光下，眨了眨眼睛，四处张望，不知所措。我不能和哥哥一起学习，也无法迈出人生的下一步。自从有记忆以来，我从未这般想哭。

我意识到，那个招生办主任一定听过很多这样的故事，听年轻人讲述他们既没有才能也没有动力去实现的崇高理想。对他而言，我和他们并没什么不同。也许，我和他们不同。现在，我已经可以站在主任的立场去思考了，但在当时，他对我的冷漠是毁灭性的打击。国王郡好像已经是我唯一的机会了，我似乎只能承认，在其他任何地方，我都会被拒绝。当然，我去不了安纳波利斯①，我已经没有退路了。与此同时，与我年龄相仿、目标相同的其他人都在努力前进，而我会落后他们很多年。看来，我还需要很长时间才能开始起步，也许时间会长到海军不再需要我。我知道，加入海军是有年龄限制的。

迄今为止，我所做的其他事情，比如从事急救工作，都可以发挥我的优势，而不会对我的弱点形成特别的挑战。但我的新目标会暴露我所有的缺点。

在马里兰大学巴尔的摩分校的第二个学期，我选修了更有挑战性的课程，这是我生命中第一次拼尽全力。记得上微积分课的第一天，我走进教室时发现这门课与高中时塔诺夫先生劝我不要放弃的三角函数课几乎一样。是的，它确实很难。如果不能在这门课上展现我的能力，我就再也没有机会做更多的事了。在第一个学期，为了达到要求，我只修了最简单的数学课程——代数，最后勉强及格。如今，我要在已经学不进去的前提下选修新的课程，而且必须学得更好。

第一节课结束后，我坐下来写作业，感受如今我决定做的每一件事情带给我的压力，我不得不强迫自己坐在椅子上。我一直在给自己想一个要去另一个教室做些什么或去公寓大厅逛逛的理由。我要削铅笔，还要接一杯水，但不管怎样，我仍然坐在椅子上。我强迫自己读完这一章，一遍又一遍。这起不了什么太大的作用，因为很多知识是我在高中就该学会但还没有学会的。我强迫自

① 安纳波利斯是美国马里兰州的首府，市内的塞文河畔有创办于1845年的美国海军军官学校和海军博物馆，这里是希望加入海军的年轻人的最佳选择。——译者注

己想明白家庭作业中的问题。虽然我很确信，对简单一些的问题，我已经可以找出正确的答案，但对更难一些的问题，我仍然感到很困惑。班上其他同学可能只需要 15 分钟就可以把作业都写完，而我写完作业时夜已经很深了，但我尽量不去想这些。我尝试着专注在一件事上。我为自己设立了一个目标：读完这一章，并解决其中的问题。最后我做到了。关上灯，我觉得自己终于可以扭转局面了。

几周后，我在写作业的时候感觉作业比以前简单了一点点。虽然这仍像是在浪费时间，但我前一周研究过的一些问题似乎更清楚了。整个学习过程变得不那么痛苦，每一个我钻研过的问题都有了更准确的答案。让自己坐在椅子上仍然是一场艰苦的斗争，而且我的课程成绩只得了一个 B-。不过，这是我目前为止，一生中最重要的成就之一。我决定要学一些很难的知识，而我已经学会了。

与此同时，我申请了转学，目标是两所学校：罗格斯大学和纽约州立大学海事学院。两所学校都离我很近，而且都有让我成为海军军官的可能。

纽约州立大学海事学院位于布朗克斯区，是一所小型军事学校，旨在培养从事海运行业的海员。这是美国第一所海事学院，建在斯凯勒堡（以亚历山大·汉密尔顿的岳父菲利普·斯凯勒将军的名字命名）。这座军事堡垒是 1812 年战争后为保护曼哈顿免受海军袭击而建立的。当初申请学校时，我对此一无所知，对我来说，它只是为数不多的选择之一。当学校同意录取我时，我立马就接受了，其实我勉强才达到了最低录取分数线。

我当时并不清楚自己没有被罗格斯大学录取。但我父母收到了拒绝信，而且拆开信看了，他们没有告诉我这个消息，就把信扔了。他们不忍心让我失望。多年来，他们一直保守着这个秘密，我被选拔为宇航员之后很久，他们才告诉我。

1983 年夏天，我去了斯凯勒堡。我知道，这一年的一开始会有为期两周的军训，但我对军训的概念很模糊，只从电影里看到过一些：剃光头，高年级学生冲新生大喊大叫，强制行军，一遍又一遍地清理鞋子和皮带扣之类的东西。事实证明，所有这些预想完全正确。

纽约州立大学海事学院在长岛海湾和伊斯特河之间，校园漂亮得出乎我的意料。校园面积很大且管理良好，它以雄伟的古堡为中心，周围环绕着一些新的建筑。入学第一天，我只带了一个装满衣服的军用小手提箱、一个音箱，还有一堆旅程乐队、布鲁斯·斯普林斯汀、感恩至死乐队和新浪潮乐队的磁带。我找到了自己的房间，它有米色的墙面，里面放了两张单人床、两张桌子和两面镜子。我的室友已经在整理他的行李了。他告诉我他叫鲍勃·凯尔曼（校内所有事务都按字母顺序排列，所以凯利和凯尔曼就被分到了同一间房，而且我们的所有事情都被安排在一起）。鲍勃是个友善而外向的人，脸上总是挂着一丝苦笑，他富有幽默感，过去是这样，现在也是这样。我们一边收拾行李，一边聊天，很快就互相了解了。

"你毕业之后打算做什么？"鲍勃问道。

"我要成为一名宇航员。"我直视着他的眼睛，认真地说。我认真对待这个想法，并试图让这成为我的习惯。鲍勃眯起眼睛，上下打量我。

"哦，是吗？"鲍勃问道。

"是的。"我回答道，一脸严肃。

他若有所思地点点头。"好吧，我要成为一名印度酋长。"

他被自己的笑话逗得哈哈大笑。当时，我觉得他有些讨人厌，但在我们成为好朋友之后，他对我想成为宇航员这件事哈哈大笑的故事，总是让我们想笑，特别是在我真的成为宇航员之后。

我们一起收拾行李，鲍勃和我谈起即将开始的军训，它到底是什么样呢？

我开了个玩笑说，要剃光头。

"什么？"鲍勃手里拿着一摞书，愣住了，"他们不会剃我们的头发。你在开玩笑，对吧？"

我告诉他，我很确信这是真的。"在部队，人们不是经常被剃成光头吗？"

鲍勃想了一会儿，就不再想了。"不，他们会通知我们的。我的意思是，我们需要签署一些文件。"他说。

第二天早上5点钟，我和鲍勃被一群高年级学生吵醒，他们敲打着锅碗瓢盆和垃圾桶盖，冲我们大喊大叫。我们从睡梦中到穿好衣服，铺好床，在大厅中立正站好，只用了短短的5分钟时间。从那天早上开始，到之后的每一天早上，我们都要先进行一小时的跑步和健身操，即使天还未亮。天气已经很热了，太阳一出来，天气变得更热了。

第一天，我们记住了与校史有关的语录和习语。我们学的第一个语录是萨利港的谚语，它刻在古堡的拱门上：无论付出什么代价士兵和军官都必须服从命令。立即而毫不犹豫地服从命令，不仅是军队的命脉，也是国家安全的命脉；在任何情况下，故意不服从的行为都是对联邦的背叛。这段话出自"石墙"杰克逊[①]。（简而言之，就是要"服从命令"。如果杰克逊的话更简洁一些，我的学习就会容易得多。）我更喜欢引用一些更短更有说服力的话，比如：大海也有选择性，在识别人的努力和天资时反应迟缓，但在击沉不适应大海的人时反应很快。直至今日，我仍清楚地记得这些话。

第一天早上，我们被带到另一栋大楼里。在那里，我们一个接一个地被带入一个小房间。因为我们无论做什么都是按名字字母排序的，所以坐在椅子上

---

① "石墙"杰克逊是指托马斯·乔纳森·杰克逊（Thomas Jonathan Jackson），美国内战期间著名的南军将领。——译者注

剃光头的时候，我能看得到鲍勃的反应。我不在乎剃光头，但我仍记得鲍勃脸上的表情，他一脸恐惧，可怜巴巴的。我笑得前仰后合，理发师只能大声叫我别动。几分钟后，鲍勃黑色的卷发和我的头发一起掉到了地板上。

军规对我而言很容易。我想，我一直渴望这样的安排，被告知该做什么以及如何去做，这对我几乎是一种解脱。很多同学质疑我们军训各方面的逻辑性和公平性，想走捷径，他们发牢骚，不停地抱怨。但我已经开始意识到，我必须有一个明确且具有挑战性的目标，才能全力以赴。学业对我来说仍然很困难，但听从指令让我有恒心坚持下去。我欣然地接受各种规则的约束。

军训结束时，我们举行了结业仪式，纪念军训成功结束。我的父母来了，爷爷奶奶也来了，都穿着他们最好的衣服。当我们列队行进的时候，我看到他们站在看台上，满脸自豪地看着我。我惊讶地发现，他们站在看台上为我而感到骄傲，这对我有非常重要的意义。但我也明白，自己还有很长的路要走。

当学期正式开始时，我选了 6 门课。作为一名大一新生，我的学习几乎要从头再来，因为这里的课程与我在马里兰大学乱选的一些艺术和科学课程截然不同。我选了微积分、物理、电子工程、航海技术和军事史。这些课程即使对我那些成绩优异的同学们来说也是一个挑战，我竟还能跟得上，这让我感觉很好。

临近劳动节（9 月的第一个星期一）那一周的周末，我接到了一个高中同学的电话，他邀请我参加他们在罗格斯大学兄弟会的派对。我答应了。

我给哥哥打电话说："我们一起去罗格斯大学，和希格玛派兄弟会的皮特·马瑟一起玩吧。"

"我去不了，"马克立刻就回答，"我马上就要考试了。"

我用了几分钟，试图去说服他，但他打断了我的话。

"你不是也要考试了吗？你已经上了几周的课了。"

"是的，"我承认，"下个周末，我要参加微积分课的第一次考试。但我回来后会抓紧学习的。还有星期二、星期三、星期四……"在我心中，我已经站在布朗克斯高速公路边，肩上背着行李包，伸手拦车了。

"你他妈的疯了吗？"马克问道，"你这是在上学。想要赶上进度的话，你必须保证通过这次考试和其他所有的考试。整个周末，你都要坐在课桌前，研究这次考试涉及的每一章中的每一个问题。"

"真的吗？"我问道，"要整个周末那么久吗？"我觉得他有点疯了。

"整个周末，"他说，"还有下周。"

虽然我明白了他的意思，但电话里还是有一阵怪异的沉默。我不喜欢被我的双胞胎哥哥教训。我很想告诉自己，他是个浑蛋，不要在意他。差一点我就要决定不听他的话了，但就像我站在悬崖边摇摇欲坠的那段记忆一般，他刚刚说的话让我感到很不安。虽然我很想去参加派对，但我知道在我心中，哥哥的话是对的，而且他用十分直率的态度教给了我一些很重要的东西。一开始，马克也是一个注意力不集中、对学习不感兴趣的高中生。但他早在我之前就决定要振作起来，并且成功了。我从来没有问过他是怎么做到的，但现在他想给我上一课。我虽然很不情愿，但还是决定听他的话。

我听从他的建议，整个周末都待在房间里，研究每一章中的每一个问题，直到把所有问题都解决了。当周五参加考试的时候，我第一次觉得自己好像理解了所有问题，并认为我的答案基本上都是对的。这是一种奇怪的感觉。当下一周拿到试卷时，我看到卷子上有一个红色的 100 分。我盯着它看了很久，想确认这件事的真实性。这辈子，我第一次在考试中拿到了满分，而且还是数学考试！我就像打开了一个新世界的大门，想必这就是人们努力取得好成绩的原因吧。

从那时起，我就很享受在学校面对的挑战。我知道如何努力学习，如何享受它的回报。这几乎成了我和自己玩的一个游戏：让大家看看，我在这方面能做得多好。奇怪的是，对我来说，考试得 A 比得 B 要容易得多。得到 B 就像射击时要瞄准更小的靶子一样困难，"还不错"就像穿针一样不易，而"做到最好"则相当于面对一个更大的球门，这反而更容易。我决定试图理解一切。然后，我总是会得 A。

那次与马克的通话就像读到《太空英雄》一样，是我一生中的关键时刻。那本书让我看到自己希望成为什么样的人，而哥哥的建议则告诉了我该如何成为那样的人。

开学没多久，我就去了后备军官训练队的办公室，说我想参军。我知道，我可以参加他们的课程和训练，但在我取得至少一个学期的成绩记录前，我没有资格申请奖学金。因此，我和其他学员一起训练、演习、周末锻炼，上了领导力、武器系统和军事礼仪的课程。最重要的是，海事学院的所有学生都必须获得美国海岸警卫队的执业资格证书，这是成为一名商船海员的必要条件。（最终，我拿到了美国海岸警卫队的执业资格证书，并将它一直保留至今。）我们学习了天文导航和地理导航技术、航海技术、航海气象学和航海交通规则。由于第一学期的成绩接近 4.0 分，我获得了海军后备军官训练队的奖学金。作为获得奖学金的交换条件，我至少要服 5 年兵役。如果我申请去飞行学校的话，要求服役的时间会更长。我很兴奋，我终于更接近自己的终极目标了。当然，我父母也很高兴，因为我的奖学金可以支付余下的学费了。

第一学年结束时，我们用了几周时间来准备第一次航行的训练船。"帝国 5 号"是一艘退役运输船，其前身是美国海军的"巴雷特号"，我们正在用它来学习如何进行船上操作。在船上，我们每个人都分到了具体任务。船终于开动了，缓缓驶离码头，没入了长岛海湾的雾霭中。站在船头，我看着灰色的伊斯特河徐徐展现在我们面前。我一直十分专心地注视着河水，就好像商船及船上的每个生命都要依赖我才能生存似的，商船已经与我融为一体。在船头的我不仅是船的眼睛，也是它的耳朵——我注意倾听其他船只的声音，如果看到或听到任何可能对我们的船只构成威胁的声响，我就要呼叫舰桥注意。随着速度加快，锅炉油独特的刺鼻气味逐渐弥漫到空气中。站在那里，我看着途经的城市岛、纽黑文，然后抵达蒙托克。后来，当我们绕过这个海角，向东进入北大西洋时，我深深地吸了一口海风。在海上。我觉得自己终于学有所成了。对探索和冒险，我天生就有一种直觉。我不会搞错的。

我还是不敢相信我们要去欧洲。如果你早在一年前就告诉我，这就是我度过人生中第 19 个夏天的方式，我是不会相信的。船上的住宿条件很差，环境又黑又脏，通风不良。去餐厅吃饭时，我经常遇到人们把垃圾扔进那里的大垃圾桶里。晚上，人们由于感到恶心，躺在床上呻吟。我似乎对晕船有免疫力，我希望这种顽强的状态能在飞行时继续保持，最终在进入失重状态时我也能适应。

我们开始了为期三天的周期性工作：一天养护船只，一天站岗，一天上课。船上最好的岗位是驾驶舱，因为在那儿我们可以把一只手放在方向盘上，进行真正的掌舵。在船头站岗，目的是通过观察水面识别其他船只。在船尾站岗，则意味着要注意是否有人落水，但事实上从未有人落过水。上课时，我们会挤在一个摆满高中课桌的小教室里。其中一些课程很有意思，比如，导航、气象，还有消防、搜寻、救援之类的应急流程。我并不想做一名海员，但这似乎是一个很好的替补职业。因此，我全神贯注，尽我所能去完成课程学习。晚上，我们练习使用天文导航技术，用六分仪测量地平线和某颗恒星或行星间的角度，修正船只的位置。这其中涉及复杂的数学问题，很难学，但对航海来说这是必备的（以后，为了进行太空飞行，我也要学习这些技术）。

我们停靠的第一个港口是西班牙的马略尔卡岛，那里的海滩很美。下一个停靠的港口是汉堡，在那里，我留下的唯一记忆是彻底且永久性地讨厌苹果杜松子酒。接下来，我们停靠在英格兰的南安普敦，转乘火车去伦敦。我吃惊地发现伦敦这个大都市的食物有多么可怕。

　　在返回母港的航行中，我觉得自己已经掌握了船上的工作，学会了我们正在学习的课堂教材。重新回到海上，现在的我们比离开时更强大，对环境适应得更快，工作完成得更出色。我们学会了在困难环境下协同工作，共同应对意外的事情，并活了下来。虽然我早就知道，我们进行海上巡航的目的是学到航海技术、领导能力和团队精神，但我仍然对自己在船上学到的知识感到惊讶。走下"帝国5号"时的我，和刚上船时的我已经完全不同了。

　　完成第一次海上航行后，我乘飞机去了加利福尼亚州的长滩，在一艘驶往夏威夷的海军船上，进行后备军官的训练。我和包括海军军官学院在内的其他大学的学员在一起训练，而他们是第一次参加训练。虽然我只比他们早训练了几个月，但我掌握的知识似乎比他们多不少。

　　这是我第一次真正接触海军。新生后备军官训练队和海军军官学院的学员都需要了解士兵的工作。只有这样，当我成为一名军官并领导学员时，我才能知道什么是士兵的职责。我又一次住进了拥挤的小屋，20个人挤在一起，睡的床铺分为三层。这对我将来在狭小空间里的生活是一种很好的锻炼。就像在"帝国5号"上那样，我们在船上干了很多体力活。有人对此很不满，但我并不介意。我很高兴能在船上工作，在海军职业生涯中取得进步。

　　我第二次乘坐"帝国5号"进行海上航行，是在大二那年的暑假。我被分配到的工作任务比第一次上船时更好了，掌握的权力也更大了。第一夜，我们停靠在西班牙的阿利坎特，我和同学在房间里举行派对。船上明令禁止喝酒，但只要我们没有出任何问题，喝点酒也不会带来什么麻烦。几小时后，我们都喝醉了。我喝了一瓶伏特加，这是船上最后的一瓶酒，我觉得应该把瓶子扔到舱壁上砸碎。但是，瓶子非但没有被砸碎，反而从舱壁上弹了回来，砸在一位同学的后脑勺上。她差点被打晕了。我们本应该带她去看医生的，但我们，包括她自己，都觉得这很好笑。

为了继续狂欢下去，我们想出了一个更宏大的计划。我们决定找一个绳梯（一种用粗绳和木板做成的悬梯），把它挂到船尾。这样，我们就可以随着绳梯爬下去，游到码头，再偷偷溜到附近的酒吧。我们派了几个人到船头去找绳梯，把它拖回来，其他人在船尾等着。会合时，他们正拖着约有 100 磅^① 重的绳梯。绳梯架好后，我和一位同学争执起来，因为谁都想先从绳梯上下去。我们大声嚷嚷，互不相让，差点打起来。

最后，我终于说服他我能更好地完成这项任务。我得意扬扬地爬过栏杆，试探绳梯是否牢靠。实际上，它根本就没有绑好。我连同 100 磅重的绳子和木头，都从 30 英尺高的地方掉向了漆黑的水面。我清楚地记得自己跌入冰冷的水中的感觉，那就好像开车撞上了人行道，我感到很惊讶，自己居然还有意识。但后来，我被绳梯缠住了，沉重的绳梯带着我沉了下去。

我费了很大力气，才重新游回水面。我挣扎着，游到了船靠岸时用于装载物资的一侧，一些工程兵学员已经在那里等着把我拉回来了。由于受到了水的剧烈冲击，又喝了太多的伏特加酒，我全身没有丝毫力气。最后，一个同学把我从舱门里拉了回来。我回到船尾，幸运的是我们没有被发现，上级领导也没有发现我们的冒险行动。如果被他们发现的话，我肯定会被开除，那样我就失去了自己创造的唯一机会。

---

① 1 磅 ≈ 453.592 4 克。——编者注

第 5 章
国际空间站：有史以来
最昂贵的人造物体

我梦见自己和苏联士兵一起，在一家苏联时代的汽车修理厂工作。士兵们穿着橄榄绿色的大衣，从上身直接套到脚踝，头戴俄式帽子。这家工厂的业务，是把废旧汽车清理干净，也许是为了转售他人，也许是为了其他非法目的，但我并不确定。我的任务是用大型压缩空气机清洗发动机。每次喷水时，发动机的油污就溅得满屋子都是，我担心自己是否有什么地方做错了。我很想知道该如何清洗这间屋子。

　　成年后，我最大的目标是驾驶飞机和宇宙飞船，但有时候我会觉得很疑惑，因为国际空间站根本不需要宇航员进行手动驾驶。当我试图向那些对空间站知之甚少的人解释其中的原因时，我会告诉他们，国际空间站更像是一艘在海上航行的船，而不是一架飞机。大学期间，我当过一段时间的海军学员，参观过美国海军的"拉霍亚号"潜艇。国际空间站就像潜艇一样能够自动运行。我们无法驾驶空间站，因为它是由软件控制的，即使它需要人工干预，我们也要通过空间站或地面的计算机干预。我们住在空间站里，就和你住在大楼里是一样的；我们在空间站里工作，就和科学家在实验室工作是一样的；我们还要研究空间站，就像机械师研究船只一样。如果这艘船在国际性的水域漂流，海岸警卫队就无法前往救援。

有时，人们会把空间站描述成"有史以来最昂贵的人造物体"。国际空间站是唯一由不同国家制造，并在太空中完成组装的人造物体。这话没错。但当你在空间站住了几个月后，你会发现它并不像一个物体。它就像一个地点，一个非常特殊的地点，有自己的个性和独特之处。它分为内部和外部，一个房间连着另一个房间。每个房间都有不同的用途，有各自的设备和硬件，还有独特的感觉和气味，每个房间都与其他房间截然不同，每个舱段都有自己的故事和有趣的地方。

现在，我已经在国际空间站待了一周了。当第一次醒来时，我清醒地知道自己在哪里。如果头痛的话，我知道这是因为我离通风口太远了，长时间没有呼吸到新鲜空气。我经常对如何定位自己的身体感到迷惑不解——醒来的时候，我认为自己是颠倒的，因为在黑暗的失重状态下，我的内耳部位只能随机猜测我在狭小空间中的身体位置。打开灯的时候，我会产生一种视觉错觉，以为房间在快速旋转，它似乎在绕着我转动，尽管我知道，这实际上是我的大脑在适应新的变化。

我宿舍里的灯要一分钟之后才能完全点亮。宿舍只能装下我、我的睡袋、两台笔记本电脑、一些衣服、洗漱用品、艾米蔻和我女儿的照片以及一些平装书。我没从睡袋里爬出来，而是打开了挂在墙上的一台电脑，写下了我对梦境的回忆。在上一次飞行后，人们对我描述的那些生动而又超现实的太空梦境很感兴趣，但那时我已忘记了大部分梦境。因此，这次我要坚持写好梦境日记。

我看了看今天的日程安排，打开新的电子邮件，伸了个懒腰，再打个哈欠。然后，我在洗漱包里翻来翻去。洗漱包挂在我左膝下方的墙上，用来装牙膏和牙刷。我在睡袋里刷牙，刷完后用吸管从袋子里吸一小口水，把牙膏吞下去，这是因为没有什么好办法能让我把牙膏吐在太空中。我用几分钟时间看了看休斯敦任务控制中心发来的每日简报。这是一份电子文件，里面有国际空间站及其组成系统的工作状态，他们夜间想出的问题，还有我们当天要执行的任务的计划。文件的最后还有一幅漫画，是他们用来取笑我们或自嘲的。今天的简报显示，这将是一个具有挑战性的日子，也是我所期待的日子。

图 5-1　我在国际空间站上的乘员宿舍，这是我睡觉的地方，也是我的私人空间，
是我离家后住了一年的新家

在国际空间站上，计算机的任务控制程序被称为"在轨短期计划浏览"（Onboard Short Term Plan Viewer，下文简称 OSTPV）。这个程序控制着我们的生活，把活动计划安排精确地控制在 5 分钟以内。一整天里，在笔记本电脑的 OSTPV 窗口中，缀满小点的一条红线不停地移动，这个程序通过随时间变化的任务控制模块，对每一项任务进行评估。NASA 的员工是天生的乐观主义者，但不幸的是，他们对完成某项任务所需的时间，比如修理一个硬件或开展一项实验所需的时间，常常也预估得过分乐观。假如我完成一项任务所需的时

间比计划的要长，那我就必须占用做其他事情的时间，比如吃饭的时间、锻炼的时间、一天工作结束后的短暂空闲时间（OSTPV 称之为睡前时间），最糟糕的就是要占用睡眠时间。正是因为这样，空间站里很多人的 OSTPV 屏幕上的红线都会有复杂的交叉和重叠。有时，当我做一些有难度的事时，这条线似乎会恶意加速向前，我发誓，它有些不对劲儿。其他时候，这条线似乎会平稳下来，它的速度和我感觉的时间流逝速度相吻合。当然，如果我能以某种方式把我对时间流逝的感觉放大到一整年，那么这条线就会慢慢向前移动，甚至看起来根本没有移动。今天的日程安排似乎是经过深思熟虑的，但有时它也可能会出错。对特里、萨曼莎和我来说，今天的大部分时间都会被花在一项名为"猎龙"的长期任务上。

从外部看，国际空间站就像是一个个巨大的空的汽水罐，一个接一个地首尾连在一起。国际空间站的长度由 5 个纵向连接的舱段（3 个美国舱段、2 个俄罗斯舱段）的长度决定。其他的舱段，包括来自欧洲、日本等国家和地区的舱段，分别连接到左舷和右舷，还有另外 3 个俄罗斯舱段上下相连（我们称这些方向为天顶和天底）。从我第一次去空间站到现在，它已经增加了 7 个舱段，这些舱段占了国际空间站的很大一部分体积。这样的舱段增添并不是无计划的，而是遵循了自 20 世纪 90 年代国际空间站项目开始以来，早就已经计划好的舱段装配顺序。每当访问国际空间站的航天器停泊到这儿，比如俄罗斯的"进步号"飞船、美国的"天鹅号"飞船、日本的 HTV 飞船或美国太空探索技术公司 SpaceX 的龙飞船等，国际空间站都会增加一个新的"房间"，这些房间通常位于空间站朝向地球的一侧。要进入其中一个房间，我必须"向下"（即往朝向地球的方向）运动，而不是向左或向右转。当我们把垃圾打包装入货运飞船后，这些房间会变得更宽敞一些。等空间站里填满垃圾后，房间会又一次变小。但这并不是说我们非常需要飞船带来的新空间，美国舱段的空间尤其宽敞。事实上，我们也可以失去一两个这样的空间。但是一想到飞船突然被搬空，然后再被随意丢弃的垃圾填满，这总是有点奇怪。过去，不载人的货运飞船都是一次性使用的，它们从空间站分离后，进入大气层时被烧毁。技术较新的 SpaceX 的龙飞船则能完好无损地返回地球，这给了我们更大的灵活性。

我将进行两次太空行走，在第一次太空行走前，我有将近 7 个月的时间要一直待在空间站里。这是很多人难以想象的空间站生活，但事实上，我想出也出不去。穿上宇航服离开空间站，进行一次太空行走，需要一个小时的准备时间，至少需要三个人在空间站里全神贯注地配合，地面上还要有数十个人协同工作。太空行走是我们在轨道上从事的最危险的工作。

如果空间站失火了，如果它充满了有毒气体，如果流星体撞破了一个舱体，空气开始外泄，我们逃离空间站的唯一方法是躲到"联盟号"飞船的返回舱里。但飞船要想安全离开，也需要提前准备和计划。因此，我们要经常进行应对紧急情况的演练，在这些演练中，我们会尽可能快地准备好"联盟号"飞船。但迄今为止，还没有人把"联盟号"作为救生艇用过，也没人希望这么做。

空间站是一个国际性项目，也是一个共享设施。但实际上，我几乎所有的时间都是在美国研制的舱段中度过的，包括美国舱段以及美国和日本来访问空间站的航天器。我的俄罗斯宇航员同事则通常在俄罗斯舱段活动，包括俄罗斯舱段以及访问国际空间站的俄罗斯"进步号"货运飞船和"联盟号"飞船。每天，我待的时间最长的舱段是美国的"命运号"实验舱，我们通常把它称为"实验室"。这是一个最先进的科学实验室，墙壁、地板和天花板上都装满了设备。由于没有重力，机舱里的每一个表面都是可以利用的存储空间。"命运号"实验舱里有科学实验设备、电脑、电缆、照相机、各种小工具、办公用品、冰箱，还有到处都是的垃圾。实验室看起来很乱，强迫症患者可能很难适应这里的生活和工作，但我会把常用的东西放在一伸手就能拿到的地方。在失重情况下，由于没有重力，很多东西我会抓不住，因此物品经常乱丢。地面人员经常发电子邮件，其中就有丢失物品的公告，就像美国联邦调查局在邮局张贴的那种公告。我们当中，偶尔会有人找到已经丢失多年的工具或部分设备。迄今为止，丢失物体重新被找到的最长纪录是 8 年。

我所处的大多数空间都没有窗户，没有自然光，只有明亮的荧光灯和光秃秃的白色墙壁。这些舱段没有任何世俗的色彩，看起来冷漠而功利，就像是一座监狱。太阳每隔 90 分钟就会升起又落下，所以我们无法用阳光来判断时间。如果没有手表让我知道格林尼治标准时间，工作日程又安排得很紧张的话，我的生活就会完全失控。

那些没有在空间站生活过的人往往很难理解我们有多么想念大自然。我想将来一定会出现一个词，来形容我们对有生命的东西的怀念。我们都喜欢听大自然的录音——雨林中的水声、鸟鸣和林间的风声。（米沙甚至还有蚊子嗡嗡叫的录音，我觉得那就有点过分了。）这里的一切都是无菌的，死气沉沉，所幸我们还有窗户，可以看到地球的美景。我很难描述那种俯视地球的感觉。我觉得自己好像在以一种大多数人不熟悉的亲密方式了解地球，观察它的海岸线、地形、山脉和河流。世界上有些地区，尤其是亚洲，空气污染很严重，所以它们看上去像是生病了一样。它们需要治疗，或至少一个病愈的机会。地平线上的大气层看起来就像隐形眼镜一样薄，而它的脆弱之处似乎需要我们的保护。我最喜欢的地球景观之一是巴哈马群岛，它是一个巨大的群岛，从浅色到深色，对比鲜明。深蓝色的海洋与更明亮的蓝绿色混在一起，阳光从沙滩和珊瑚礁上反射出去，像金子一般。每当新宇航员第一次来空间站，我都会带他们去穹顶舱（一个完全由窗户组成的舱段，可以俯瞰地球）看巴哈马群岛。那景象总是提醒我，要停下来，欣赏我有幸看到的地球美景。

图 5-2 从国际空间站的穹顶舱俯视地球

有时望向地球，我会突然想到对我来说很重要的一切东西，每一个曾经生活在地球上而又死去的人（除了我们 6 人），都在那里。当然，其他时候我也会意识到，跟我一起在空间站生活的人，对我来说就是全人类。如果我要和别人说话，看着别人的眼睛，寻求别人的帮助，与别人一起用餐，他们就是我全部的选择。

航天飞机退役前，NASA 就与民营公司签订了合同，共同研发向国际空间站运输货物的航天器，并且在未来的某个时候，再将宇航员送往空间站。迄今为止，最成功的民营航天公司是太空探索技术公司，也就是生产龙飞船的 SpaceX。就在昨天，一艘龙飞船从肯尼迪航天中心成功发射。之后，龙飞船在离我们 10 公里的轨道上安全地飞行。今天上午，我们的任务目标是用空间站的机械臂捉住它，将其固定在空间站的停泊港上。捕捉一艘访问空间站的飞船，有点像人们玩抓娃娃机。只不过，我们抓捕的对象是价值数百万美元的真正的设备，而且它还正在以快得不可思议的速度飞行。一不小心，我们不仅会失去或损坏龙飞船以及飞船上的宝贵物资，而且机械臂的滑动可能会导致飞船撞上空间站。"进步号"货运飞船曾经撞上过俄罗斯以前的"和平号"空间站，万幸的是，虽然空气快速泄漏，但没有宇航员因此而死亡。

这些货运飞船是我们从地球上获得充足物资供应的唯一手段。"联盟号"飞船虽然可以把三名宇航员送入太空，但几乎已经没有空间运载其他任何东西了。到目前为止，SpaceX 研制的龙飞船和猎鹰火箭已经取得了很大的成功，该公司于 2012 年成为第一家进入国际空间站的民营公司。他们希望在未来几年里，能让宇航员搭乘龙飞船飞行。如果他们能做到这一点的话，那么 SpaceX 将成为首个把宇航员送入轨道的民营公司。而且，那将是自 2011 年航天飞机退役以来，宇航员首次从美国的国土上离开地球。①

如今，龙飞船运载了重达 4 300 磅的物资，包括：食物、水和氧气；生命支持系统的零部件和原料；医疗用品，如针头和抽血用的真空吸管、样品容器、药物；衣服、毛巾和浴巾。对所有这些物资，我们都将尽可能延长其使用时间。龙飞船也将带来新的科学实验用品以及新的样本，现在开展的实验项目也继续进行。在科学实验中，值得注意的是，我们拥有了 20 只活的老鼠。我们将开展一项研究，目的是了解失重环境怎样影响骨骼、肌肉和视觉。货运飞船会带来我们期待已久的家人送给我们的小包裹，还可以让我们享受几天的新鲜食物，直到我们吃完或食物变质。这些新鲜食物非常珍贵。在这里，水果和

---

① "亚特兰蒂斯号"航天飞机退役后，美国没有了载人进入太空的航天器，只能依赖俄罗斯的载人飞船，把美国宇航员从哈萨克斯坦的拜科努尔航天发射场送往国际空间站。直到 2019年 3 月 2 日，SpaceX 成功地用自家的"猎鹰 9 号"火箭发射了载人龙飞船。——译者注

蔬菜似乎比在地球上腐烂得更快一些。我不知道这是什么原因，但看到水果和蔬菜快速腐烂的过程，我担心类似的衰败也会发生在自己的身体细胞上。

我们特别期待这艘龙飞船的到来，因为10月，另一枚货运火箭在发射后不久就爆炸了。那是一艘"天鹅座"飞船，由另一家民营航天公司"轨道ATK"（Orbital ATK）研制。空间站的物资供应远远超出了当前乘组的需求，因此当这些物资丢失时，我们并不会有食物或氧气立即耗尽的风险。尽管如此，这也是多年来为国际空间站提供补给的火箭第一次发射失败，这次爆炸摧毁了价值数百万美元的科研设备。失去了像食物和氧气这样重要的物资补给，让每个人都开始思考，如果发射遭遇一连串失败会产生什么后果。爆炸几天后，由维珍银河公司（Virgin Galactic）研发的一架实验性太空飞机在莫哈韦沙漠坠毁，副驾驶员迈克尔·阿尔斯伯里（Michael Alsbury）罹难。当然，这些失败之间并没有什么关联，但事故在这个时候发生，让我感觉，在多年的一帆风顺后，我们可能会遭遇一连串的坏运气。

我穿好衣服，然后又浏览了一遍捕捉龙飞船的程序。进入太空前，我们都为此进行了充分训练，捕捉过许多利用数字模拟器制造的虚拟龙飞船，因此我只需要唤醒我的记忆即可。当你无法坐着或站着的时候，穿衣服会有点困难，但我已经习惯了。最具挑战性的事情是穿袜子，因为我无法借助重力弯腰。搞清楚今天穿什么并不是什么难事，因为我每天都穿着同样的衣服，包括一条有很多口袋和尼龙搭扣的卡其布裤子。当我不能弯腰放东西时，这些口袋和搭扣就非常重要了。想到将来去火星的事，我决定试一下，一件衣服究竟能穿多久。一件内衣可以穿四天而不是两天吗？一双袜子能穿一个月吗？一条裤子能穿六个月吗？我需要找到答案。我穿上了自己最喜欢的黑色T恤和一件运动衫，这件运动衫一定是服装史上太空旅行次数最多的服装，因为这已经是我第三次在太空穿上它了。

我穿好衣服，打开宿舍门，准备去吃早餐。当我借着后墙飘浮时，不小心把一本平装书带了出来，这是阿尔弗雷德·兰辛（Alfred Lansing）写的《熬：极地求生700天》。上一次太空飞行时，我也带了这本书。有时，我会在漫长的一天工作之后翻阅这本书，并思考那些100多年前的探险家都经历了什么。他们连续几个月被困在浮冰上，为了充饥，被迫杀死了雪橇狗，最后差点被冻死。他们徒步穿越了那些装备优良的探险家认为无法穿越的山脉。尤其值得一提的是，没有任何一名探险队员失踪。

当我想象自己身处那本书的主角沙克尔顿爵士的困境时，我认为，不确定性一定是最糟糕的事情。他们对于自己能否活下去的怀疑，比饥饿和寒冷更糟糕。当读到这些经历时，我想，他们的处境比我要困难得多。有时，我会因为某些原因特意拿起这本书来读。如果我思念家人，或度过了垂头丧气的一天，或孤独让我感到沮丧，那么读几页沙克尔顿爵士远征的故事就会提醒我，虽然我在这里遇到了一些困难，但我肯定不如他们困难。

我飘进节点1舱段，这个舱段主要作为我们的厨房和客厅，我打开墙上挂着的一个食物容器，找出加了奶油和糖的袋装脱水咖啡。我飘向实验室天花板上的热水分配器，把一根针管插入咖啡袋，灌入热水。咖啡袋装满后，我再用一根装有阀门的吸管来替换针头，这个阀门可以控制吸管的开关。一开始，用吸管从塑料袋中啜饮咖啡时，我感到很不满意，但现在，我已经不再为此烦恼了。我挑着那些可供选择的早餐，寻找我喜欢的那包燕麦卷。可惜，似乎还有其他人也喜欢吃这个。所以我选了一些脱水鸡蛋，同样用热水分配器泡开。然后，我把一些辐照加工过的香肠串放入金属公文包式样的食品加热箱，把装了鸡蛋的袋子剪开，我们没有水槽，所以只能把剪刀舔干净（当然，我们各自都有自己的剪刀）。我把鸡蛋从袋子里舀出来，放到玉米饼上——表面张力把它们固定在一起，很方便——加入香肠和一些辣酱，卷起来。然后，我吃着玉米饼，同时还赶上了CNN（美国有线电视新闻网）的早间新闻。从始至终，我都用右脚的大脚趾夹住地板上的扶手，以此固定自己。每个舱段的墙壁、地板和天花板上都安装了扶手，来帮助我们穿过舱段或待在原地，而不是被迫飘动。

图 5-3　工作日，特里·维尔茨和我在节点 1 舱段休息，这里是我们在空间站上的客厅和餐厅

　　在失重状态下生活会发生很多有趣的事情，但吃东西不算其中之一。我很怀念能坐在椅子上吃饭，停下工作，让自己放松下来，与别人聊天。在空间站，吃饭也是在工作场所中进行的，我们需要不断飘动和稳定自己，一日三餐的方式几乎完全相同。如果我放手，食物就会飘起来，包括我的鸡蛋玉米饼、勺子、蛋屑、货运火箭上次带来的一瓶压缩芥末，还有一小杯美味的咖啡。在我们用来吃饭的桌子上，有尼龙搭扣和强力胶带，它们可以帮我们把物品固定在适当的位置，但是管理好所有这些可能飘浮的物品仍是一个挑战。咖啡飘了

起来，在它飘到设备上方或弄脏我或其他宇航员的裤子前（因为每条裤子要穿6个月），我赶紧追了上去，从空中吸了一口咖啡，然后吞下去。最大的问题是食物会卡在舱段之间的舱口盖上，导致舱口盖难以闭合。在紧急情况下，我们需要迅速关闭并密封舱口。而其中一个舱口盖，就在我们吃饭的桌子旁边。

我吃东西的时候，特里飘了进来，一边找咖啡，一边向我问早上好。2000年，特里参加宇航员课程，得到了一次太空飞行机会。他们在完成最初的训练后，有了执行太空飞行的资格。但就在那时，"哥伦比亚号"航天飞机发生了空难。[1] 所以特里为航天飞机项目工作了10多年，却没有得到飞行机会。他曾担任航天飞机 STS-130 任务的飞行员，负责将最后两个舱段——节点3和穹顶舱送到国际空间站。特里本该有机会指挥那次飞行任务，但航天飞机项目提前结束了。他不得不再等4年半，才在本次任务中再次飞行。

跟我一样，特里在加入 NASA 前也是一名试飞员。他长着一头浓密的金发，举止优雅，脸上总带着笑容。他的绰号是"弗兰德斯"，取自《辛普森一家》中的可爱角色内德·弗兰德斯。特里有着和内德·弗兰德斯一样的积极品性——乐观、热情、友好，没有一点消极的情绪。他是少数几位有宗教信仰的宇航员之一，虽然有些同事对此有些担心，但我从来没有在这个问题上与特里或其他人有过任何矛盾。我发现，他一直都很能干，作为一个领导者，他能促成共识，而不是实施独裁式管理。自从我来到空间站并担任指挥官之后，他一直很尊重我以前的经验，对那些怎样才能做得更好的建议，他总是持开放态度，而不是反对或争辩。他喜欢打棒球，所以笔记本电脑上总有一些比赛视频，尤其是休斯敦太空人队和巴尔的摩金莺队的比赛视频。我已经习惯在工作时用数小时看完9局比赛，以此增添生活的乐趣了。

---

① "哥伦比亚号"航天飞机是美国第一艘实际飞行的航天飞机，它于1981年4月12日首次发射，2003年2月1日在第28次太空飞行中坠毁。——译者注

我吃鸡蛋卷饼时，特里吃了一块枫糖松饼。接着，我又吃了一袋有葡萄干的燕麦片。为防止浪费，每袋食物的分量都很小，所以，我们经常在一顿饭中吃多种不同食物。上午的工作很繁重，我不知道什么时候才能去吃午饭。

我和同事们在美国实验室舱段中，与在休斯敦任务控制中心以及在俄罗斯、日本和欧洲等其他国家和地区的 NASA 工作站的人一起，参加每日计划会议。跟上次太空飞行一样，我们都是在失重状态下遵循规定、使用设备、开展工作的，但是我发现，我正在适应太空环境，比上次更快地适应了这里。因为我知道，我会在这里待很久，所以这次我有了不同的想法。这次我相当于是在跑马拉松，而不是短跑冲刺。当我为了完成在空间站为期一年的驻留而调整自己的步伐时，我必须不断提醒自己，对某些事情而言，比起做得"不错"，我可以做到"更好"。

每日计划会议一般在空间站时间上午 7 点半开始。萨曼莎已经到了，我向她道早安；根纳季、米沙和安东将在俄罗斯舱段参加会议。双方在各自的舱段集合完毕后，特里就会抓住用尼龙搭扣固定在墙上的麦克风说："休斯敦，空间站到地面站一号，我们已经准备好参加每日计划会议。"

虽然现在是休斯敦当地的凌晨两点半，但任务控制中心仍大声回复道："空间站，早上好！"我们对今天的计划进行了几分钟的研究，主要是关于捕捉龙飞船的细节的。我们已经列出了一个大致的时间表，但现在，我们要准确地确定何时启动程序，龙飞船状态如何，它是否如预期的那样运行，以及它是否处于空间站特定的相对位置上。我们结束了与休斯敦任务控制中心的对话，他们把通信转接到位于亨茨维尔的马歇尔太空飞行中心，然后从亨茨维尔转接到慕尼黑，这样，我们就可以与欧洲空间局协作了。接着，我们与位于日本筑波的日本任务控制中心的"J-COM"通话。再接着，该与俄罗斯方面对话了。"早上好，莫斯科控制中心。下面讲话的是安东。"特里说完后把麦克风交给了俄罗斯宇航员安东，因为他是俄罗斯舱段的负责人，由他主持与俄罗斯人的计划会议。他们的开会风格和我们很不一样：俄罗斯的地面工作人员会询问宇航员感觉如何，这似乎是在浪费时间，因为俄罗斯宇航员从来不说除了"很好"以外的任何话。有时，我使出激将法，想让他们说"不好""只是还不错"，甚至"我感觉糟糕透了"，但即使我给他们钱，他们也不会接受我的提议。

俄罗斯宇航员报告了空间站的空气压力，其实，地面有飞行控制器，地面工作人员可以在自己的控制台上清楚地看到这些信息。接下来，宇航员必须重新读一遍一系列轨道参数，同样，地面工作人员其实已经知道了，这些数据就是他们发给我们的。我发现，这种浪费时间的行为简直让人抓狂，但也许他们想借此机会与宇航员交谈，评估他们的情绪和遇到的问题。

俄罗斯航天局对宇航员的补贴制度跟美国的也大不相同：他们的基本工资比我们要低得多，但他们在太空飞行的每一天都会得到奖金。（虽然我每天只能拿到 5 美元的太空飞行补贴，但我的基本工资要比他们高得多。）然而，一旦他们犯了"错误"，他们的奖金就会减少，而对这些错误的判定相当武断。我怀疑，宇航员们的抱怨，甚至是非常合理的抱怨，都会被判定为一种错误，宇航员会被扣奖金，并有可能被剥夺再次进行太空飞行的机会。因此，他们对每件事的回答都是"很好"。

所有这些与世界各地控制中心的沟通可能听起来很费时间，但没人会建议改变这些制度。有这么多太空机构参与合作，让每个人都知道别人在做什么是很重要的事。原定的计划可以被迅速改变，而一旦产生误解，人们可能会付出高昂的代价，甚至是致命的代价。每周工作 5 天，每个工作日的早上和晚上，我们都要与地面控制中心通话。我已经不再去想在回到地球前，我一共要做多少次这样的事情了。

龙飞船在距离我们10公里的轨道上飞行，速度为每小时17 500英里。通过外部摄像机，我们可以看到它在对着我们闪烁。很快，位于美国加利福尼亚州霍索恩市的SpaceX太空任务控制中心就会发出指令，把龙飞船与空间站的距离缩短到两公里以内。之后，龙飞船控制权将被转交给位于休斯敦的任务控制中心。在龙飞船靠近空间站的过程中，沿途有一些停靠点，分别距离空间站350米、250米、30米、10米，最后一个停靠点是飞船的捕获点。在每个停靠点，地面团队都将检查龙飞船的系统状态，在下达"前进"或"原地不动"的指令前，评估它的位置，然后进入下一阶段。在龙飞船距离空间站250米时，我们将参与进来，确保飞船按计划停留在安全区域内。如果有必要的话，我们将放弃捕捉。一旦龙飞船接近，萨曼莎就会用空间站的机械臂去捕捉它。这个过程经过了深思熟虑，进行得很缓慢，这也是电影和现实生活之间的差异之一。在电影《星际穿越》和《2001：太空漫游》中，一艘飞船连接上空间站并将其锁定，舱口突然打开，宇航员们进入空间站，这不过是几个镜头就可以完成的事情。但在现实中，一艘飞船对另一艘飞船来说是潜在的致命威胁，距离越近，威胁越大，所以我们的行动非常缓慢而谨慎。

　　今天，萨曼莎在穹顶舱的机器人工作站操作机械臂（其官方名称是Canadarm 2，即加拿大臂2号，因为它是由加拿大航天局制造的）。特里做她的替补支持，而我帮她操作靠近约定地点的程序。我和特里挤在她身旁，盯着她旁边的数据显示屏，上面显示着龙飞船的速度和位置。

　　萨曼莎·克里斯托弗雷蒂是少数几位曾在意大利空军担任战斗机飞行员的女性之一，其能力毋庸置疑。她很友善，也很容易被逗笑，而且除了许多太空飞行技能之外，她还有着罕见的语言天赋。英语和俄语是国际空间站的两种官方语言，而萨曼莎的英语和俄语都能达到接近母语的水平。有时我们不得不谈论一些微妙或复杂的事情，她会在俄罗斯宇航员和美国宇航员之间充当翻译。

她还会说法语、德语和意大利语，而且在学习中文。对一些希望进行太空飞行的人来说，语言是一大挑战。我们都必须至少掌握一门第二外语（我已经学了多年俄语，但我的俄罗斯同事说英语比我说俄语要流利多了）。如果来自欧洲和日本的宇航员不会说英语或俄语，他们至少要额外学习两种语言。

第一次见到萨曼莎的时候，我认为她是一个时髦的欧洲年轻人；然而，她又看起来老成持重，见多识广。后来我发现，她上学时参加过交换生项目，在美国明尼苏达州上了一年的高中，还在德国待了很长时间，有一年夏天她还去美国亚拉巴马州参加了一个模仿宇航员生活的太空夏令营。她还有非常像极客的一面，经常在推特上写一些像《神秘博士》和《银河系漫游指南》这样的科幻小说。在伦纳德·尼莫伊（Leonard Nimoy）[1]去世的时候，她在推特上发布了一幅自己穿着《星际迷航》制服的照片，并向宇宙做了一个瓦肯星人的手势，很多人都对此感到惊讶和感动。令我印象深刻的是，萨曼莎在与欧洲空间局位于慕尼黑的控制中心打交道时，表现得非常出色。有时，空间局似乎并不在意我们在空间站上做的事情，这令人沮丧。而萨曼莎在空间站上的重要作用之一就是让最无聊最讨厌的情况变得有趣。

在离开地球前，萨曼莎带着特里去了休斯敦的美发沙龙，这样，她的发型师就可以教特里，在太空中怎样剪出萨曼莎那种光滑的不对称发型了。理发是国际空间站乘员必须为同伴做的众多事情之一（此外，还要为同伴进行简单的医疗检查、抽血、做超声波检查，甚至进行基本的牙科治疗）。特里和萨曼莎在推特上发布了上这次"理发课"的照片。即将成为国际空间站指挥官的特里被训练成一位临时的美发专家，"粉丝们"对此津津乐道。当我们在空间站上的任务执行到一半时，重要的一天终于来临：萨曼莎觉得她的头发太长了，于

---

[1] 伦纳德·尼莫伊是一位演员，他最著名的角色是《星际迷航》中的半瓦肯星人、半人类的史波克，尼莫伊因此多次被提名为艾美奖候选人。——译者注

是让特里把设备拿出来。我们不能让毛发飘浮在其他人呼吸的空气里，所以理发设备中还有一个真空吸尘器。特里已经费了九牛二虎之力，但还是把事情搞砸了。在有地球引力的条件下，特里很容易就能模仿出萨曼莎的发型师做的层次感，但如今在太空中，头发全都是飘起来的，他根本不可能模仿出来。在空间站执行任务的余下的时间里，萨曼莎只好用一把还算好用的梳子梳理她那浓密的黑发，看到她的发型，我不禁想起了俄式皮帽。

今天在地面上与我们对话的指令舱通信员是加拿大宇航员戴维·圣雅克（David Saint-Jacques）。指令舱通信员一词，是"水星号"早期任务时开始使用的。当时，宇航员乘坐飞船进入太空时，任务控制中心的某个人被指定为指令舱通信员，这是唯一可以与太空中的宇航员进行语音联络的工作人员，这一规定一直沿用到今天。如今，在捕获过程中，戴维正在与我们交谈，报告龙飞船移动过程中的位置，在地面任务控制中心的控制下，龙飞船经过了每一个预先计划好的停靠点。

"休斯敦地面 2 号呼叫空间站。龙飞船已进入半径为 200 米的空间站保护圈内。"

保护圈是空间站周围一个假想的球形边界，目的是保护我们免受意外撞击。"乘组现在有权终止任务。"这意味着，如果这时候我们与休斯敦控制中心失去联系，或龙飞船未按预定轨道运行，我们可以自行决定终止任务。当龙飞船接近空间站的时候，清晨的阳光照亮了地球上喜马拉雅山的层峦叠嶂。地球似乎正在以不可思议的速度快速滑过。

"休斯敦 2 号，准备交会，"特里说，"休斯敦，捕获状态确认完毕。我们已准备好捕获龙飞船。我们已准备至第 4 步。"

"收到，准备抓捕。我们预计，捕获过程需要五六分钟。"其间，地面小组会最后一次下达捕获或放弃的指令。

当龙飞船到达距离空间站 10 米范围内时，我们会关掉空间站的推进器，以防颠簸导致任何意外状况。萨曼莎控制机械臂，用左手控制机械臂的平移（进、退、上、下、左、右），用右手控制它的旋转（俯仰角、翻滚角、偏航角）。

我们收到任务控制中心的消息："2 号站交会。你们将要执行捕获程序。"

"空间站收到。"萨曼莎回答。

萨曼莎伸出机械臂，同时观察着显示器，上面是机械臂上的摄像机或末端执行器拍摄的画面，另外两个显示器显示的是龙飞船的位置和速度数据。她还可以透过穹顶舱的大玻璃窗看到自己的操作过程。她非常缓慢而又谨慎地把机械臂从空间站伸出去。萨曼莎一寸一寸地缩短两个航天器之间的距离，从不摇摆或偏离航线。在屏幕中央，龙飞船上的抓钩画面变得越来越大。她进行了非常精确的调整，想确保龙飞船与机械臂完美对接在一起。

机械臂慢慢地伸了出来，马上就要碰到龙飞船了。

萨曼莎按下了抓捕按钮。"抓住了。"她说。

太好了。

"美国中部时间上午 5 时 55 分，我们确认捕获完成，空间站和龙飞船正在飞越北太平洋，就在日本东部。"

萨曼莎一直专注于工作，明亮的棕色眼睛几乎眨都不眨一下。捕获完成一经确认，她的表情就放松了下来，露出了大大的笑容，她跟我和特里击掌庆祝。

特里说："休斯敦，捕获完成。萨曼莎的捕获工作非常完美。"

"收到并同意你的看法。干得漂亮，伙计们。祝贺你们。"

萨曼莎拿起话筒："我只是想对 SpaceX 和休斯敦的工作人员说一声谢谢。我们之前就看到了龙飞船的发射过程，知道它正在朝着我们前进，而且它肯定会来敲我们的门，这真是太棒了！龙飞船稳如磐石，我们很高兴它能来这儿。与 SpaceX 的新飞船对接让人感到十分兴奋。它带来了很多科学设备，甚至还有咖啡。这太令人激动了。所以，再次感谢大家，你们做得都很棒。"

"谢谢你，萨曼莎。谢谢你，特里。谢谢地面上的工作人员。他们今天也见证了这一切的顺利进行。干得漂亮。"

现在，控制权转交给休斯敦任务控制中心的机器人技术官（我们称他为"机器人 Robo"）。它将把龙飞船操纵至某一位置，与节点 2 舱段朝向地球一侧的停泊端口对接。机器人正在通过对关节进行角度分析来控制机械臂，通过软件分析来确保对接前的轨道安全。等到龙飞船与空间站之间的位置调整正确，我会再次介入，进行监视。当龙飞船靠近空间站时，它会进行"软停靠"，空间站会伸出 4 个 9 英寸[①] 长的手臂，抓住龙飞船，并将其拉近，使其与国际空间站对接。紧接着的是"硬停靠"，我们通过 16 个螺栓连接空间站和龙飞船，将这两个航天器安全地连接起来。

龙飞船和空间站之间的空间加压过程需要好几个小时，正确完成这一步至关重要。龙飞船对空间站造成的威胁还没有结束：这个过程中的任何失误都可能导致气压降低。因此，萨曼莎和我一步一步地完成了这些步骤，确保准确无误。首先，我们将空气引入龙飞船和空间站之间的空隙，检查它们之间的密封是否完好。当"联盟号"飞船到达时，如果连接处的气压下降了，哪怕只是下降一点点，也表明密封已经被破坏了，那样一打开空间站的舱门，就意味着把供我们呼吸的空气排放到了太空中。

引入空气，等待，测量气压，多次重复该过程后，我们宣布密封安全有效，但要等到明天才能打开舱门。这些步骤有着非常严格的顺序。我看到，空

---

① 1 英寸 =2.54 厘米。——编者注

间站上的乘组人员努力自我督促，完成整个过程，因为他们非常渴望从新飞船上拿到他们的包裹和新鲜食物。然而，这一过程需要好几个小时，因此现在卸货并不是一件好事，尤其是在我们用了一上午的时间完成了捕获之后，这时候犯错的风险实在太大了。我们将在接下来的5周里，逐步卸下所有货物。

　　我飘回乘员舱，查看电子邮件，这也是我今天第一次有机会停下手头的工作，自己独处，思考问题。今天，空间站上的二氧化碳浓度很高，接近4毫米汞柱。我可以在笔记本电脑上查看空气中的二氧化碳浓度，但其实没有必要，我自己就能感觉到。仅仅根据那些熟悉的症状——头痛、眼睛充血、易怒，我就能够非常准确地感知二氧化碳浓度。也许，最危险的是这种环境对认知功能的损害，因为我们必须完成那些需要高度专注、注重细节的任务。在紧急情况下，我们必须在任何时候都能完成这些任务，并且一次性正确完成这些任务。我们的注意力、计算能力或解决问题的能力，哪怕有一丁点降低，都有可能让我们付出生命的代价。至于吸入大量二氧化碳对人体的长期影响，那还需要进一步研究，它可能会导致心血管疾病以及其他我们还无法理解的问题。

　　只要在太空中飞行，我与二氧化碳之间的关系就都很复杂。第一次执行航天飞机任务时，我在太空中待了7天，负责更换航天飞机上的氢氧化锂储罐，这些罐子可以吸收空气中的二氧化碳。记得每天早晚时分刚换完罐子时，我很快就能感觉到空气是多么清新，也只有在这时，我才会意识到，我们此前一直呼吸着不新鲜的空气。我在登上航天飞机前的一部分训练，就是为了让宇航员体验和识别二氧化碳浓度高的时候可能出现的症状。我们走进航天医学诊所内的一个单间，戴上呼吸面罩，面罩会逐步提高二氧化碳浓度。

　　当再次乘坐航天飞机进入太空时，我开始意识到二氧化碳是怎样影响我的，并与同事讨论了他们出现的症状。仅凭感觉，我就能指出二氧化碳浓度最高的那些时刻。我决定，就二氧化碳的影响进行一场更严肃的讨论。那时，一位新的空间站项目经理刚刚得到任命，我回到地球后不久，就帮他安排了参观佛罗里达海峡一艘海军潜艇的行程。我认为，对空间站来说，潜艇上的环境在很多方面都是很有用的参照对象。因此，我特别希望同事们能近距离观察海军是如何处理二氧化碳的。在这次行程中学到的东西对我们很有启发性：当二氧化碳浓度超过 2 毫米汞柱时，虽然空气净化器的噪声很大，而且还有可能暴露潜艇的位置，但那时海军就已经启动了潜艇上的空气净化器。相比而言，国际空间站协议规定，二氧化碳浓度最高允许升高到 6 毫米汞柱！潜艇上的首席工程师向我们解释说，高浓度二氧化碳使人体产生的症状会对他们的工作构成威胁，因此，保持低水平的二氧化碳浓度是潜艇的首要任务。我觉得，NASA 也应该这么想。

为在国际空间站上的第一次飞行做准备时，我已经熟悉了一种新的二氧化碳去除系统。一种氢氧化锂的清除剂安全可靠，但这一系统需要采用一次性的气罐，这不太现实了，因为要完成一次为期 6 个月的空间站任务，就要用掉数百个气罐。因此，我们现在使用的二氧化碳去除装置，缩写为 CDRA，读作"西德拉"（Seedra），已经成为我生存的支柱。空间站一共有两个这种装置，一个在美国实验室舱段，另一个在节点 3 舱段。每个装置重约 500 磅，看起来像汽车发动机。二氧化碳去除装置的表面覆盖着绿褐色的绝缘材料，由电子盒、传感器、加热器、阀门、风扇和吸附床组合而成。吸附床利用沸石晶体将二氧化碳从空气中分离出来，接着，美国实验室舱段中的二氧化碳去除装置利用真空阀将二氧化碳排放到太空中，而节点 3 舱段的二氧化碳去除装置则从二氧化碳中提取氧。在一种我们叫作"萨巴蒂尔"（Sabatier）的装置中，制氧系统会产生多余的氢，这些氢与二氧化碳去除装置提取的氧结合，产生饮用水和甲烷，而甲烷则被排出空间站。

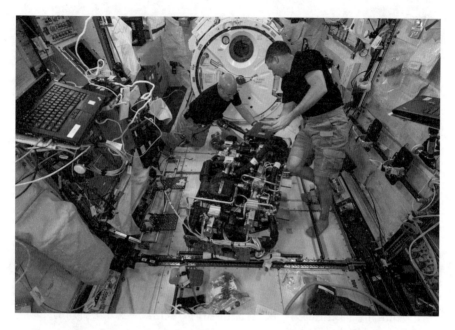

图 5-4 特里·维尔茨和我在国际空间站的日本舱里维修二氧化碳去除装置

　　二氧化碳去除装置是一种操作非常烦琐的设备，我们需要花费大量精力去打理它并加入原料，才能使之持续运行。来到空间站一个月左右，我执行了第一次任务，这时我才开始把我感觉到的症状与特定浓度的二氧化碳联系起来。二氧化碳浓度在 2 毫米汞柱时，我的感觉还算好；到 3 毫米汞柱时，我开始头痛，并有充血的感觉；到 4 毫米汞柱时，我的眼睛有灼烧感，我能感觉到认知功能受到了影响。如果此时想要做一些复杂的事情，我会觉得自己很笨，在空间站上，这是一种令人不安的感觉。二氧化碳浓度超过 4 毫米汞柱时，我产生了难以忍受的症状。由于各种不同的原因，空间站上的二氧化碳浓度可能会上升。有时是空间站方位的原因，导致我们无法搜集到足够的太阳能来给二氧化碳去除装置供电，这时必须关闭二氧化碳去除装置。例如，当与"进步号"货运飞船对接时，我们要把空间站的太阳能电池阵列翻转过来，只有这样，太阳能电池阵列的表面才不会受到"进步号"飞船推进器的冲击。在其他时候，我们并没有什么理由让二氧化碳去除装置停机。但有时候，它只是坏了。

二氧化碳去除装置的大部分管理工作都可以在地面上完成，空间站中的许多硬件设备都是如此。任务控制中心可以通过卫星向空间站上的设备发送指令，我们发电子邮件和打电话也是通过同一颗卫星。但有的时候，需要宇航员来做一些更严格的操作和维护。二氧化碳去除装置的检修过程并不容易，我们必须先关机，让它冷却下来，然后必须拔除机架底部的所有电气连接，拔除冷却水管和真空管线路。所有用于固定的螺栓都必须拆除，以便让二氧化碳去除装置滑出来。在之前的任务中，当我用力拖拽二氧化碳去除装置的时候，它并没有动。我感觉它好像被焊在了一个地方。我不得不向地面求助，但他们也毫无办法。在接下来的几天里，约翰逊航天中心召开了多次会议，召集专家来解决这个问题。

在这种情况下，我重新检查了二氧化碳去除装置上的所有螺栓，发现其中一个螺栓被一根线挂住了。问题总算解决了。我把设备拖了出来，最后不得不拆除所有绝缘材料，让更多的电气连接器、冷却水管和水流连接器露出来。大家都知道，这些零件都是很难拆装的。在太空中研究一个复杂的硬件，要比在地球上困难得多。最起码，在地球上，当我放下工具和零件时，它们会待在原地。空间站上有很多复杂的硬件设备。NASA估计，我们把1/4的时间都用于设备维护和修理了。修复二氧化碳去除装置最难的部分，是更换所有绝缘材料，这有点像做一个巨大的3D（三维）拼图，而所有的部件都飘浮着。在我们重新安装后，二氧化碳去除装置开始工作了。凯利对阵西德拉，1比0，凯利胜！我不知道，将来它还有什么问题在等着我。

在我参加的这次空间站任务中，两台二氧化碳去除装置给我们带来了新的问题。我们最常用的二氧化碳去除装置在节点3舱段，它的运动部件——空气选择阀，被沸石粘住并固定在了错误位置上，所以它罢工了。美国实验室舱段的二氧化碳去除装置会发生间歇性的电气短路，我们无法确定这什么时候还会发生。有时候，在一天中，二氧化碳浓度会慢慢开始上升，特别是当有人在锻炼时。随着时间的推移，我会产生压迫感，眼睛灼热，头痛。我一直在服用速达菲和阿氟林来缓解这些症状，但这些措施都只是暂时的，很快我会对这些药物产生耐受性。几天前，我问特里和萨曼莎他们感觉如何。他们都说已经注意到，当二氧化碳浓度高的时候，他们的认知能力并不特别灵敏。我感到很沮丧，我们似乎无法从根本上解决这个问题。

我感到烦恼的部分原因是，尽管我们有两台二氧化碳去除装置，但地面只允许我们运行其中一台，另一台备用。我们用的是节点 3 舱段中的那台，因为它运行得相对稳定；只有当它停机或当空间站上有超过 6 个人时（如 9 月份时的情况），我们才有权同时使用两台设备。在休斯敦的人只要把控制开关转动一下，我们的二氧化碳浓度可能就会降至一个更容易接受的水平，但我们无法说服他们这么做。有时，我忍不住怀疑他们不让我们使用第二台二氧化碳去除装置是为了免去在地面上维修它的麻烦。对呼吸着相对清洁的地球空气的地面人员来说，他们很难对此感同身受。对我来说，这样的二氧化碳浓度似乎太高了。俄罗斯方面的管理人员甚至声称，应该让空间站上的二氧化碳浓度保持在较高水平，因为它有助于保护宇航员免受太空辐射的伤害。

目前为止俄罗斯人的这种说法还没有科学依据。我怀疑，因为俄罗斯宇航员抱怨会被扣薪水，所以他们是不会抗议这种说法的。如果人类想去火星，我们就要研发一种更好的处理二氧化碳的方法。如果是用我们现有的系统，飞往火星的宇航员将处于极大的危险之中。

今天的最后一次计划会议将在晚上 7 点半举行，之后不久是晚餐时间。因为今天是星期五，我们期待着像往常一样，在俄罗斯舱段举行一次聚餐。米沙通常是第一个准备好开始过周末的人，他一般会在周五下午就飘到美国舱段这边制订晚餐计划。

"我们什么时候开饭，兄弟？"他问道，蓝眼睛睁得大大的，一副跃跃欲试的样子。

"8点怎么样？"我问道。

"我们定7点45分吧。"他说。

我没意见。

那天晚上，在完成了数据处理并检查了一项实验后，我给艾米蔻打了个电话。"我要去布恩道格拉斯。"我开玩笑地把俄罗斯舱段称作在休斯敦我家附近的酒吧，她能明白我的意思。我用自己的勺子和剪刀打开食物包装袋，把要带去聚餐的东西装在一个大的拉链袋里。我从自己的食物奖励和我从地球上带来的东西中打包了一些，准备与大家分享，其中有罐装鲑鱼，一些经过辐照杀菌处理的墨西哥肉类，还有一种加工过的奶酪，类似于根纳季喜欢的芝士酱。俄罗斯同事总是喜欢分享一些黑鱼子酱，还有一些罐装龙虾肉，我能尝出虾味来。萨曼莎总是带一些很好吃的零食，欧洲人有最好吃的食品。

我用胳膊夹着袋子，飘进节点1舱段，然后穿过加压对接适配舱，这是美国舱段和俄罗舱段之间的一条黑暗的短通道。这条通道既不漂亮，也不宽敞，约有1.8米长，倾斜角度很陡。它本身设计得就很窄，在我们用白色帆布袋堆放货物后，它就显得更窄了。经过俄罗斯的功能货舱后，我进入了服务舱。在那里，我看到根纳季和萨曼莎正在笔记本电脑上看电影，而安东则在水平方向飘浮着，正在墙上做一个实验。笔记本电脑的屏幕上闪烁着一张年轻女子的脸，她担心地皱起了眉头，一个男人正在用俄语严厉地说些什么。

"嘿，你们在看什么？"我问道。

"这是俄语配音版的电影《五十度灰》。"萨曼莎回答。根纳季用英语欢迎我，谢谢我带来了食物，然后试图用俄语说服萨曼莎同意《五十度灰》是一部伟大的文学作品。

"这太荒谬了。"萨曼莎说，但她并没有把眼睛从屏幕上移开。她和根纳季用俄语快速地交流，半开玩笑地讨论着《五十度灰》在俄罗斯国内的文学地位。这时米沙也从浴室里出来了，而特里正带着他的食物袋向大家打招呼。

安东过来欢迎我们。在被选拔为宇航员之前，他曾是俄罗斯米格战机的飞行员。如果在20世纪90年代初，地缘政治情况与现在不同时，安东有可能成为我要在战斗中面对面过招的人之一。无论从身体素质，还是技术能力上来说，他都是坚强可靠的人。虽然是个俄罗斯人，但他很健谈，有一种笨笨的幽默感。他说英语时结结巴巴的，在不该停顿的时候停顿。我曾经问过安东，如果命中注定，有一天他的米格21战机和我的F-14战机当面对战，他会怎么做？当我以海军战斗机飞行员的身份参加训练和飞行时，我和飞行员同事们对米格战机及其战斗力不甚了解。那时我们所知道的，只是根据军事情报猜测的。事实上，苏联方面也不了解我们的战斗力。安东和其他宇航员给我的印象是，俄罗斯对美国的飞机了解不多。而在与驾驶F-16战机伪装的米格战机飞行员的空战对抗演习中，美国所进行的训练很有可能已经做过头了。俄罗斯飞行员的天资并不差，只是他们的飞行时间比我们要少得多（我驾驶F-14战机超过了1 500个小时，而安东驾驶米格战机可能只有400个小时），这大概是因为他们预算有限。

虽然安东才是俄罗斯舱段真正的主管，但安东和米沙表现出来的就好像根纳季一到空间站就成了负责人。根纳季一如既往地令人敬畏，他在我们身边的时候，事情似乎会变得更好，每个人都把他看作一个天生的领导者。他不会做任何试图攫取权力的事，但他身上的某些品质使人们愿意听他的话。

到目前为止，米沙在飞行技术方面表现得很不错。他真心地关心别人。他经常问我近况如何，那是他真的很关心的。他关心朋友们的生活，他们的感受，以及他能做些什么来帮他们。对他来说，最重要的事情是友谊，包括战友情，他把团队精神带入了他做的每一件事中。

我经常会被问到，美国人和俄罗斯人相处得怎么样。我回答说，没有问题，但人们似乎从来都不太相信我。我们两国人民每天都会遇到文化上的误解。对俄罗斯人来说，美国人一开始就表现得幼稚而软弱。对美国人来说，俄罗斯人看起来冷酷无情，但我知道，这只是表面现象。（我经常想起我曾经读过的一句话，它形容俄罗斯人的气质是"受压迫者的兄弟情谊"，认为俄罗斯人被他们共同经历的战争和多灾多难的历史束缚住了。我记得，这句话是我在布尔加科夫写的《大师和玛格丽特》中读到的，但我从来没有在任何英文译本中找到过这句话；也许，我读的是俄文版，这句话是我自己翻译的。）我们努力了解并尊重彼此的文化，而且我们已经决定一起实施这个巨大而富有挑战性的项目，所以我们要努力去理解和看到对方最好的一面。与我一起飞行的宇航员，对我所执行的任务的方方面面都至关重要。与正确的人在一起工作，可以使最艰难的一天变得顺利起来，而与错误的人在一起工作，会使最简单的任务变得极其困难。在太空中生活一年，我们可能会面对不必要的危险，矛盾冲突不断，或与一个自己无法轻易去交朋友也无法摆脱的人在一起，饱受烦恼。这一切，取决于谁和我在一起。到目前为止，我是很幸运的。

当我们都围坐到桌子旁边，根纳季清了清嗓子，表情严肃，我们知道他要敬酒了。俄罗斯人的敬酒非常正式，而且晚宴的第一次敬酒又是最重要的。这杯酒总是敬给在场的所有人，敬给让我们有缘来相聚的那个原因。

"伙计们，"他开始了，"你们能相信我们在太空中吗？我们6个人是这里唯一可以代表地球的人。我很荣幸能和你们在一起。这真是太棒了。让我们为自己、为我们的友谊干杯。"

"干杯!"大家共同举杯,晚宴正式开始了。

6个人在这么小的空间里一起吃饭是很有挑战性的,但我们都很期待大家在一起吃饭。我们用尼龙搭扣和胶带来固定我们的食物,但总会有一些东西从主人身边飘走——一个饮料袋、一把勺子、一块饼干,我们得把它们找回来。这成了餐饮体验的一部分,你伸出手抓住某人的饮料,因为它正飘浮在你的头上。我们边吃饭,边听音乐,我带来的iPod(苹果播放器)中的播放列表里有U2乐队、酷玩乐队、布鲁斯·斯普林斯汀。俄罗斯人尤其喜欢Depeche Mode(赶时髦乐队)。有时,我会偷偷带一些平克·弗洛伊德乐队或感恩至死乐队的歌。俄罗斯人似乎并不讨厌我带的20世纪60年代的摇滚音乐,但他们对嘻哈音乐不是很感兴趣,尽管我已多次试图向他们推荐Jay-Z和埃米纳姆的作品。

吃饭时,我们聊这一周的工作进展。俄罗斯人问我们关于龙飞船的捕获过程,我们问他们下一次的"进步号"货运计划会如何进行。我们聊家庭和自己国家当前的事态发展。如果有涉及美国和俄罗斯的重大新闻,例如,我们两国对叙利亚事务的介入,我们会稍微提及一下,但没人会讨论细节。有时,俄罗斯人会被美国发生的新闻所吸引。例如,当两名因犯从纽约北部的监狱逃脱时,根纳季和米沙对此很感兴趣,反复问我他们被抓住了没有。每当他们经过节点1舱段时,我发现他们总是逗留一会儿,在我们的投影机上看CNN的最新节目。

随着晚餐的进行,俄罗斯人开始第二次敬酒,这次敬酒一般会针对一些更具体的事情,比如当前正在发生的事情。这杯酒是敬给龙飞船以及它为我们带来的物资。按照传统,第三杯酒敬给我们的妻子、我们的亲人和其他重要的人。在安东敬酒时,我们都停下来想念我们所爱的那些人。

我们开始谈论乘坐"联盟号"飞船回到地球是什么样的。我们中的多数人以前至少经历过一次（根纳季最多，一共经历过4次），但对特里和萨曼莎来说，5月的回归将是他们第一次回到地球。从空间站返回地球是一次疯狂的旅行，我们4人分享了自己的经历。根纳季介绍了他以前乘坐"联盟号"飞船的故事，当时飞船撞击地面，然后滚动了一下，导致宇航员头部朝下。根纳季当时的一位同事，把一些纪念品偷偷装进了压力服中，但由于这些额外的物品以及他们所处的奇怪体位，这位不知名的宇航员的全身重量都压在了腹股沟处。为了帮助他调整姿势，减轻痛苦，根纳季解开了自己的安全带，为此头朝下摔了下去，差点儿摔断了脖子。听完这个故事，特里和萨曼莎似乎并没有受到什么启发。

周五的晚餐总会有甜点。俄罗斯的太空甜点几乎总是一罐炖苹果。虽然美国舱段的甜点也达不到美食级别，但我们的甜点种类还是比他们多很多。樱桃蓝莓馅饼是我的最爱之一，巧克力布丁最受俄罗斯人欢迎，因此我带了一些巧克力布丁来分享。我们的食品专家坚持给我们相同数量的巧克力、香草和奶油布丁，但根据规律，巧克力布丁总是会吃得更快些。没人喜欢在太空（或地球上）吃香草布丁。

我们互道了晚安，然后带着勺子和剩菜飘回美国舱段。在乘员舱里，我看了一下明天，也就是星期六的计划。就像往常一样，我的工作将一直持续到周末，我还要进行必要的锻炼。脱下裤子，我用蹦极绳把自己固定好。在空间站睡觉，我不用再费心换衣服和刷牙。临睡前，我戴上耳机，打电话给艾米蔻说几句话。对她来说，现在天还很早。我告诉她关于捕获龙飞船，关于《五十度灰》，关于二氧化碳如何再次困扰我，关于根纳季和"联盟号"的故事。她给我讲了她的工作，她花了很多时间来录制NASA的太空系列节目。不久前，她告诉我，她的大儿子柯宾曾建议她暂时不要去想空间站的问题。柯宾对她说："你的工作主题是太空，你的家庭生活是太空，你永远摆脱不了它。"他说得对。她还在帮她 18 岁的儿子特里斯坦处理汽车着火的后续事务，也一直在帮助我的女儿，还替我父亲去跑腿。我很幸运，能有艾米蔻在地面上帮我处理这些事情，但有时，我也很苦恼，因为自己可能永远也帮不了她。我今年的太空之行也是对艾米蔻耐心的考验，对我来说，记住这一点很重要。

在空间站，周末醒来比其他日子醒来时感觉更奇怪一些。因为在周末的时候，我更清楚地意识到，我是在工作场所睡觉。周六醒来时，我在工作；周日醒来时，我依然在工作。几个月后，我还是在这里。周末，我们通常会有时间处理一些私人事务——与家人进行视频通话、收发个人电子邮件、读书，让OSTPV 程序中持续前进的红线暂时停顿下来。接着，我们可以休息一下，准备开始下一周漫长而又艰苦的工作。

但是，周末也有一定量的任务安排会挤占我们的个人时间。周末一天中至少有几个小时，我们要进行强制性的锻炼，因为失重环境并不会因为周末或假期而发生改变，环境依然会对我们的身体造成伤害。还有一些站点维护工作，我们一般要到周一才能完成，如果周一我们没时间做的话，就只能在周末提前完成。周末也是我们打扫卫生的时候，在失重环境中，清洁工作也会变得更麻烦。在地球上，灰尘、棉絮、头发、指甲和食物碎屑都会掉落到地上，所以我们基本上可以通过扫地和吸尘清除掉所有东西。但在空间站上，灰尘可能会落在墙上、天花板上，或附着在一台昂贵的设备上。通风系统的过滤器上会出现大量垃圾，当太多垃圾堆积在那里时，我们的空气循环就会受到影响。由于墙壁变得又脏又湿，所以霉菌是个大问题。霉菌孢子不是落到地上，而是在我们呼吸的空气中逗留，这也会对我们的健康造成严重威胁。因此每个周末，我们都要用吸尘器和消毒湿巾清洁空间站上的大部分物品。我们还会从墙壁上取样，在培养皿中培养，然后把它们送回地球进行分析。到目前为止，虽然地面人员还没有发现任何有毒物质，但我们在墙上"培育"的这些东西，既让人作呕，又让人着迷。

接着是星期六早上的科学活动。4年前，我第一次来这里的时候，周六早上我们可以自主选择是否参加额外的科学活动。这一想法是由一位宇航员提出的，他希望利用一些空闲时间去做一些原本被忽视的实验。从那时起，对科学有特殊兴趣的宇航员就可以参加星期六早上的科学活动，而那些有其他兴趣的人，或像我一样觉得需要时间从一周的压力中恢复过来、为紧急情况做好准备的人，也可以选择不参加这个活动。而如今，星期六早上的科学活动已经成了必须完成的任务。除此之外，我们还要开始整理龙飞船带来的那些物资。龙飞船上的一些物资对时间有要求，尤其是活的老鼠和新鲜蔬菜。大家起床喝完咖啡后，特里和萨曼莎会在节点2舱段等我。我们带好检查表、固定摄像机和摄像头前往。固定摄像机在一个固定位置记录我们的每一步工作，然后由NASA和SpaceX对录像进行技术分析。摄像头使任务控制中心能准确看到我们工作的实时状态。当准备好的时候，我们会呼叫地面，这样他们就可以追踪我们的行动了。

当萨曼莎打开通向龙飞船的舱门，并把舱门推出去时，我猛地闻到了一股气味，绝对错不了，有点烧焦味，还有点金属味，这是太空的味道。当萨曼莎意识到这一点时，她冲我微笑。她以前就闻到过这种味道，当时，是她的前同事打开了"联盟号"飞船的舱门，经历了相似的过程，她的两位同事随后进行了太空行走。

我们移开保护舱口用的帆布，把它收好。然后，萨曼莎和我合作，移开了连接两个航天器的4个组件。移开并恰当地保管好所有的连接器是一个费时而又复杂的过程。其中最大的风险是损坏一个连接器或丢了一个盖子，当所有东西都飘浮在四周时，干起活来很困难。接着，我们将两个航天器之间的电源和数据线连接起来。

"空间站，地面 2 号呼叫空间站，你可以进行第 6 步操作，进入龙飞船。"指令舱通信员告诉我们。

"收到。"

在打开龙飞船的舱门前，我们戴上护目镜和防尘面具来保护自己，以免受到可能飘浮在里面的灰尘和碎片的伤害。萨曼莎打开舱门，并把它推到一边，然后打开飞船里的灯。第一项任务是确保这两个航天器之间的空气完全混合，这项任务会有一些危险。龙飞船内可能含有满舱的二氧化碳或其他气体，由于没有重力来促进空气不断混合，因此我们必须安装通风管道，以保持这里的空气循环，就像在空间站里的其他地方一样。我们采集了龙飞船内部的空气样本，送回地球进行分析，俄罗斯人也取了样（NASA 有时会质疑俄罗斯航天局的大气标准，所以对方都要测试空气）。我们观察了两个舱口周围的区域，确保没有任何损坏。我很惊讶，虽然舱口已经使用过很多次，但到目前为止，没有任何一个部分失效或显示出任何磨损的迹象。一切都在按计划进行，现在我们有 4 300 磅的货物要卸下来。

一打开舱门，我们家人寄来的包裹就摆放在最显眼的地方，而且很容易拿到。活的老鼠、新鲜食物和冰激凌也是这样摆放的。特里和我把包裹分发给每个人，感觉我们有点像圣诞老人。这些物品是几个月前从我们的家人和朋友那里收集起来，被装进龙飞船里的。包裹必须小而轻、不易腐败或损坏。我把属于我的包裹放进乘员舱，想之后私下再打开。

食物袋里有新鲜的苹果、梨、红辣椒和青椒。它们闻起来很香。在接下来的几天里，我们几乎每顿饭都要吃蔬菜和水果，免得它们坏掉。

我打开装有老鼠的笼子，把它们一只只从栖身处移到它们在美国实验室舱段里更大、更舒适的设施中。它们四处乱跑，试图搞明白失重的感觉。看着它们的脸，我想知道它们的小脑袋是否能适应它们经历的变化。像人一样，它们一开始看起来也不太好。

我们从龙飞船上卸下的所有货物都必须装进贴有标签的布袋里。就像超市里的食物一样，标签上有条形码，还有印刷文本，标明每个袋子里都有什么。所有东西都有特定的用处和去处，它们不仅要去往某个特定的舱段，而且还要去往一面特定的墙上（或地板、天花板上）的一个特定的袋子或储物柜中。如果把什么东西放在了错误的地方，我们可能再也找不到它了。这使得龙飞船的拆包工作既单调又让人充满压力，这种类型的工作在国际空间站上屡见不鲜。在龙飞船和空间站之间的接口处待了几个小时之后，我注意到，我的手臂闻起来和太空的味道一样了。

由于今天是周六，我有更多的时间给家人和朋友打私人电话。今天，我想起了妈妈——她已经去世三年了。我希望她能看到我在空间站里做什么。当我和马克成为宇航员时，她为我们兄弟俩感到骄傲，她参加了我们在佛罗里达州的全部发射，一共 6 次。在职业生涯中，我走得越远，就越能体会到，早年她教给我和马克的经验对我的生活产生了巨大影响。我看到，她为自己设立了一个令人难以置信的艰难目标——通过男子体能测试，加入警察队伍。然后，她征服了这个目标，这比世界上所有鼓舞士气的谈话都要有价值。我记得，我看到她把训练计划贴到冰箱上，计划上详细列举出了她将在什么时候举起多少重量或跑多远。几周过去了，越来越多的训练计划被划掉了，我们看到她变得更加强壮。她并没有想过自己的成就对我和马克有什么指导意义，但那确实起到了很大作用。

妈妈在警队工作的那些年，我听到的所有故事都让我相信她是最好的警察。即使她认识的人做了愚蠢的事情，她也真心地关心他们，而且把他们的安全看得比自己都重要。她常常通过倾听而不是威胁来缓和局面。当有更容易的办法可以逮捕罪犯时，她会做出充满同情心的决定。她不喜欢把人送进监狱，而且经常因为开车送人回家而晚归。在工作中，她受了很多伤。10年之后，当她退休时，她的背部疾病已经非常严重，甚至严重到可以领取残疾补助金了。她再也不能工作了。她并不后悔离开警队，虽然她为自己在警队的工作感到光荣，我们也为她感到骄傲。她也发现，警察工作的要求是很高的。她很喜欢用艺术创作来打发闲暇时间，再后来，她还能照看她的孙子孙女。

我回到乘员舱时，看到艾米蔻已经给我发了邮件。她今天在我母亲的墓地前献了一束花，并拍了一张照片发给我。我看到墓碑上母亲的名字，鲜艳的花朵，四周绿色的芳草，好像立刻就被拉回了地球。这张照片让我想起了那些简简单单的奇迹，也让我想到，我们最终一定会失去最爱的人，这是事实。最重要的是，我被艾米蔻的举动感动了。周末，她也有很多事情要处理，但她还记得这个日子，她开车到墓地，去做了我没法做到的事情。

"谢谢你这么做，"我打电话的时候告诉她，"这对我意义重大。"我想说的还有很多，但我无以言表。在妈妈生命的最后时刻，是艾米蔻陪伴着我。当得知我将参加这次任务时，也是她和我在一起的。除了哥哥，她比所有人都清楚，让妈妈看到我现在做的事情对我来说意味着什么。

"我记起来了想要告诉你的事，"我说，"我在 SpaceX 的龙飞船里待了一天，现在，我的手臂闻起来就像是太空的味道。"

"这太酷了，"艾米蔻说，"告诉我那是什么味道。"她其实知道答案，因为我以前告诉过她，但她又听了一遍。

星期天，我们继续卸龙飞船的行李。我拆开几袋医疗用品、衣服和食物。接下来，我要休息一下，做一些清洁工作，毕竟今天是星期天。但不久之后，我听到了火警。

宇航员是不会轻易受到惊吓的，因此这个警报没有吓到我，但它确实引起了我的注意。在太空中，火是少数能以令人难以置信的速度杀死你的东西。俄罗斯以前的"和平号"空间站上曾经发生过一场大火，短短几秒钟之内，它就使部分宇航员失明并窒息，如果不是反应迅速，他们可能已经死了。"和平号"着火时，宇航员亚历山大·卡勒里正在剪头发。因此，包括根纳季在内的一些年长的宇航员，从此拒绝在太空中理发。当听到第一声警报时，我就已经明白是怎么回事了。我正在清理空气过滤器，会释放出一些灰尘，一定是这些灰尘触发了敏感的烟雾探测器。然而，警报就是警报，每个人都必须根据检查清单做出相应的反应。关闭通风系统，这是地面对火灾警报的自动响应，系统需要一段时间之后才能恢复过来。等到事情解决了，我的心情已经糟糕透了。

　　几周后，在一个星期一的早上，我开始准备做啮齿动物实验，这项实验的目的是研究太空飞行在生理方面对哺乳动物的负面影响，意在找到相应的预防办法。我们人类的身体组织在太空中会受到损伤，这类似于衰老对人体产生的影响——肌肉萎缩、骨质流失、心血管衰弱。通过上述研究提出解决方案，将对人类产生广泛的益处，这些益处并不仅限于在太空。

　　我拿出手术刀、止血钳、镊子、剪刀、探针和注射器，在注射器里装满镇静剂，以免小鼠感觉到疼痛，我还拿出了保存生物组织用的固定剂。实验在一个手套箱^①内进行，即一个前面带有手套的玻璃盒。对玻璃盒中的样品，我可以通过手套来操纵，避免其暴露在空间站的空气中。在地球上，做这种实验没必要用手套箱，但在失重条件下，为了避免我使用手术刀和其他物品时，它们会飘在实验室里，就需要用到手套箱。我已经发现，这个手套箱没有故障保护

---

①　手套箱也叫微重力科学手套箱，是一个内置手套的实验用密闭设备，提供微重力环境下的密闭研究工作空间，宇航员利用它在其内部进行小型实验和硬件测试。——译者注

装置，因此，有时会出一些状况，我不得不经常在实验室里寻找那些褐色的小型不明飞行物。

设计实验的科学家总希望尽量减少宇航员所需的时间和精力。空间站上还有很多实验，我对它们一无所知，因为这些实验将由其他乘组人员操作，或者根本不需要人类参与，全年都在国际空间站内外自主运行。还有一些实验，只需要我按一下按钮，或者偶尔装上一个新样本即可。而有些实验则会占用我更多的时间，比如这个啮齿动物实验。整整一天，我都和老鼠待在一起，实验工作很精确，要求很高。为实现这一目标，在发射前，我和负责研究的科学家一起训练，学习了解剖技巧。

特里把第一只老鼠从培养箱里拿出来，放进一个小容器中，再转移到手套箱里。在失重环境下，由于没有任何东西可以抓，老鼠只能慢慢转圈，爪子徒劳地挣扎着。我一直注意观察老鼠的飘浮和扭动，看起来，它们已经适应了许多，并且正在学习怎样利用新的物理定律来适应新环境。甚至，自从来到这里，它们的身体状况也似乎有所改善。在美国亚拉巴马州和加利福尼亚州的科学家与我建立了视频连线，他们将实时指导我的工作。我把老鼠放到一张铁丝网上，因为它们似乎喜欢抓东西。然后，我抓住它脖子后面松弛的皮肤，就像抚摸小猫那样，再用小指和无名指夹住老鼠尾巴，把装满镇静剂的注射器插进它的身体。

药物一起作用，特里就把老鼠放进一台小型 X 光机里。接着，我切开老鼠的腹部，露出器官，然后往心脏里插入一根针头抽血，并把血液注入一根微型管中，就像我从自己身上抽血一样，只不过，这个实验对老鼠实施的是安乐死。我把微型管放进一个袋子里，然后小心地贴上标签。接着，按照地面的指示，我摘除了老鼠的左眼，然后把它放进一个容器中，贴上标签。再接着，我割下了它的后腿。这个实验是专门用来了解眼睛损伤、骨质流失和肌肉萎缩的。我很清楚，所有影响这只老鼠的生物过程，也在影响着我的身体。

在我作为宇航员的职业生涯早期，我对自己是否希望在国际空间站飞行心存疑虑：宇航员所做的大部分工作都属于科学范畴，而我只是一名飞行员。促使我成为宇航员的动力，是驾驶更多有挑战性的飞机，直到我遇到最困难的事情，那就是驾驶航天飞机。解剖老鼠的工作与驾驶航天飞机相去甚远。不过话说回来，装卸货物、修理空调、学习俄语也与驾驶航天飞机相去甚远，但我也在做这些事情。我逐渐意识到，这份工作要求我不仅要做一件艰难的事情，还要做很多艰难的事情。

在我这次执行任务期间，国际空间站将开展 400 多项实验，这些实验由许多国家的科学家设计，代表了许多学科领域。大多数实验是以这样或那样的方式研究重力的影响。关于周围的世界，我们知道的绝大多数事物都受到了重力的影响，但当你把重力因素从实验中去除时，无论是对一只老鼠、一棵生菜、一种液体，还是一团火焰，你都打开了一个全新的变量。这就是为什么空间站上正在进行的科学研究如此广泛。更多地了解重力如何影响被试对象，能使大多数分支学科从中受益。

NASA 的科学家认为，在空间站上进行的研究分为两大类。第一大类是可能有益于地球生命的研究。这些研究包括：可用于新药的化合物特性研究；为找到提高燃烧效率新方法的燃烧研究以及研发新材料。第二大类关系到如何解决未来的太空探索问题：测试新型生命支持设备，解决航天技术问题，研究应对太空中人体需求的新方法。把我作为主要研究对象的所有实验都属于第二大类：围绕马克和我这对双胞胎，开展为期一年的对比研究；一年的太空生活对我和米沙的影响研究；对我的眼睛、心脏和血管的研究。我的睡眠和营养水平，也都属于研究的对象。我的 DNA（脱氧核糖核酸）将被分析，以便让科学家更好地了解太空飞行在基因层面的影响。正在对我进行的一些研究，还包括心理和社会方面的，比如长期隔离和监禁会给人带来哪些影响。

科学实验占用了我约 1/3 的时间，人类学研究占用了科学实验中约 3/4 的时间。回到地球之后，我还必须采集我和同事的血液样本进行分析，还要记录下我从吃什么到心情变化的所有事情。一整天，我都要在不同的地方测试我的反应能力，用超声波检查我的血管、心脏、眼睛和肌肉。在这次任务的后期，我将参加一项名为体液转移的实验，即用一种设备将血液吸引到我的下半身。在重力作用下，这种设备可以保持血液的流动性。为什么太空飞行会对宇航员的视力造成损害？这个实验将检验其主要理论的正确性。

事实上，上述研究类型之间存在很多交叉点。如果学会如何抵消在微重力条件下骨质流失的破坏性影响，那么，这些解决方案很可能也适用于骨质疏松症和其他骨骼疾病。如果学会如何在太空中保持心脏健康，那将有助于保持地球上人类的心脏健康。太空生活对人体的影响与衰老过程很像，而这影响了我们所有人。在今年晚些时候，我们将要种植的生菜是一项关乎未来太空旅行的研究。在前往火星的途中，宇航员没有新鲜食物，他们可以种什么？这也能教给我们更多在地球上高效种植物的知识。

为国际空间站开发封闭的水循环系统，将我们的尿液加工成干净的水，这对登陆火星来说至关重要，也为地球上的水处理带来了希望，尤其是对清洁水源稀缺的地区来说。这种科学目标的交叉并不是什么新鲜事。库克船长到太平洋旅行是为了探索，但他和科学家一起采集了沿途的植物，并彻底改变了植物学领域。库克探险的目的，究竟是科学性的，还是探索性的？刨根问底很重要吗？这两种贡献都将被铭记，我希望我在空间站的时光也是这样。

结束了和老鼠们在一起工作的一天，我收好了样品袋。地面上的科学家渴望得到它们的爪子，但他们只能等龙飞船返回地球，不过，他们对解剖结果非常满意。特里帮我把样品放进冰箱。一整天都被固定在一个位置，手放在手套箱里，我已经精疲力竭了。但我知道，自己的工作是有价值的，我很高兴。我把实验台清理干净，把所有工具和仪器放回原处。我牢牢记住，把工具放错地方就相当于失去了工具。我走进节点1舱段，找到了一些食物。除了星期五晚上，我们是不会大费周章地在一起吃饭的，因为我们的时间表被填得满满当当，根本没时间。我加热了一些经过辐照的肉，浇上辣酱，然后放在玉米饼上吃，独自飘浮着，看了一集《谐星乘车买咖啡》。我吃完的时候，特里过来了。

"嘿，别忘了SpaceX的飞船带来了冰激凌。"他提醒我。他飘到实验室天花板上的小冰箱旁，为我们每个人拿了一个克朗代克冰激凌。这是一款真正的冰激凌，而不是打着宇航员冰激凌的旗号进行市场营销的冻干冰激凌[①]。实际上，在太空中，我们并没有冻干冰激凌。我以前从来没有在太空中吃过冰激凌，我们通常不会吃冷的东西。但这个实在太好吃了。

回到乘员舱，我重新翻了一遍龙飞船带来的包裹。里面有艾米蔻的一首诗和一些巧克力（她知道我在太空中喜欢吃巧克力，尽管我在地球上并没吃过多少甜食）；一瓶弗兰克辣酱；一张马克写给我的明信片，明信片背面是两个红头发的小男孩用手指着摄像机的照片；还有一张女儿夏洛特和萨曼莎给我的明信片，她们用黑色钢笔在厚纸板上写下了风格独特的笔迹。

我吃了一块巧克力，把其他东西收了起来，又查看了一遍电子邮件。我想着我的孩子在睡袋里飘浮了一阵，想着我离开后她们生活得怎么样。然后，我就睡着了。

---

① 冻干冰激凌就是在炎热的夏季也不易融化的冰激凌。之所以不易融化，是因为这种冰激凌脱水之后被冻干保存了。除添加巧克力和奶油外，其中还有一点盐。——译者注

第 6 章
"菜鸟" 天上飞

凌晨 5 点，天还黑着，我溜进了 B 连的宿舍，悄悄打开了三楼的一个房间，里面住着两个 18 岁的男孩，他们是海军新生，正在熟睡。房间里，弥漫着没洗过的袜子和汗水的味道。我站在左边男孩的床边，两年前我就睡在这张床上。在房间的另一边，另一位教官站在鲍勃·凯尔曼曾睡过的床边。我一发出信号，我俩就开始一起敲打垃圾桶盖，大声喊："醒醒，学员们！醒醒，你们这些懒虫！"

我被任命为班级主教官，负责监督所有正在艰苦训练的学员，并训练即将到来的新生。这是一份艰巨的工作，但也是很高的荣誉，这意味着我做得非常出色，上司看到了我的领导潜力。我下决心要证明他们是正确的。这是我第一次真正成为领导者的机会。

我有 250 名新学员，我要教他们航海的传统和技能，并帮他们适应离家后的生活。作为纪律方面的最高权威，我决定成为一个坚定且公平的领导者，让每个人都达到同样的高标准水平。我也想以开放的心态对待每一种情况，希望倾听他人的观点。

有一次，我收到一名学员写的一张匿名纸条，警告我下次航行时不要离栏杆太近，这是在威胁要把我推下水。这是我一开始就得到的教训，领导者不能总是取悦每个人。我可以理解为什么这名学员和其他被我处理过的人认为规则太烦琐了。但我开始相信，那些锃亮的皮鞋和抛光的皮带扣无论看起来多么微不足道，都有助于我们学会关注细节，以便在海上时安全有效地操作。

每年夏天，我们都会乘坐"帝国5号"到达新的港口。每次乘船回来后，我都会立即启程去海军巡查。整个夏天，我都在做一个名为学员职业指导与培训的项目。我们在海面上、潜艇里，在航空部队和海军陆战队各待了一周。这是为了让我们了解海军各兵种的不同。在海军陆战队员的陪同下，我观看了爆破演示，晚上，我手持M16自动步枪在树林里跑来跑去。在航空部队飞行员的陪同下，我驾驶着一架E-2C鹰眼飞机，还必须与海豹突击队员一起完成艰难的障碍训练。我还在潜艇里待了三天。

大四的时候，我被任命为我所在的海军后备军官训练队的营长，这是另一个领导者角色。那时，我上的课比以往任何时候都要难，主要是电气工程。如今我已经知道怎么学了，并为此感到骄傲，实际上，我也很享受学习的过程。我学习电路设计、网络分析和其他高级工程课程。如果海事学院有物理专业的话，我本来是想转系的。有时候我会想，如果能成为一名大学教授，我想教大学一年级的物理或微积分。对学生来说，这些基础课是他们事业成败的关键，我认为，让年轻人学习我认为难学的东西是有好处的。

我的目标仍然是成为一名海军飞行员，特别是能驾驶喷气式飞机从航空母舰上起飞。在大学里，我一直尽我所能获得更多机会，包括珍惜自己的视力。很多希望成为飞行员的朋友都在谈论如何保持他们的视力，我们始终惦记着这件事。每个准飞行员都会认识一两个"可怜虫"，这些人毕生致力于成为一名海军飞行员，却由于视力略低于20/20而遭到拒绝。我担心眼睛疲劳，所以我会确保阅读时一直有明亮的光线。现在回想起来，我可能没做什么有明显效果的事。

大四学年开学不久，我参加了一项名为航空资格测试和飞行能力倾向评估的考试。资格测试有点像智商测试。飞行能力倾向评估部分，包括机械定向智力游戏和可视化逻辑，它显示出从飞机驾驶舱看到的地平线图，我们必须使之与正确的飞行方向相匹配。

我知道这次考试对未来有多重要，所以我努力地做着准备。因为没有学习指南，所以我画了一些飞机的图片，还有从驾驶舱看到的景象。考试那天，我离开教室，感觉自己已经尽我所能了。我不知道几周后的考试结果会怎样。接着，几个月后，我才能知道自己将被分配到海军的哪个部门。我即使做得很好，也不能保证我会被选中去航空部队，更不用说会继续开飞机了。

一月的某一天，天气寒冷。午餐后，我和室友乔治·朗坐在房间里，看着鱼缸旁的屏幕上播放的电影《星际迷航》。一位主持人插播新闻，报道说"挑战者号"航天飞机[1]在发射73秒后爆炸了。我们一遍又一遍地看着航天飞机在屏幕上爆炸的影像，而且那就是在地面发出"加速前进"的指令后发生的（当时我并不理解这句话的含义，但很久以后，我学着去回应它，以确认地面和航天飞机之间的通信）。事故发生几周后，调查结果表明，是佛罗里达州异常寒冷的天气，导致航天飞机上一个固体火箭推进器中的 O 型橡胶圈发生了故障。

"你还想做吗？"乔治看了几个小时的电视后问我。

"什么意思？"我问道。

"航天飞机，"乔治说，"你还想开吗？"

"当然。"我说，我是认真的。随着对航空知识的了解越来越多，我驾驶高难度飞机的决心变得更加坚定，而航天飞机是难度最高的飞机，也是难度最高的航天器。"挑战者号"航天飞机发生的灾难已经很明确地说明太空飞行是危险的，但我早就知道了这一点。我相信，NASA 会找到爆炸的原因，并修正这个错误，航天飞机也会因此而成为更好的航天器。这听起来很奇怪，但看到这

---

[1] "挑战者号"航天飞机是美国第二艘实际飞行的航天飞机，重约 78.8 吨，1983 年 4 月 4 日首次飞行，1986 年 1 月 28 日，在第 10 次太空飞行中坠毁。——译者注

种风险，只会让太空飞行的前景对我更具吸引力。

直到几年后我才明白，"挑战者号"的失败不仅是因为 O 型橡胶圈出了问题，还因为管理上的失误。在固体火箭推进器上工作的工程师多次对寒冷天气下橡胶圈的性能表示担忧。在"挑战者号"发射的前一天晚上的电话会议中，他们极力劝说 NASA 的管理人员推迟任务，等待天气转暖。但这些工程师的建议不仅被忽视，而且也没被写入报告中，而这个报告是要提交给最后决定是否发射的高层管理人员的。这些高层管理人员对橡胶圈的问题和工程师的警告毫不知情，那些冒着生命危险的宇航员对高层管理人员不知情一事也一无所知。调查此次灾难的总统委员会建议修复固体火箭助推器，但更重要的是，他们建议对 NASA 的决策过程进行全面改革，这些建议改变了 NASA 的文化，至少在一段时间内是这样的。

几年后，作为一名新的宇航员，我收到的第一份简报就是关于"挑战者号"航天飞机灾难的。与"挑战者号"上的三名宇航员是同班同学的胡特·吉布森详细说明了一月的那天到底出了什么问题。他还告诉我们，宇航员在生命的最后几分钟可能经历什么。他希望我们了解，如果在太空中飞行我们将面临什么样的风险。我们认真地对待他的话，但没有人退出。

1987 年，我从海事学院毕业，这让我停下脚步，思考人生。被海事学院成功录取，对我来说是成败的关键。我永远不会忘记这一点。我在那里学到的东西——在教室里，在船上，从我的同伴和我的导师那里，我学到了改变生活的方式。我和 4 年前跨入校门的那个困惑的孩子已经完全不同了。我对学校为我所做的一切表示感谢，我很怀念这个有那么多美好回忆的地方。这些年来，我一直努力地与学校保持联系。在我毕业后，学校的声望也不断上升。当金融类杂志推出那些毕业生薪水最高的大学排名时，纽约州立大学海事学院几乎总是与哈佛大学、麻省理工学院排在一起，有时甚至排名第一。

在航空资格考试中，我取得了很高的分数。很快，我被分配到彭萨科拉的飞行学校。1987年夏天，我把我所有的东西都装进了一辆白色宝马车里，然后开车南下。彭萨科拉位于佛罗里达州的狭长地带，那里通常被称为乡村居民的度假胜地，因此在很多方面，它更像是亚拉巴马州的一个城市，而不符合大多数人对佛罗里达州的印象。这是一个被海军航空站主导的小城市，除训练海军飞行员外，旅游业是该市的主要产业。彭萨科拉是一个典型的军事城市，有拖车式活动房屋停车场、典当行和酒水商店，但背景是美丽的海滩。

海军航空兵的训练一开始，就是连续几周艰苦的体能训练、游泳训练和生存训练。我们必须在规定时间内完成一项越野赛，跨过重重障碍，匍匐通过障碍物，爬过沙地，还要攀岩。电影《军官与绅士》非常准确地展示了航空兵训练的场景。就像电影中演的那样，我们海军飞行学员必须在几周内征服迪尔伯特水下训练器。该训练器是为了模拟水上降落或飞机迫降时的不适经历而存在的。我们身着全套飞行装备和头盔，被绑在模拟驾驶舱里，然后被送进一条十分陡峭的轨道，滑入游泳池深处。我们被警告说，水对我们的冲击会很大，可能会伤到我们。一旦被淹没，在驾驶舱翻转前，我们只有几秒钟时间来确定方位。我必须从头盔中拆下通信线路，摆脱所有会束缚住我的东西，找到离开驾驶舱的方法，然后潜到更深的地方，以避开真的在水上降落时海面上可能燃起的火焰。在我之前训练的一些人找不到出口，只能被救援潜水员拉出驾驶舱。这让那些还在排队的人更清楚地意识到危险，但当我碰到水的时候，第一次尝试，我就设法找到了出口。

我们还必须征服另一个模拟直升机在水中坠毁过程的训练器。我被绑在一架模拟直升机上，随后被扔进游泳池，直升机翻转过来，沉入底部。就像在迪尔伯特水下训练器中一样，我必须解开皮带，游到安全的地方。但是，模拟直升机的训练要难得多，因为我们中的一些人会被蒙住眼睛，只能从特定的那扇门逃出去。我听说，有人在模拟直升机里溺水了，甚至还有人心脏骤停。我们坐在椅子上，看着水慢慢上升，在水快要淹没鼻子时，猛吸最后一口气。直到我们上下翻转，直升机停止运转，我们才能解开身上的束缚。我试着在驾驶舱内找到一个栏杆或构件作为参考点，只要一蒙上眼睛，我就能找到它。但一翻转过来，所有东西似乎都在移动，我就免不了被人踢到脸或肚子，然后就会受伤。我确信，我一定也踢了我身后的那些家伙。通过测试时，我高兴坏了，尽管我知道这种测试每 4 年就得重新进行一次（NASA 也有自己的水下生存训练，但要容易得多）。实际上，我宁愿永远不需要使用这些急救训练教我的技能，无论是海军还是 NASA 的训练。

游泳的要求就更严格了。我们必须穿着全套飞行服和靴子，还要游一英里，踩水 15 分钟。我轻而易举地游完了这段距离，但我发现踩水很困难。看起来，其他人很显然得到了浮力的帮助，而我的浮力似乎只有浮起一块砖头那么大。我不断练习，虽然有点勉强，但最后终于达标了。

我还学会了各种水中求生技巧，比如，脱掉裤子，把裤腿绑起来，让裤腿中充满空气，作为漂浮装置。我学会了防止溺水的方法：面朝下平静地漂浮在水中，只有当需要深呼吸的时候，才让嘴慢慢地露出水面，这是一种让我能在水中长时间存活的方法。我学会了如何挣脱在水中缠住自己的降落伞绳索。我还练习了被一架直升机从水中救出的过程，那就是用一种叫作"马项圈"的吊绳把自己吊在空中。最难的部分，就是直升机激起的水拍打到我的脸上，让我感觉就像是要被淹死了一样。

一天，我们被分组带进了一个海拔舱。这是一个密闭的房间，空气压力会逐渐降低，以模拟海拔 25 000 英尺的高空。这种程度的缺氧并不会危及生命，但它给了我们一个观察缺氧症状的机会，症状包括四肢刺痛，指甲和嘴唇变紫，说话困难，思维混乱。在房间里进行了几次训练后，我试图突破极限，看看我的症状会有多严重。起初，我开始觉得有点喝醉了，有点变傻，有一种模模糊糊的愉悦感很快我变得兴奋起来，兴奋随后变成困惑，接着视野变窄，再接着，我只知道，安全监察员为我戴上了氧气面罩——我持续了太长时间，已经无法控制自己了。海拔舱给我的教训是，人在身体极限状态下会快速失去意识。我继续在海拔舱内进行周期性训练，但我一直避开极限。

我们也学习了很多功课。我们学习了空气动力学、飞行生理学、飞机发动机和系统、航空气象、导航、飞行规则和制度。大部分知识对我来说都是全新的，但它们与我在大学里学过的东西并没有太大的不同。我的一些同学在本科时读的是艺术与人文类学科，因此他们需要更努力地学习这些知识。但是，我知道如果专心研读的话，这些课程我都可以学得很好，我也就专心学习了。这里给我们的成绩和大学里的绩点不同，但我知道，我在航空教育的各个方面做得越好，被分配到飞机驾驶专业的机会就越大。

作为生存训练的一部分，我们被扔到树林几天，学习搭帐篷，生火，进行地面导航，我们通过猎捕或寻觅食物果腹。但我们什么吃的也找不到，只得到一条我们用大棍子杀死的响尾蛇。

对我这样的年轻军官来说，在彭萨科拉第一个月的工资已经是全世界最高的了，金额高达 1.5 万美元。我不用养家，也没有其他需要用钱完成的义务。走在城里的时候，我感觉自己像个摇滚明星。在酒吧里，我花了很多钱。在商人乔恩的酒吧里那片灯光昏暗的"潜水区"，砖墙上贴满了飞行员和其他航空纪念品的照片，金属模型飞机在头顶晃晃悠悠地挂着。在一家叫麦圭尔的酒吧里，有成千上万张顾客签名的一美元纸币，像熟睡的蝙蝠一样在天花板上摇晃着。我自己也加了一张进去。

用了大约 6 周的时间，我们成功完成了课堂学习和体能训练，终于到了学习飞机驾驶的时候。我们开始驾驶螺旋桨驱动的 T–34C 涡轮教练机。这是一架"二战"后期的小型飞机，有两个座位，前面一个，后面一个。我们要学习的飞行手册像电话簿一样厚，里面全是图表，还有各种我们不熟悉的术语和缩写。这种手册非常枯燥乏味，但我们必须在飞行前全部掌握。

我的策略是学完每天规定的任务，并提前预习下一节课的阅读内容。按照要求，我牢牢记住那些紧急程序。要是教练问我，假设驾驶 T–34 时，一个发动机坏了，我要怎么做？我会告诉他："PCL 挂空挡，T 型手柄下夹到位，启动备用燃油泵，启用启动器，监控 N1 和 ITT 初始状况，ITT 达到峰值或没有启动迹象时关闭启动器。"我已经近 30 年没有驾驶过 T–34 飞机了，而且我只飞过 70 个小时，但我仍然可以不假思索地说出来。如果让我现在驾驶那架飞机，我仍然可以解决它的发动机故障或处理其他一系列紧急情况。

在宣布我可以飞行之后，实际飞行训练的第一阶段就开始了。在简报室里，我遇到了莱克斯·劳莱塔中尉，他是我的飞行教练，一个高挑的金发男子，他和蔼地微笑着向我打招呼。这让我感到放松，因为在学员们看来，特别是在我这样一心扑在飞机上的人看来，有些教练是彻头彻尾的浑蛋。劳莱塔曾经是一名 P–3 飞机的飞行员，为了成为航空公司的一名飞机驾驶员，他正在累积自己的飞行时间。我会和他一起完成最初的大部分飞行任务，他不但保护我，还传授经验和指导我，他也会给我打分。他的评价结论比其他任何事情都重要，这将决定我是否还能继续驾驶飞机，或是被派去驾驶直升机或更大的固定翼飞机，他的评价也可能让我什么都做不了了。

那天在简报室，我们讨论了课程大纲以及接下来会做什么，还有我的准备工作进展得怎么样了。会面刚开始的时候，我第一次试穿了自己的"绿色套装"，也就是飞行服。对我来说，这就像是为了让人们知道，你是一个很牛的海军飞行员，你可以穿着这身制服度过余下的飞行生活。在接下来的 9 年中，我基本上都穿着飞行服，很少穿其他衣服上班。

不久之后，我们第一次登上飞机。那是一个秋天的早晨，天气寒冷，起雾了。在这样的天气条件下，我无法独自飞行太长的时间。当被困时，我感到既兴奋又紧张。我费了那么多心思，想要成为一名航空母舰飞行员。为了达到这个目标，我付出了极大努力。但我不知道自己是否真的有能力驾驶飞机。有些人就没有这方面的能力，无论他们多么努力。但一直要到飞机起飞之后，你才能知道自己到底行不行。

在机场上，我看到成百上千架 T-34 飞机排成一排，一架接一架地延伸到地平线上，飞机独特的座舱罩上布满了冷凝的水汽。劳莱塔中尉搞清楚了哪架飞机才是我们的，在我们朝它走过去的时候，他给我上了第一堂课，教我怎样才能避免被飞机杀死：永远不要穿过螺旋桨，即使你明明知道螺旋桨没有转动。当找到那架分给我们的飞机时，他跳上机翼，打开了两扇座舱罩。他把我们装头盔的袋子扔在座位上，他坐后面，我坐前面。

他领着我完成了第一次飞行前的检查。我们检查了飞机的机翼、襟翼和飞行控制面板，然后打开发动机盖，检查发动机是否还有机油。我们查看了螺旋桨，检查它是否有损坏。我们检查了轮胎充气是否适度，刹车片有没有过度磨损。我们一致认为，一切看起来都很正常，尽管事实上我无法判断是不是有什么问题。劳莱塔中尉试图尽可能详细地告诉我他在看什么。之后，我们该上飞机了。

第一次坐到飞机座位上，我的感觉就像做梦一样。一方面，这是一场长期奋斗的结束。多年前的那天下午，我第一次打开了《太空英雄》。曾经有很多时候，我似乎是不会成功的。但现在，我可以放心地说，我是一名海军飞行学员。另一方面，这也是一系列新挑战的开始。

劳莱塔帮我系好安全带，然后，我们关闭了座舱罩。我研究了飞行手册中T-34飞机的驾驶舱结构图，就好像我的生命就取决于对这本手册的理解（它确实可以救我的命）。我掌握了如何控制飞机，并在飞行模拟器中反复练习。现在，似乎有成千上万的旋钮、开关、仪表和把手在我的身边。我必须告诉自己，要继续下去，我已经准备好了。该起飞了。

在劳莱塔的指导下，我加油启动，开始向前滑行。滑行比我预想的还要困难，因为飞机上并没有像汽车一样的方向盘。相反，我必须使用差速制动来操纵飞机，这意味着，如果希望飞机向左转，我就要在左侧部分踩方向舵脚踏板，如果希望向右转，就要踩右侧踏板。这完全违背了我的直觉，我觉得自己好像在学骑自行车，试图保持平衡，还有人一直监视着我，给我打分。我在苦苦挣扎着。

飞行员还必须学会使用无线电通信，这比你想象的要难。嘴上说着话，同时做其他事情，是很有挑战性的，因为这需要使用大脑的两个不同部分。当然，我希望自己的声音在海军无线电里听起来很酷。当劳莱塔提醒我时，我对着无线电说："指挥塔，红骑士471准备起飞。"

不知怎么，对我来说，这听起来还不够酷。我觉得自己像个小孩子，在玩角色扮演游戏。但是塔楼给我的反应，就好像这个指令是我争取来的。"收到，红色骑士471，到达指定位置停下。"这意味着我们现在可以上跑道了，但还不到准备起飞的时刻。最后，塔楼回复："红骑士471，你可以起飞了。"

我把飞机的油门开到最大值，并加速冲向跑道，尽我最大的努力，使劲踩方向舵脚踏板，使飞机保持在正确的方向。在速度加快后，我用方向舵来控制飞机的方向才变得更容易了一些。而且，根据劳莱塔的指示，我要缓慢向怀里拉操纵杆，使飞机前轮离地。我们飞向了天空，跑道、建筑物和树木向斜后方倒去。我努力寻找在空中飞行的恰当姿势，这时，飞机遇到了一些波动，颠簸不定，但我们正在空中飞行。那一刻，我高兴极了。我正在开飞机，虽然开得很差。

我们启用了"航线规则"，这是一套在地面上使用参考点来确定飞行路线的正式指令，目的是防止海军飞行员在空中相撞。我在无线电通信中登记和报告我们的方位，这样，其他飞行员就可以避开我们了。

一旦进入飞行状态，我就可以集中精力控制最基本的要求：保持高度。我看着窗外的地平线来判断飞行姿态，虽然飞行时速只有120英里，但我拼命地把飞机向下拉，挣扎着把飞机控制在预定高度的500英尺以内。而几年后，我将以比声速快两倍的速度驾驶F-14战机，并以更快速度在大气层中控制航天飞机，但它们都没有比我在第一次飞行中驾驶的飞机更难控制。每次转弯，飞机似乎都不听我的指挥。

大约45分钟的演练，让我明白了自己在这方面有多差劲。之后，劳莱塔把我引导到一个偏远的机场，这样我们就可以进行"连续起落"训练了。他示范了一次，仔细描述了他所做的一切。他在接近跑道时减慢了飞行速度，放下起落架，然后放下襟翼，降落在跑道的入口，让节流阀停下。他告诉我怎样才能在不停住或失去控制的情况下减速降落。然后，他加大了动力，立即又起飞——一次连续起落完成了。劳莱塔的操作看起来很容易，但事实是T-34相对比较容易驾驶，这就是我们先学习驾驶这种机型的原因。现在轮到我了。

飞机降落需要控制方向、高度和速度，要保证在跑道的前几百米内就完成降落，轻轻放下起落架。虽然飞机的体积很小，跑道很宽，飞机控制相对简单，反应也很灵敏，但我还是很难把起落架和跑道正确地重合在一起。最后，我设法将轮子砸到了跑道上，还好这没要了我们的命，然后我又立即起飞，再做一次，接着又一次，再做一次。我觉得并没什么进步。

我原本希望一开始就能飞得很好，但我已经很清楚，这需要一些时间去学习，而且这一切都不可能轻易实现。尽管如此，劳莱塔说我第一天的表现还不错，他给我的首次飞行打了一个高于平均分的成绩，意思是我已经准备好了，而且我的选择都很正确。这是为数不多的他能给我打分的主观标准之一。我想，他是因为我的态度好才奖励我的。但他也不能给我更多的奖励了。

我们开始进行目视飞行规则训练，即在良好的天气条件下飞行，飞行员可以看到地平线，并避开任何障碍物或其他飞机。在和教练一起飞了 12 次之后，我被评为"可以安全单飞"。

飞行员第一次独自飞行是个大日子。我爬上飞机时感觉不是很自信，前一天晚上没睡好，因为我一直躺在床上思考可能会搞砸的事情。不过，那天天气很好，天空晴朗，风力不大。这次起飞还算顺利，我飞行了大约一个半小时，在这段时间里，我通过保持高度和飞行速度以及不撞到任何东西来展示我的能力。该降落了，我在脑海中快速回顾了一下以前着陆的步骤。我必须记住的一件重要的事，就是放下起落架时的飞行速度要低于一定的值。我过于专注于降落时所有要做的事，导致起落架放早了，而此时，飞机速度仍然非常快，因此空气动力可能会损坏起落架，在最坏的情况下可能会导致起落架分离。我知道我把事情搞砸了，但已经没有办法挽回。我不得不承认这一点。

我呼叫塔楼："塔楼，红骑士 832 请求着陆。"

"继续，红骑士 832。"

"我放下起落架时的飞行速度太快了，但所有的齿轮都显示出起落架已经锁定了。"在等待回复时，我感到恐惧和不安。

"好的，在我们弄清楚要做什么之前，请在 1 500 英尺的高空盘旋，你还有多少燃料？"

我报告了燃料数据，令我安心的是，那个指挥员似乎并没有因为这次事故而感到吃惊——他听起来和其他人一样，对这种交流感到无聊。他们决定让我飞过塔楼，这样指挥员就可以看到我的起落架，确认起落架已经放下而且没有损坏。确定没问题后，我才被允许着陆。

对一名飞行学员来说，在第一次飞行中犯这种错误并不少见，我知道还有挽回的机会。尽管如此，我还是很失望。第一次单飞，我就想把一切都搞定。

海军中有一句话是关于错误的："有人已有错，有人会犯错。"人们很容易看到别人的失误，然后说"我绝对不会那样做的"。但是，你可能已经犯错，并且还会犯错。记住这一点，可以防止因为自负而导致飞行员死亡。回想起来，我在飞行速度超速的情况下，错误地放下了起落架，就是一次很有用的早期教训。

基地有一个 T-34 飞行模拟器，我们的一些评分飞行就是在模拟器中，而不是在真正的飞机上进行的。我们可以在飞行模拟器上预订训练时间，而且每当新的日程安排出来之后，我都是第一个按照许可的时间预订的人。在所有模拟飞行中，我都表现得非常好，因为飞行教练会帮我们建立模拟训练的模拟器，所以表现积极一点没什么坏处。

单独飞行了几次之后，我开始学习特技飞行。我与另一位教练出去，听他解释他将要给我示范的动作。我发现自己有这方面的天赋，很享受这部分训练，它带给我自由的感觉，远胜过其他任何训练。在蓬松的云层上空飞行，随心所欲地将飞机上下翻转，感受加速度的力量把我推倒在座位上——我从来没有感到过自己迷失了方向或不适，但其他一些新手飞行员就会有这样的感觉。发现自己擅长飞行的感觉很棒。在完成这部分教学大纲的训练后，我迫不及待地想在一架更强大的飞机上尝试特技飞行。我迫不及待地想要在空中飞行，同时假装在空中射击另一架飞机。

有些人甚至在开始单独飞行前就被淘汰了：他们没能通过游泳训练、生存训练，或在单独飞行时安全检查失败。由于海军已经在我们每个人身上都投入了很多，所以这个项目的目的并不是要淘汰人选，他们希望我们都取得成功。但同时，他们要确保我们不会危及自身或他人。从飞行学校毕业的学员中，只有一小部分最终被分配到喷气机飞行中队，我已经尽我所能占据了一席之地。

我们知道，下一项任务将在下周五宣布。那天，我们在走廊里等着，想知道自己的命运。我并不像一些同学那样感到紧张。我知道自己已经尽了全力，毫无保留，尽我所能去做我能做的事情，忽略那些我无法掌控的事情。我已经准备好迎接即将到来的一切。

最后，秘书把一张简单的白纸钉在公告栏上。我们都挤在周围，上面有 10 个名字，按字母顺序排列，每个名字都有对应的任务。在"斯科特·凯利"旁边，我看到了"比维尔海军航空站"。我做到了，我成为我们组里仅有的两个去喷气机飞行中队的人之一。我很同情那些没能去成的朋友，但我也很高兴，因为我的梦想还在。

第 7 章
每天都有新状况

我梦见，在地球上，我在离地面几英尺的地方飘浮着，准确地说，我在纽约上空飞行。我飞越了乔治·华盛顿大桥，沿着第五大道，穿过荷兰隧道，掠过新泽西，在巨人体育场附近徘徊。没人注意到我。当时，我飘浮在周围，正在做着一些重要的事情，或许是某种反恐侦察。

今天是周六，我执行任务差不多已经两个月了，特里正在对一只老鼠实施安乐死。昨天晚上，我们接到地面发来的信息，信息告诉我们其中一只老鼠"很痛苦"，今天必须杀掉。今天早上，我们的第一件事就是去看笼子，发现这只痛苦的老鼠正处于一种可怕的状态中——它失去了一条腿，显然是被其他老鼠或是自己咬掉的。我们迅速给它打针。得知自己在睡觉的时候这只老鼠整晚都在受苦，我们非常沮丧。我们告诉控制中心，以后我们希望马上了解这类情况。虽然他们希望保护我们的休息时间，但我们自己想做这样的选择。地面人员似乎对我们投射给老鼠的强烈感情感到惊讶。我不会对老鼠太过依恋，因为我知道它们的命运会怎样。但我很难不对它们感兴趣，因为我们的身体和它们的身体经历了同样的变化。刚开始时，它们看起来病恹恹的，会迷失方向，行动笨拙，但随着时间的推移，它们看起来更健康，而且很好地适应了失重环境，就像我们一样。

昨晚，接到关于老鼠的信息时，我们刚刚结束了观看《地心引力》的电影之夜。我们在节点 1 舱段面向实验室舱段的位置设置了大屏幕，聚在一起看电影，除萨曼莎正在进行训练外，我们所有人都在。我注意到一个奇怪的现象：在太空看电影时，我们会本能地调整到一个看起来就像是躺在屏幕前的姿势。在失重状态下，我们的姿势对身体的感觉没有任何影响，但躺下和放松之间的相关性非常强烈。所以，当处于类似躺下的姿势时，我会感到更加放松。这部电影很棒，电影中国际空间站的真实外观令人印象深刻，在这方面，我们 5 个人的评价标准都很苛刻。看这部电影，有点像在看自己家的房子着了火，而且当时自己正好在里面。当女演员桑德拉·布洛克脱下宇航服，穿着衬衣飘浮时，萨曼莎碰巧穿着运动服在屏幕前飘过。后来，我很后悔没能拍到她们在一起的照片。

在我们解决掉老鼠的问题，并与地面通信后，我和女儿夏洛特进行了第一次视频通话。与电话不同的是，视频通话必须提前计划好。我已经准备好在指定的时间打开了笔记本电脑，戴上耳机，当夏洛特的圆脸出现在我的屏幕上时，她露出了一个大大的微笑。这个界面类似于 Skype 或 Face Time（即时通信软件），在我的笔记本电脑屏幕右侧的一个大窗口里，我可以看到夏洛特的脸和她身后的房间，而左边是一个较小的窗口，显示出我在乘员舱中飘浮。一个月前在拜科努尔分别后，我就没有见过她了。她今年 11 岁了，每次我看到她时，她的样子都不一样——她似乎又长大了一岁。

夏洛特天生就是一个安静而体贴的女孩，相对她的年龄来说，她很自立。我们面对面时可以交流得很好，却很少打电话。来到国际空间站后，我一直努力联系她。当我问她今天上学怎么样时，她只说了句"很好"。我又问："你妈妈怎么样？"我得到的回答是"好"。"天气怎么样？""不错。"她也不擅长回复电子邮件，虽然她写作还不错。联系到她却没有收到回信，这让我感到不安。如果她受伤了，身体不适或感到抑郁，她或其他人会告诉我吗？但在我们这次的视频通话中，她更主动，更投入，也更真实。我从来没有去过她和她母亲在弗吉尼亚海滩的公寓，所以这是我第一次看到公寓的内景。我看到了一个小客厅、一个沙发、一个书架。在背景中，莱斯利端着一个洗衣篮走来走去。

在视频中，我用了一个小时带夏洛特在空间站里转了转。以前来这里的时候，她在视频通话中也看到过我，但那时她还只有7岁。我带着笔记本电脑四处飘浮，把摄像头对准我工作和生活的舱段，当同事碰巧经过的时候，我把她介绍给他们，还给她介绍了我一直在做的事情（不包括被我们安乐死的啮齿动物）。她看起来真的很感兴趣，身体前倾，微笑着提出问题。看到她兴致盎然地参与进来，我很开心。穹顶舱是我们参观的最后一站，我们到那儿的时候，空间站正好飞到巴哈马群岛上空。夏洛特对此印象十分深刻。在我们谈话的时候，我用相机拍了几张照片，然后发邮件给她。我知道，她看过很多从太空拍摄的地球照片，但我希望，她会更喜欢一张专门为她而拍的照片。

在和夏洛特告别后，我开始为萨曼莎·克里斯托弗雷蒂准备生日晚宴。在俄罗斯文化中，生日很重要，在这里，我们也要庆祝一下。这一次聚会特别重要，因为很快萨曼莎、特里和安东就要离开我们了。虽然会想念他们，但我也期待着呼吸一些新鲜空气（呼气的人数减少了一半，那么二氧化碳的浓度就会下降）。我知道，二氧化碳浓度的降低可能会使地面认为问题似乎已经解决了，但如果他们真的这样认为的话，我会很沮丧。

为了今年的太空飞行，我在收拾几件可以带来的个人物品时，带了一些包装纸，因为我知道，我会在特殊的日子送礼物给同事。今天，为了萨曼莎38岁的生日，我准备了一些包装精美的巧克力。就像我们平时在晚宴上经常做的那样，我们开始先谈论语言，特别是英语和俄语中的脏话之间的细微差别。今晚，我们对俄语中"婊子"一词的多种用法感到困惑，决定打电话给我们在休斯敦的一位俄语老师瓦斯洛。他试图用俄语和英语来向我们解释不同的词之间的区别。（几年前，在俄罗斯星城过圣帕特里克节时，一个来自摩尔多瓦的醉汉与 NASA 的人在酒吧打架，从那时起我和瓦斯洛成了好朋友。）他告诉我们休斯敦发生了什么，我们告诉他太空的生活是什么样的。那时已经很晚了。有一刹那，我仿佛感觉到这个周六的晚上就像地球上的夜晚那么让人放松。我很开心，可以暂时忘记我将在这里继续工作几周、几个月、几个季度。

　　如果人类想前往火星或太空中的其他地方，厕所是必不可少的。空间站上的厕所不仅用来储存废物，尿液处理器还会将我们的尿液蒸馏成饮用水。像这样的系统对星际飞行任务来说十分必要，因为将数千加仑的饮用水带到火星上是根本不可能的。在国际空间站上，我们的制水系统几乎是一个循环的封闭系统，偶尔才需要补充一些淡水。我们净化后的一些水还可以用来制造氧气。

　　这次的货运飞船带来了淡水，但我们并不经常需要补充淡水。俄罗斯人从地面获取淡水，他们喝了水，小便之后，把他们的尿液给我们，让我们加工成水。俄罗斯宇航员的尿液，是俄罗斯人和美国人之间正在进行的商品和服务交换体系里的一种商品。他们给我们尿液，我们一起共享太阳能电池所产生的电能。他们利用发动机将空间站重新推送到合适的轨道，我们帮助他们解决物资供应匮乏的问题。

　　我们的尿液处理器坏了大约一周，所以尿液被存储在一个容器里。只要几天时间，尿液处理器就会被装满，它会发出亮光提醒我们容器已经满了。根据我的经验，亮光往往出现在半夜。更换容器是一件很麻烦的事，尤其对一个半梦半醒的杂务工来说，但是我们不能把它留到早上，否则第一个起床的人就没法小便了，这当然不是一种很好的空间站礼仪。当一个人半夜飘浮在那里时，发现灯光在闪烁，真的是一件很糟心的事。

现在在白天，我要更换坏掉的部分——蒸馏装置。我咨询了地面，他们同意了。如果一切顺利，修理工作将花费半天时间。我已经移开了节点3舱段的厕所的"卡宾"（意思是墙和门），这样我就可以看到里面的机器了。虽然我们定期清理厕所，它却还是变得相当恶心。我把卡宾移到节点1舱段时，它会一直挡在那儿，不让别人过来，直到我把它移回来。这样它能激励我高效地完成工作。

当我在清理厕所和移动卡宾时，地面控制中心让设备处于"安全"状态，即确保断电，这样我才不会被电死，或造成电力短路。（在空间站上，一直都有触电的风险，尤其在美国舱段。因为我们使用的是120伏的电压，它比俄罗斯舱段使用的28伏电压更危险。我们会进行触电训练，并经常在空间站上练习高级的生命急救方法，使用心脏除颤器，并将心脏药物注射到胫骨上。）地面告诉我可以继续做下去的话，我会移除蒸馏装置上的电气连接器，并在连接器上盖上盖子作为保护，然后拆卸掉所有的螺栓。蒸馏装置就像一个巨大的银桶，它的工作原理与制酒用的蒸馏器相似，就是将水从尿液中蒸发出来。我们只有一套备用的蒸馏装置，所以必须小心谨慎，不能损坏它。

今天，从拜科努尔发射了另一艘货运飞船——俄罗斯"进步号"。俄罗斯的宇航员同事在空间站上对它进行了密切的跟踪，从俄罗斯任务控制中心获取了最新信息，安东飘下来，告诉我们它什么时候已经成功进入了轨道。但现在，离刚才还不到10分钟，莫斯科任务控制中心发来报告说，刚刚发生了一次重大故障，飞船失控了，正在疯狂旋转。他们试图解决问题，但这些办法都没用。

在空间站上，我们一起讨论着失去"进步号"对我们来说意味着什么。我们核对了空间站上的物资储备：食物、干净的衣服、氧气、水和替换零件。去年 10 月，另一艘货运飞船在发射台上爆炸，那是由美国的"轨道 ATK"公司制造的，这意味着我们的物资供应已经不足了。俄罗斯人如果缺少食物和衣服，我们就要与他们分享，最终我们自己也会物资匮乏。米沙、根纳季和安东让我们一整天都在刷新消息，每一次看，情况都越来越让人担心。每位宇航员都有一些个人物品在"进步号"飞船上。有时，那些包裹里还会有珠宝和类似的不可替代的物品。米沙向我透露了飞船上他的一些物品，他那双蓝色的大眼睛里，透出了一丝焦虑。

"也许他们能重新控制它。"我拍了拍他的肩膀，安慰他。虽然我们都知道，这种情况的可能性已经越来越小了。我原本希望多花一点时间和同事们讨论这个问题，但我还有一个组装了一半的马桶需要修理。我正在切断连接，并把连接口盖上，因为尿液会通过这里流进另一端的装置中，并沉淀出尿液中的其他物质，然后流出盐水和一种灰色的水。每隔几天，我们就把盐水从容器中抽出来，注入俄罗斯的储存罐，然后等"进步号"飞船到来后将这些盐水注入飞船的空水箱中。最终，这些水箱将在地球大气层中脱离飞船并燃烧。剩下可再利用的废水将被加工成饮用水。

我取出已经损坏的蒸馏装置，进行双层包装，贴上标签，然后将其存储在多功能永久货舱（类似于节点 3 舱段的储物柜），直到它搭乘 SpaceX 飞船返回地球。地面上的工程师会对它进行检查，如果可以的话，还会修好它，以便再次将它送上空间站。下一步工作是将新的配件安装到恰当位置，并调到特定值。接着，我开始非常小心地连接流体管线，确保不把净水线和尿液线绑在一起，然后连接电缆。接着，我给所有的工作过程拍照存档，这样地面才可以检查我所做的一切是否都是正确的。

我正在工作的时候，地面告诉我们，"进步号"飞船的发射已经被正式宣布失败。我飘向俄罗斯舱段参加讨论，心情很糟糕。米沙在服务舱见到我，显然，他也听到了坏消息。

"不管你们需要什么，我们都会给。"我说。

"谢谢你，斯科特。"米沙说。我从来没有在别人脸上看到过如此绝望的表情。通常情况下，我们不用担心物资短缺，但失去"进步号"飞船突然让我们意识到，我们有多么地依赖稳定而可靠的补给物资。我们可以承受一两次失败，但必须从现在就开始定量配给。

不过，比起对补给物资的担忧，我们更关心的是即将发射的同事们：那枚让"进步号"飞船发射失败的火箭和发射"联盟号"载人飞船的火箭是同一枚。5月26日，在不到一个月的时间里，我们的三位新宇航员将把生命托付给同样的硬件和软件。俄罗斯航天局必须调查清楚到底出了什么问题，并确保不再发生类似事件。这会影响我们在这里的日程安排，没人愿意乘坐"联盟号"飞船，因为它可能会发生与"进步号"飞船同样的事情。这将导致可怕的牺牲，如果飞船在近地轨道失去控制，那么，人很快就会死于二氧化碳窒息或缺氧。之后，尸体会绕地球运行，直到几个月后在大气层中烧为灰烬。

我完成了尿液处理器上的所有连接。此次"进步号"飞船上损失的一些物资是淡水，除非我们在空间站上能自己制造淡水，否则我们6个人就活不长了。我仔细检查了所有连接，然后要求地面给它供电。尿液处理器开始运行了。地面向我表示祝贺，我则对他们的帮助表示感谢。

因为"联盟号"飞船的下一次发射被推迟了，这意味着特里、萨曼莎和安东回归地球的日程也会被耽搁。他们都向各自的航天机构保证，只要有必要，他们愿意留在空间站上，我认为，这反映了他们的良好品格，即使事实上他们已经别无选择。我知道，这对他们来说一定压力很大，我们都很清楚自己会在这里待多久，并相应地调整好自己的节奏。我无法想象如何打电话给家人，告诉他们，我不能按时回来，而且也不知道什么时候才能回来。我只能对我的同事表示同情。表面上看起来，他们都很专业，很乐观。特里告诉我，他认为这是一件积极的事情：能生活在太空中是一种特殊的权利，如今他可以多待一会儿，完成更多他想做的事情，比如，拍摄地球上特定地方的照片，拍摄一部他特别喜欢的电影。萨曼莎的态度则比较随意。"你打算怎么办？"她反问道，然后指出，她很可能会打破世界上女性单人太空飞行的时长纪录，此前的纪录为195天。

在最终完成了维修尿液处理器的艰巨任务之后，我很满意，它可以继续处理尿液，制造出干净的水了。但奇怪的是，我所做的一切，都只是让一切回到了原来的样子，这又使我不是很满意。我重新装上卡宾，确保所有工具都放回了正确位置，向地面发送了照片，然后在跑步机上跑了半个小时。

我正在跑步的时候，一个烟雾警报器大声发出警报。脚下的跑步机自动停了下来。设计紧急信号的目的是引起我们的注意，它也确实做到了。正当我解开跑步装置，准备对警报做出反应时，我突然很确信地明白了是什么引起了警报——我跑步的时候，跑步机可能释放了一点灰尘，也可能是我为了提高心率，使劲蹬跑步机，导致发动机冒了点烟。火灾报警器也会自动关闭节点3舱段的通风口，从而关闭我们的二氧化碳去除装置。在从警报中完全恢复后，地面告诉我们，他们无法重新启动二氧化碳去除装置，也无法确定警报的原因。对由此导致二氧化碳浓度上升的后果，我感到不舒服，除非我们能让二氧化碳去除装置再次运转起来。

一整天，我都在期待和艾米蔻进行视频通话。我们不仅能听到对方的声音，还能看到对方，每周一次，每次的时间从45分钟到一个半小时不等。在每次视频通话结束时，我们都会举行一个仪式：艾米蔻拿起她的平板电脑，绕房子转一圈，这样我就可以看到每个房间的内部状况。这让我感觉到与家之间的联系，看到我们的沙发、床、游泳池、厨房，所有的东西上都布满了阳光，每件物品都被地心引力按在了地上。有一次，在厨房里，我注意到冰箱上的警示灯，提醒她水过滤器要换了。我把它指给艾米蔻看，这样她才能得到干净的水。

今天，我看到艾米蔻坐在沙发上，阳光从她右边的窗户洒进来。我们聊每天都过得怎么样，然后，她提醒我下周的视频通话安排。她提出，让我的一些朋友来我们家，这样我就可以看到他们了。她提到，在为迎接客人做准备时，她发现游泳池旁的喇叭坏了，而她自己解决不了这个问题。

"我会在星期六之前修好的。"她说。

"我们现在就把它修好吧。"我建议，几分钟之后，她就把平板电脑的摄像头对准了柜子里音箱组件背面的电线网，我眯着眼，看着屏幕上的模糊图像，试图找出哪个连接口坏了。

"按左边的按钮，"我建议，她照做了，"不，不是那个，是旁边那个。"

"我按住了，"她说，"就是不管用。"

信号中断，视频通话突然结束了。屏幕上的图像静止不动——大一点的窗口显示的是艾米蔻，在黑暗的柜子里，她的脸无精打采，面无表情；小一点的窗口显示的是我自己的脸，图像定在了我说话时候的表情。我们两个看起来都很恼火。如果这是我们最后一次见面，结果会怎么样？我盯着这两张脸看了一会儿，然后关掉笔记本电脑。二氧化碳浓度正在上升，我可以感觉到随之而来的头痛。

几小时后，信号恢复了，我打电话给艾米蔻。

"我只是想告诉你我很抱歉，浪费了我们的视频通话时间来修音箱，"我说，"我应该把它留到以后再做的。"

"我知道，你不喜欢拖延。"她说。她的声音再次变得温柔。我们又聊了一会儿，然后互道晚安。

第二天，我建议艾米蔻从制造商的网站上下载这个音箱的说明书，这样解决问题就会更容易了。接下来的那周，我们计划的视频通话聚会顺利举行了。

俄罗斯方面仍未对"进步号"飞船的故障原因做出解释。我们不清楚他们是否已经有了可能的答案，只是答案还没有得到证实，或者他们真的还没有找到任何线索。特里、安东和萨曼莎依然不知道他们返回地球的日期。每天下午，特里都会经过 PMA-1 黑暗的倾斜通道，进入功能货舱"曙光号"，跨过地板上捆绑着的成吨的物资。当到达服务舱"星辰号"的开放空间时，他会停下来，看看地板上三个朝向地球的窗户，这些窗户让这个舱段看起来像一艘有玻璃底部的船。安东从乘员舱里探出半个身子，戴着耳机，抱着笔记本电脑在工作。特里问他，是否听说了任何关于"联盟号"飞船返回的新消息。根据特里的描述，安东耸耸肩，说不知道。根纳季告诉我们，莫斯科已经确认了发射进程失败的可能原因。他还告诉我们，我们来空间站时乘坐的"联盟号"飞船还会再来，而根纳季会在 9 月和另外两个人一起回去，但他们可能会遇到同样的问题。我们冷静下来，不再觉得毫无指望，虽然这也不是什么好消息。

由于在火灾报警后，地面没能再让节点 3 舱段的二氧化碳去除装置重新启动，所以，今天我和特里一起进行修理。这种经历有点像进行一次传输检修—— 一份复杂而吸引人的精细工作——但我们的生命恰好取决于这份工作。另一台二氧化碳去除装置的运行并不顺利，这给我们带来了很大压力，我们必须确保这个二氧化碳去除装置被成功修好。

在特里的帮助下，我们拆开这台二氧化碳去除装置，这比只靠我一个人的努力要好多了，但这台机器实在太奇怪了。阀门位于手没法触及的地方，我们必须用 4 个不同大小的扳手，每个扳手只能转动 10 到 20 度，重复多次。我们取下一个螺栓就要用半个小时。这一过程中，特里的手背多处被划开了口子，他不得不用绷带把手包扎起来，因为在太空中，血液会形成球体，如果流出来，就会到处飘浮。我们终于可以把二氧化碳去除装置从机架中拉出来了，然后把它放到日本舱段，因为那里的工作空间更大一些。移动如此庞大的物体，是一个缓慢而慎重的过程。午餐休息后，我们回来继续完成工作。第二天，在认为已经修好了之后，我们把二氧化碳去除装置送回到节点 3 舱段，想把它重新安装到机架上。结果却装不上去。我们尝试了不同角度、不同方法，用或大或小的力气晃动它，用肩膀撞它。根纳季也下来帮忙推，但都没用。特里和我检查了机器，发现机器底部有一些垫圈，似乎没有其他用途，我们只要把机器正确地安装上去，就可以把它固定在原位。（垫圈可能是为了保护二氧化碳去除装置免受发射时剧烈震动的影响。）我认为，如果移除这些垫圈，我们就可以稍微向下移动装置，并将其安置到合适的位置。

我呼叫地面，讲了我对垫圈的想法，心想我可能会得到 NASA 风格的典型答案——他们需要进一步研究，咨询专家，经过几天的电子邮件、电话和会议沟通，然后才能得出结论，这才算是一个可以接受的解决方案。NASA 习惯于过分谨慎和大量分析，这是好事，也是坏事。如果 NASA 做的这些事情没有导致任何宇航员牺牲，也没有摧毁任何重要硬件，我们就一直这么做。然而，这种谨慎的态度也常常使我们无法尝试新事物，而这些新事物可以为我们每个人节省大量时间，省去很多麻烦。我认为，控制中心并没有考虑过，我们的时间和精力被他们浪费了。

经过短暂的磋商后，地面告诉我们，可以试着去掉垫圈。特里和我惊讶地互看了对方一眼。也许，控制中心的文化正在发生变化；也许，飞行控制人员正在尝试着更相信宇航员的判断力。

由于得到了批准，我很高兴地用撬棍费了很大力气把垫圈撬开。在我撬垫圈的时候，特里必须固定住二氧化碳去除装置，因为在失重状态下，机器无法承受我所用的力。现在，我和特里可以完美地把二氧化碳去除装置放到机架上了，当滑入到位的时候，它发出的声音让我们感到非常满意。我们要等到明天才能试着给它充电。

当我们放下工具的时候，特里孩子般地用兴奋的声音喊道："嘿，糖果！"

一小块可食用的东西飘浮在旁边。空间站经常发生这种情况，一些食物从我们身边溜走，并在几天后成为另一个人意想不到的零食。

"记得有老鼠，"我警告他，"那可能不是巧克力。"

他仔细观察了一下。"哼，这是用过的创可贴。"他说。他抓住它，然后把它扔进垃圾桶。那天晚上晚一些的时候，我们告诉了萨曼莎这个故事，她告诉我们，上周她吃了一些她以为是糖果的东西，但过了很久之后，她才意识到那其实是垃圾。

那天晚上，我闭着眼睛飘在睡袋里，有一种抽筋的感觉。有时候，人们在即将入睡的时候会感觉自己正在坠落，你试图抓住自己的时候，会产生这种抽筋的感觉。在太空中，这种感受更富有戏剧性。由于没有重力把我按在床上，所以我的身体会来来回回地波动起伏。这一次抽筋尤其特别，因为正好有一缕明亮的宇宙射线落在我身上。当试图再次入睡时，我很好奇是不是宇宙射线触发了我的抽筋反应，还是说这都只是巧合。

在每日计划会议上我们得知，特里、萨曼莎和安东将于 6 月 11 日离开，这比原计划推迟了一个多月，新的团队将于 7 月 22 日抵达国际空间站。由于飞船只有停泊一段时间后再启动才是安全的，所以供他们回去的"联盟号"飞船自去年 11 月以来一直停靠在这里。目前，我们还不清楚他们做出离开的决定在多大程度上取决于返回时间的约束，又在多大程度上取决于"联盟号"飞船本身，它是否消除了造成"进步号"飞船爆炸的那些问题？不管怎样，俄罗斯航天局已经权衡了这些风险，而且决定很快就要让他们离开空间站。

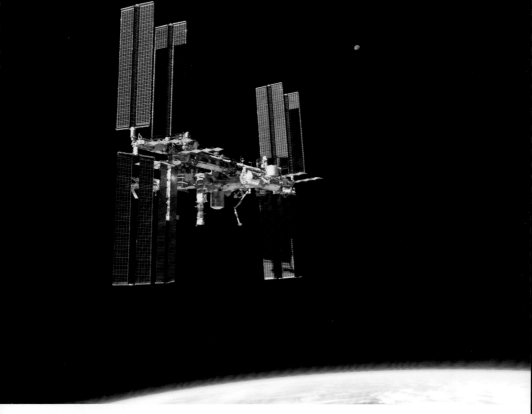

当月亮在远处遥望时，国际空间站巨大的太阳能电池板，在黑暗中似乎熠熠生辉

国际空间站和它下方的地球

1967年左右，马克（左）和我（右）在新泽西州西奥兰治市米切尔街的院子里

我的母亲于1979年8月宣誓就职，成为西奥兰治市第一位女警官，我的父亲拿着《圣经》

1995年，我的无线电截获官比尔·慕尼黑，代号"烟"，与我驾驶一架F-14"雄猫"战斗机。在成为宇航员之前，我当过多年战斗机试飞员

1996 年，我们的宇航员班级合影

"发现号"航天飞机乘组人员前往发射台，这是我的第一次太空飞行

1999 年 12 月，"发现号"升空

1999 年圣诞节，我第一次执行太空飞行任务，我们维修了哈勃太空望远镜，使其得以继续探索宇宙

从左到右：我、德米特里·孔德拉季耶夫和萨沙·卡乐里，在黑海的一艘俄罗斯海军舰艇的甲板上等待水上生存训练，摄于 2001 年 9 月 11 日。当舰艇返回港口时，我得知"9·11"事件发生了

2007年8月，我担任STS-118任务的指挥官，在进入"奋进号"航天飞机之前，我们系上保护带

我在STS-118任务的乘组人员和美国实验室舱段的工作人员

2010 年 11 月，在第 25 远征队返回地球前，香农·沃克、道格·惠洛克和费奥多尔·尤尔奇欣检查了他们的宇航服，这是我在国际空间站的第一次长时间太空飞行

国际空间站节点 2 舱段的宿舍外。左起：道格，我（在"天花板"上），香农，奥列格（在"地"上）

2008 年夏天，我的女儿萨曼莎和夏洛特，在莫斯科红场

我和女友艾米蔻在红场

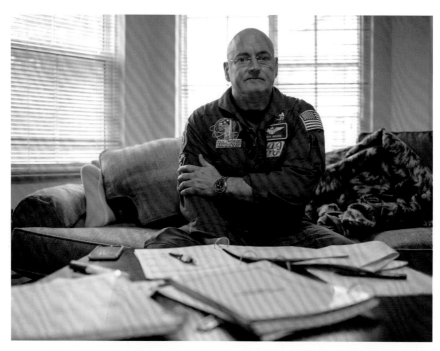

2015 年 2 月，在俄罗斯星城的小屋里，我为自己的最后测验做准备，之后我被送往国际空间站，在太空中度过一年

每日计划会议结束后，我决定立即重新启动二氧化碳去除装置。我告诉地面，我们已经准备好了，这时却突然出现了戏剧性的一幕。

"充电，"指令舱通信员说，"准备。"

我们随时待命。

二氧化碳去除装置没有反应。

"活见鬼！"我说着，然后去确定自己开没开麦克风，因为我们正在一个开放的频道里对话。

"我们看看，然后再回复你。"指令舱通信员说道。

"收到。"我回答，感到很沮丧。

今天是周五，因此整个周末，我们都将生活在有高浓度二氧化碳的环境中。当一台二氧化碳去除装置坏掉的时候，另一台要在一段时间内加速运转才可以。而且，飞行控制人员到星期一上班才会开始去检查到底出了什么问题。整个周末，我都感觉糟糕透了，而且还会更糟糕。糟糕的情绪还会不断提醒我们二氧化碳的浓度有多高，国际空间站的项目经理们似乎很少关心我们的症状。

我知道，今年我心理上的承受能力比身体上更强，我觉得自己已经做好了准备。以前，我执行过长期任务，我很清楚日复一日、周复一周地管理好自己的精力有多么重要，包括不去想那些让自己感到沮丧的事情。但这种压抑的感觉真是令人难以置信。我飘回乘员舱，独自待了几分钟，我感到很不爽。

我打开了几封电子邮件，意识到自己敲击键盘的力气比实际需要的更大一些。其中一封邮件来自艾米蔻，她祝我周五快乐，我决定在去俄罗斯舱段吃晚饭前给她打个电话。电话铃响了第二声的时候，她接了电话，听起来她很高兴能接到我的电话。她仍处于工作日，但也很期待周末的到来。我尽量不让自己的声音透露出烦恼，但她还是看穿了我。

"你怎么了？听起来不是太开心，"她说，甚至在我吸口气准备回答前，她问道，"二氧化碳含量很高，是吗？"

"是的。"我说。我告诉她关于二氧化碳去除装置事件的来龙去脉，以及我们周末需要面对的事情。我告诉她，她能从我的声音中感觉到二氧化碳的含量很高，这让我很惊讶。

"不仅是你的声音，还有你的心情，"她澄清道，"当你听起来像是受到影响时，我就知道二氧化碳的含量很高。"

她似乎是地球上唯一关心我们的人。

在星期五的晚宴上，我们将谈及特里、萨曼莎和安东新的回归日期。在他们的接替者到来前，我将独自在美国舱段待上 6 个星期。独自一人飘浮时，我会感觉时间很长，但独自一人似乎并不是坏事。我喜欢和同事在一起，我特别喜欢和特里、萨曼莎在一起工作，但独自一人并不是一种令人讨厌的改变。此外，每次人们离开或到达空间站，都标志着我的任务进入了另一个里程碑，我已经成功地结束了一段任务。

吃东西的时候，我说："我想，以后我可以在美国舱段裸体飘浮了。"

"如果你愿意，你现在就可以赤身裸体到处游荡。"萨曼莎耸了耸肩，毫不客气地说，她正在挖一袋意大利方形饺子的底部。

"伙计们，你们认为'联盟号'飞船肯定能在 6 月降落到地球上吗？"安东问特里和我。

特里和我看了看对方，然后看着安东。

"安东，你不是'联盟号'飞船的指挥官吗？"特里反问道。

"是啊。"安东说。他摇摇头，微笑着，这种情况很奇怪。我们应该向他发问，而不是他反过来问我们。安东又说："我想你们可能知道我没听说的事情。"有时，俄罗斯航天局似乎有什么事情故意瞒着他们的宇航员。

"如果我们听到了什么，一定会告诉你的。"特里保证。

我们似乎需要更好地沟通和交流。

除了周六上午的科学活动，我们有时会在周末安排其他活动，这些活动的优先级不高，不足以列入常规日程。今天的活动就是这样。萨曼莎将测试一个由欧洲空间局设计的新设备：一台咖啡机。显然，当太空中有欧洲人的时候，你就可以喝上好点的咖啡，因为现做的东西味道是不一样的。在向亨茨维尔载荷操作中心打了多个故障排除电话后，她终于完成了一小袋浓缩咖啡的制作工序，这是历史上第一杯在太空中制作而成的意式浓缩咖啡。我给萨曼莎拍了一张特制杯子里浓缩咖啡的照片，这种杯子是专门设计成在失重环境中使用的。当她喝了第一口之后，我说："对女人来说，这是一小步，对咖啡来说，这是一大步！"从地面到太空，我对自己的台词很满意。这台机器的造价超过100万美元，包括飞行和发射实验。空间站上只有10个浓缩咖啡包，这使萨曼莎的咖啡价格非常高昂，值得被载入历史。

对于国际空间站这样的轨道物体，它的速度足够快，一种很有用的方法是，利用重力使它绕着地球转。我们认为，轨道上的物体会在离地球相同距离的轨道上稳定地待着，实际上，即使我们以每小时17 500英里的速度呼啸而过，在距离地表250英里处，也会存在少量的大气阻力拉扯着我们。如果没有干预的话，我们的轨道将会进一步降低，直到最终撞上地球。当NASA和我们的国际合作伙伴认为，空间站已经到了使用寿命极限后，就会发生这种情况。它将被控制着脱离轨道，以确保当它撞击地球时，其范围会被限制在太平洋上的一个安全区域里，我希望能在那里观看这个过程。这也是俄罗斯"和平号"空间站结束生命的方式。

我们用停靠在这里的"进步号"飞船使国际空间站保持在轨道上。任务控制软件会计算出我们需要使其发动机点火多久，发动机的推动力量将我们保持在适当的轨道。有时我们早上醒来就会发现，空间站在我们睡觉的时候成功地进行了一次助推。

但是，今天早上，一次助推尝试失败了。"进步号"飞船的发动机只燃烧了一秒钟，而不像之前那样燃烧几分钟。又一次，"进步号"飞船未能正常发挥作用，如果再有一次，我们就不得不担心这对我们意味着什么了。

我们不会立刻有任何撞击地球的风险，因为轨道要经过几个月的时间才会衰减到危险的程度，但我们也要用"进步号"飞船的发动机躲避太空垃圾，所以点火失败可能会带来可怕的后果。这是对所有人都认为非常可靠的硬件的又一次打击，这打击了我们对"联盟号"飞船的信心。"联盟号"飞船，包括我返回地球时将乘坐的那艘，都是由同一个制造商以相同或相似的部件制造的。

既然"进步号"飞船本该送来的物资已经丢了，我们就不得不更加小心谨慎地扔垃圾，以确保我们没有丢弃掉任何可用的东西。我和特里花了一些时间检查其他乘员丢弃的东西，寻找没吃过的食物、干净的衣服或其他消耗品。工作时，我们讨论了特里回地球要用的"联盟号"飞船是否会准时离开。就在整理食物包和聊天时，我发现自己拿着一件用布料做的东西，是某个家伙穿过的内衣。我把它塞进垃圾桶里，然后反复洗手，我们没有自来水，这个过程令人很不爽。

好消息是，节点3舱段的二氧化碳去除装置又开始工作了。它之所以启动失败，是因为空气推进系统的风扇没有启动。经过一番调查和讨论，地面设计了一个解决方案，通过更换风扇马达解决了这个问题，而不用我们把整台机器从机架里拉出来。这种方法奇迹般地奏效了，现在我们可以呼吸清新的空气了。值得注意的是，这很能鼓舞士气。

那个星期五的晚上，我们在俄罗斯舱段共进晚餐，我们知道，这将是我们与特里、安东和萨曼莎最后一次共进晚餐。特里飘浮在美国舱段，寻找 SpaceX 飞船带来的最后一个冰激凌，他回来的时候面露难色。

"斯科特，地面想要与你取得联系，"他说，"你得马上给你女儿萨曼莎打电话。他们说有紧急情况。"

"他们为什么不打电话到这里？"我问道。俄罗斯舱段有另一个与地面通信的地方。

同事们都关心地看着我。他们知道，5 年前，我在空间站也接到过类似的电话，那时是我的嫂子中枪了。

"我敢肯定没什么事。"我说，这句话是为了安慰他们而不是我。我去了我的宿舍，在那里我可以私下通话。到了那里，我才意识到没有信号，而且在 20 分钟内我没法打电话。这段时间，我一直在挂念萨曼莎，她是个活泼的孩子，精力充沛的学龄儿童，喜怒无常的少年。我仍然责怪自己，因为自从我和萨曼莎的母亲离婚，我和萨曼莎的关系就遇到了问题。对很多孩子来说，青少年阶段是一段风雨飘摇的时期，我知道萨曼莎不得不应对父母离婚带来的后果，用我不知道的方式照顾母亲和妹妹。我们一直努力让对方如意，才不用担心会发生什么冲突。

当卫星最终对准空间站时，我戴上耳机，点击图标，给萨曼莎的手机打了电话。铃声响第二声时，她接了电话。

"嗨，爸爸。"她知道是我，因为从空间站打来的电话都是通过约翰逊航天中心转接的。

"你没事吧？发生了什么事？"我问道，努力让自己听起来很平静。

"没什么，"她说，"我在马克叔叔和盖比家。大家都走了，我很孤独。"从她的语气中，我能听出没什么不对劲。她只是听起来很无聊。

"就这事吗？没什么紧急情况吗？"我问道，感觉自己的担心渐渐平息，开始有些生气。这就像有时我在购物中心把女儿弄丢了，找了她们很长时间，然后开始担心最坏的情况。

萨曼莎解释说，她飞到图森，去参加她的堂妹（也就是马克的小女儿）盖比的高中毕业典礼。萨曼莎选择去参加毕业典礼，因为她这段时间过得很艰难，当我不在地球上的时候，她感到与家人隔绝了。她觉得去参加凯利家的聚会能让她感觉好一些。但毕业典礼后的第二天晚上，马克和盖比离开了小镇，不久，马克的大女儿克劳迪娅也离开了，留下萨曼莎一个人在空房子里。她觉得自己被抛弃了，想回家，由于没有收到我的电子邮件回复，她给史班奇打了电话，由他向任务控制中心转达萨曼莎的请求，这被误解成了紧急情况。

这种荒唐的事对我来说是小事一桩，我要在太空待一年，而她很孤独。但我也想到，自己的家人也为这次任务牺牲了很多。

她为吓到了我而道歉，并保证下次会说清楚点。我回到俄罗斯舱段继续参加庆祝活动，但心情有些沮丧。

那天晚上，我做了一个昏昏沉沉的梦。出于某种原因，我关注了副总统的儿子博·拜登的死讯，他昨天因脑癌去世，享年 46 岁。我从没见过他，但我听说过他的一些事。他的死比我想象的更让我烦恼。半梦半醒中，我突然想到，总有一天我们都会死去，死的时间比活着的时间更长。从某种意义上说，我觉得，我知道那会是什么样子，因为在我们出生之前，我们都曾经"死过"一次。对每个人来说，从有自我意识的那一刻起，我们意识到了自己活着，而那之前的虚无也并不特别令人反感。这种想法可能有些奇怪，却令人安心。我醒后很长时间睡不着，可以给艾米蔻写封电子邮件了。

人们常常问我在太空中是否有什么顿悟，从太空看地球是否让我感觉离上帝更近了，还是更接近宇宙。一些宇航员带着对人在宇宙中的角色的新认识回到地球，宇宙启发了他们新的精神信仰，或使他们重新献身于儿时的信仰。我从来不会质疑别人的经历，但太空从来没有给我创造过任何特殊的精神洞察力。

我是一个有科学头脑的人，希望尽可能了解宇宙的一切。我们知道，宇宙中有数万亿颗恒星，这比地球上的沙粒还要多。这些恒星只是宇宙中不到5%的物质，剩下的是暗物质和暗能量。宇宙是如此复杂。这一切都是意外吗？我不知道。

我在天主教家庭长大，就像许多家庭一样，我父母对孩子的宗教教育比对他们自己的更关注。我和马克参加了教义问答课，直到九年级的一天，妈妈厌倦了开车送我们。她让我们自己选择是否继续下去，而像许多少年一样，我们选择退出。从那天起，有组织的宗教活动就不再是我生活的一部分。萨曼莎10岁时，有一天晚上她在晚餐时问我，我们信仰什么宗教。

"我们的宗教是善待他人，多吃蔬菜。"我说。我很高兴自己能如此简洁地描述我的宗教信仰，她对这个说法也很满意。我尊重有信仰的人，包括一位做修女的阿姨，但我自己从未有过这样的信仰。

本周，我们将花费大量时间，进行一项名为"长时间太空飞行之前、期间和之后的体液转移及其与颅内压和视力障碍的关系"的实验。我和米沙是这个实验的对象，它将为未来的太空飞行提供一些最重要的成果。

在太空中长期执行任务所带来的最令人不安的负面影响，可能是对宇航员视力的损害，包括我在上一次任务中所经历的。起初，这些变化被认为是暂时的。然而，一旦宇航员开始执行更长时间的任务，他就会出现更严重的症状。对大多数宇航员来说，一旦任务结束，这些变化就会逐渐消失；对有些宇航员来说，这些症状似乎是永久性的。1999年，当第一次驾驶航天飞机执行任务时，我并不需要戴矫正镜片，但在执行任务时，我发现在航天飞机的飞行甲板中间，距离10~12英尺范围内的东西变得模糊不清。回到地球上，症状很快就消失了。我的第二次飞行是在8年后，那时我已经开始佩戴阅读眼镜。但在太空中待了约三天后，我又不用再戴眼镜了。回到地球后，这种视力改善持续了约三个月。

三年后，在我第一次长达159天的飞行中，我一直戴着双光眼镜（上半片为看远，下半片为看近）。在轨道上待了一小段时间后，我的视力恶化了，我戴了度数更高的镜片来矫正这种变化。回到地球之后，过了几个月，我的视力又回到了离开时的样子。但我还有其他令人不安的迹象：视神经肿胀以及永久性脉络膜褶皱。（脉络膜是视网膜和巩膜之间的眼球充血层，而白色部分则为视网膜的外层提供氧气和营养。脉络膜上的这些褶皱会损伤视网膜，造成盲点。）今年，到目前为止，我的视力症状似乎与上次相似，不过我们正在密切关注着我的视力，看它是否会变得更糟糕。

如果长期的太空飞行会严重损害宇航员的视力，那么在我们到达火星之前，这是一个必须解决的问题。你不能让一个看不清东西的宇航员试图降落在一个遥远的星球上，驾驶飞船，操作复杂的设备，还要探索星球表面。

主要的理论假设是大脑周围的液体压力增加，导致了视力变化。我们在太空中缺乏重力，无法像我们在地球上所习惯的那样把血液、脑液、淋巴液、黏液、细胞中的水以及其他液体吸引到身体的下半部分。因此，大脑中的液体不能正常排出，而且往往会增加头部的压力。我们在太空中调整了几周，把多余的那部分液体都排了出来，但脑袋涨的感觉从来没有完全消失。这感觉有点像倒立24小时——耳朵里有轻微的压力，充血，脸肿，皮肤泛红。与人体解剖学的许多其他方面一样，我们头部的微妙结构是在地球重力作用下进化来的，并不能很好地应对重力消失。

液体压力的增加可能会挤压眼球，使眼球变形，导致眼睛和视神经血管肿胀。这仍然是一个理论假设，因为在太空中我们很难测量头骨内部的压力（测量颅内压的最好方法是脊椎穿刺，我非常不希望在太空中进行这种测试）。高浓度的二氧化碳也可能导致或促进视力的改变，因为我们知道，它会扩张血管。在我们的太空饮食中，高钠也可能是一个因素，NASA 一直在努力减少宇航员对钠的摄入，以测试这是否会对视力产生影响。在太空中，只有男性宇航员的眼睛会受到损伤，所以观察一下男性和女性宇航员头部和颈部静脉的细微差别，也可能有助于科学家找出原因。如果男性宇航员去不了火星，那我们可能只有派女宇航员去了。

由于无法在实验室里创造长时间的失重环境，所以科学家在人的头骨里安装了压力传感器，来进行其他医疗条件的实验。这些人被带上一架飞机，这种飞机可以在短时间内制造失重状态，以测量失重时他们的头部发生了什么变化。当达到微重力环境时，颅内压会下降，而不是像预期的那样上升。也许液体转移需要一段时间，或者主要的理论假设是错的。在参加这次任务前，我主动要求在头骨上安装一个压力传感器，但 NASA 拒绝了我的提议。在把我送到太空待一年之前，在我的头上钻一个洞，这个风险太大了。

在体液转移研究中，我和米沙将成为其中一项实验的实验对象，该实验使用一种设备来降低太空飞行的颅内压——负压裤。这不是一个比喻。我们会轮流穿上一件装备，它形似裤子，叫作"Chibis"（俄罗斯语，意思是"凤头麦鸡"，一种鸟类），可以降低我们下半身的压力。这条裤子看起来很像电影《迷失太空》里那个机器人的下半身，或是《超级无敌掌门狗》的"怪裤子"。降低下半身的压力也会减少我们头部的液体量。通过研究负压裤对身体的影响，我们希望对这个问题能有更多了解。

然而，有一次一位俄罗斯宇航员穿着这条裤子时心率突然下降，意识全无。他的同事判断他的心脏停止了跳动，立即结束了实验，但这后来没有对他产品任何不良影响。任何时候，如果一个设备使人处于危险之中，NASA就不愿意再次使用它了。但是，由于负压裤仍然是我们理解这个问题的最佳方式，所以他们破例在这个实验中使用它。

准备穿负压裤实际上是一个漫长的过程。我们必须采集血液、唾液和尿液的基线样本，我们还必须用超声波检测我们头部、颈部和眼睛的血管图像。我们做这些测试所需要的大部分设备都在美国舱段，所以我们花了几个小时打包，然后把它们运到俄罗斯服务舱。这将是国际空间站有史以来做过的最复杂的人体实验。

当要穿这个设备的时候，我会脱下裤子，钻进负压裤里，确保腰部的密封是安全的。米沙正在操作控制器，慢慢减轻我下半身的压力，随着每一次渐进的改变，我可以感觉到血从我的头部往下流去，当然是以一种很好的方式。几个月来，我第一次觉得自己没有在倒立。

但随后这种感觉开始发生变化。就好像我又回到了F-14战机里，重力牵引太强了。我能感觉到眼前开始变得灰暗，周边视觉关闭，这时我可能会失去意识。这条裤子有问题，我觉得这就像用最难受的方式把肠子掏出来。

"嘿，这事有点不对劲，"我向米沙和根纳季说，"我必须——"我伸手去拿我腰间的封条，准备解开它，取消实验。这时，我听到了根纳季的喊叫声。

"米沙，你在干什么？"根纳季通常不会大喊大叫，所以当他提高嗓门的时候，你可以确定自己搞砸了。今天的情况是，我看了一下压力表，压力表读数不应低于–55，但现在已经是–80，这是最大的负压。

幸运的是，这对我和设备都没有造成永久性损坏，我们可以继续进行实验。我会在裤子里待上几个小时，做各种各样的医学测试，比如测量血压，拍摄我的心脏、颈部、眼球和血管的超声波图像。现在，我的太空文身就派上用场了。在发射前不久，我去了休斯敦的一家文身店，在最常用的超声波检查部位文了一些黑点（分别在我的脖子、二头肌、大腿和小腿上），这样我就不必每次都找准确的位置了，这给我省了不少麻烦。我们测量了我的耳蜗液压（把一个仪器插入耳朵）和眼压（在被麻醉的眼球上敲击压力传感器）。我们用激光扫描眼球，激光就可以记录脉络膜褶皱和视神经肿胀这样的变化。

在做这些事的时候，我感觉和在地球上一样好。我大脑中持续的压力消失了，但是现在我该脱掉裤子，停止实验了。

当天晚些时候，我坐在马桶上。我已经坐了一段时间了，事实上，在没有重力的情况下，排便过程需要一段时间。萨曼莎正在外面刷牙，这就像公共厕所里的一个小隔间，我能听到她哼着歌，就像她在工作时经常做的那样。我可以看到她把脚放在墙下，用扶手钩住，以保持她的稳定。她的脚趾离我很近，我可以伸出手去挠，但我没这样做。

对那些没有在缺少隐私的空间站生活过的人来说，这个场景可能听起来有点怪，但我们已经习惯了。我刚刚读到，沙克尔顿探险队的队员不得不蜷缩在雪堆后面，用大块的冰块清洗身体，所以我觉得自己很幸运。我坐在马桶上的时候没别的事可做，所以，看着萨曼莎的脚钩在扶手上，使她的身体保持完美的静止，我就想到了这个简单动作的复杂性。如果你给我看一只在失重条件下钩住扶手的脚，我就能非常准确地估算出这个人在太空中待了多长时间。萨曼莎刚来这里的时候，常常会用力过猛，让脚踝和大脚趾关节感受到不必要的疲劳。但现在，她清楚地知道自己需要施加多少压力。她的脚趾就像钢琴家的手指，能在键盘上优雅而精准地弹奏了。

昨晚，我和特里、萨曼莎和安东一起，享用了我们最后的周五晚宴。失去"进步号"飞船后，俄罗斯人的食物和其他补给物资正在减少，尽管我们已经明确表示可以与他们分享食物，但过一段时间之后情况就不一样了。我带来了哥哥上次通过 SpaceX 飞船送来的意大利香肠，吃了最后一点俄罗斯菜——一个白色的罐头（里面是鸡肉和白色的酱汁），还有一些美国的辐照牛肉。俄罗斯人还有一种叫作"开胃菜"的东西，但它不是真正的开胃菜。

我们中的一些人说很想吃水果，这并不奇怪。上次龙飞船给我们带了些新鲜水果，但很快我们的食物中就再也看不见它们了。我们的干果、袋装或罐装水果与真正的水果是不同的。我也向他们坦白，最近我特别想喝一种装在小酒吧杯子里、有温暖苦涩泡沫的廉价美国啤酒。这种渴望很奇怪，因为我从大学以后就没再喝过这种啤酒了！而且在地球上，我也不会选择它。我更喜欢喝印度产的淡啤酒，也许是我正在思念廉价啤酒中的一些营养成分。

我们讨论了自己是否会得维生素 C 缺乏病，确切地说，我们讨论了这种病的症状会是什么样。我们都觉得这个词只是听起来很可怕。我想知道沙克尔顿探险队的成员是否得过这种病。今晚睡觉前，我会再看一遍这本书。当 6 月底下一次 SpaceX 货运飞船到达这里时，它将带来新鲜的水果和蔬菜以及其他我们急需的补给物资，其中最重要的一种是对太空生活至关重要的垃圾桶。

哥哥还宣布，他会通过 SpaceX 飞船给我带一件大猩猩套装。我问他，为什么要在空间站上穿大猩猩套装？"当然，你需要一套大猩猩套装，"他回答道，"以前从来没有人在太空中穿过大猩猩套装。你会得到一件大猩猩套装。没什么能阻止我把它带给你。"

我担心货物空间会被用于一些看起来很无聊的事情上。有些人会借口批评 NASA 和所有似乎过度浪费的开支，我知道那些人会拿出计算器，计算将一件大猩猩套装送入轨道的费用。马克告诉我，经过太空飞行的真空包装之后，大猩猩套装并不比一件送给母校或其他组织的运动衫大或重。

吃过晚餐后，我们聊了聊这次探险取得的所有成就：飞船访问（包括那些没有成功抵达的飞船），在艰难和危险的情况下维持宇航服正常工作，重要的生命科学实验，以及我们后天将要完成的啮齿动物研究。我们还讨论了与休斯敦、莫斯科、欧洲、日本等各个控制中心的关系，就像我所说的，这种互相崇拜的关系已经失控了。无论是在太空中还是在地面上，所有人都会被感谢，但没有一个人收到的感谢会是简短扼要的。"感谢你们为此付出的辛勤劳动和时间，干得漂亮，我们很感激。"接着，这些收到感谢的人必须再重复一次："不，谢谢你们，你们太棒了，我们很感激你们的辛勤工作。"这简直令人厌烦。虽然这一切都出于善意，但我认为这是在浪费时间。我经常有这样的经历：我完成了一项任务，然后继续做下一件事情，当有人对我表示感谢的时候，我就要停下手头的工作，回到麦克风前，再感谢他们，而且要以大致相等的感谢语道谢，每天多次都是如此。如果你考虑到建造和维护空间站的成本，那么，这种相互感谢的行为每年可能要花费纳税人数百万美元。当特里、萨曼莎和安东离开时，我已经在考虑要停止这种行为了。

星期三，"联盟号"飞船离开的前一天，特里必须把空间站的指挥权交给根纳季。我们举行了一个小小的仪式，这是海军指挥权变更仪式的军事传统，其目的是让每个人都清楚地知道，这个空间站的责任是什么时候从一个人转移到另一个人的。特里发表演讲时，我们6个人在美国实验室舱段有些笨拙地飘浮着。他感谢了在休斯敦、莫斯科、日本、欧洲和加拿大的地面团队，以及在亨茨维尔和其他地方的科学支持团队，感谢家人在任务中支持我们。

"我有几句话，想对和我一起发射的同事说，"特里说，"安东和萨曼莎，我的兄弟姐妹。"这听起来可能有点夸张，但我从经验中知道，作为宇航员，在太空中飞行的人们是怎样团结在一起的。特里会为他们做任何事，他们也会为他做任何事。"我们一起在太空中待了200天，还包括多出来一些天的额外奖励，他们是我遇到的最优秀的宇航员了。那么，现在，空间站第43远征队的探险已经载入史册，我们将它翻到新的篇章——第44远征队。"接着，他检查了一下麦克风是否还开着，然后将它递给了根纳季。

"不管你已经飞过了多少次，"根纳季说，"每次都像进了一个新的空间站，总是像第一次飞行一样。"

这让每个人都笑了，因为根纳季的太空飞行次数比我们更多（这是他的第5次太空飞行），而且，他很快就会创造人类在太空中生活最长时间的记录。根纳季希望特里、安东和萨曼莎"轻柔而安全地着陆，平安回家"。特里告诉控制中心，交接仪式结束，我又跨过了自己在太空中的另一个里程碑。下一次的交接仪式将在9月，那时根纳季会离开空间站，我将会成为指挥官。

那天晚上的晚些时候，特里问我在"联盟号"飞船上降落会是什么样子的。当然，他受过这方面的训练，而且，安东和星城的训练团队已经告诉了他会经历什么，但他还是对我的经历很好奇。我想着如何在不让他太害怕的情况下，使他有所期待。

我们把萨曼莎叫过来，让她也听听，我描述了自己上一次的经历：当我们撞上大气层时，返回舱被一个橙色的等离子体吞没，这有点令人不安，就像你的脸离窗户只有几英寸远，而窗外有人试图用喷火枪攻击你。然后，随着降落伞打开，返回舱开始旋转和扭曲，并向四面八方猛烈震动。如果你的心态比较好，能像冒险旅行一样去体验，这将会很有趣。另一方面，一些宇航员在第一次经历"联盟号"着陆后，说他们被猛烈地抛来抛去，所以，他们认为一定有什么地方出了问题，他们可能有生命危险。恐惧和乐趣之间仅有一线之差，我想给特里和萨曼莎传递正确的心态。

特里经历过乘坐航天飞机返回地球的过程，我告诉他，"联盟号"飞船的返回过程更急速："航天飞机重返大气层的感觉，就像乘坐劳斯莱斯汽车在公园大道上飞驰，而乘坐'联盟号'飞船更像是驾驶一辆苏联汽车，沿着一条不平坦的道路驶下悬崖。"

他们都认为这个比喻很有意思，但似乎也有点担心。

"一旦你发现自己不会死，这将是你最开心的时刻，"我告诉他们，"我要告诉你真相——这趟旅程太有趣了，为了再次乘坐'联盟号'飞船，我甚至会同意执行另一项长期任务，再飞一次。"特里和萨曼莎似乎对此很怀疑，但这是我的真实感受。

我们的同事今天就要离开了。他们离开时，NASA 电视台会直播舱门关闭仪式。开始时有点尴尬，因为我们 6 个人都挤在狭窄的俄罗斯舱里，他们的"联盟号"飞船停靠在那里。我拍了一些安东、萨曼莎和特里在敞开的舱门里摆姿势的照片。留下来的人祝他们好运，平安着陆。安东拥抱了根纳季，他非常尊敬他。然后他拥抱了米沙，然后拥抱我。萨曼莎拥抱了根纳季，然后是米沙，然后是我。在我看来，萨曼莎给了我一个特别温暖的拥抱，在她离开后，我意识到我再也不能和一个女宇航员在一起待 9 个月了。他们三人飘浮在"联盟号"飞船上，在拍照时最后向我们挥了挥手。

安东和根纳季擦拭着舱门上的密封条，确保没有任何异物影响舱门的密封。根纳季关上了我们这边的舱门，而安东也正在从他们那边关上舱门。就是这样。这让我想起在一次探访结束后，在机场和夏洛特分别的场景，和她一起待了很长时间之后，我给了她一个拥抱，看着她走到飞机上，随着最后一波人流，她消失了。这是一件奇怪的事情：我和这些人在一起待了很长时间，但是，仅仅通过几句道别和拥抱，我们的共同经历瞬间就结束了。

我并不害怕离开同伴，也不担心我自己，但看到他们面前的舱门关闭，我感到了一种奇怪的孤独感，甚至是被抛弃感。如果要再次研究二氧化碳去除装置，那我只能在没有特里帮助的情况下完成了。如果要和俄罗斯人讨论文学问题，我只能在没有萨曼莎帮助的情况下进行了。不过，我很期待只有自己一个人的美国舱段，而且会把注意力放在这里。

我飘向美国实验室，俄罗斯人飘浮到他们的舱段，然后一切都静默了，只有我和风扇的噪声。再也没有特里说话了，他乐观的高谈阔曾打断过自从我来到这里以来所做的一切。再也没有萨曼莎轻轻的自言自语声了。目前为止，我甚至没有听到任何来自地面的声音。

我环顾着附着在美国实验室舱段墙壁上的垃圾，突然觉得那些垃圾更大了。我有一种奇怪的感觉，想再对特里或萨曼莎说说话，我想提醒他们一些事，但我不知道该怎么做。

接着，我听到了特里的声音，话说了一半，就好像他和我在一起："安东，液体药丸在哪儿？你是不是把它们留在了空间站？"

"我找到了。"安东回答，然后快速地用俄语对控制中心报出了一串数字。"联盟号"上的通信装备设置好了，我可以通过对讲系统听到我以前的同事说的每一个字，就好像我和他们在一起一样。我加入了从空间站到地面的频道，警告特里他的麦克风开着，每个人都可以通过互联网或 NASA 电视台收听他说的每一句话。

我不希望他们中的一个人无意中说了句脏话，等回到地球后不得不再次听到这句话。我自己曾在返回地球时说过脏话，所以对通信系统很敏感。在我的第二次航天飞机飞行中，我在压差隔离室里和硬件较劲时说了句"操"。我的同事特蕾西·考德威尔（Tracy Caldwell）大声喊："麦克风开着呢！"从飞行甲板上，我得知通过 NASA 电视台能听到我说的话。"妈的！"我回了一句，在 10 秒钟内，我两次违反了联邦通信委员会的规定。

整个下午，我都在听特里、安东和萨曼莎的声音。我在做一个物理实验的时候，能听到萨曼莎心不在焉地哼着歌。有几次我转过身想对她说些什么，然后就会想起她不在这里。

关闭舱门三个小时后，"联盟号"飞船准备离开空间站了，就像地球上的许多人一样，我用笔记本电脑在 NASA 电视台上看着它离去。我拿起麦克风。

"一路顺风，伙计们，"我说，"很高兴和你们在这里一起度过一段时间，祝你们着陆时好运。"

特里回答："谢谢，斯科特，我们已经开始想念你们了。"

根纳季补充道："萨曼莎，我想你忘了自己的毛衣了。"

我听到他们用这种方式互相交谈，闲聊，给控制中心报告数据，一路都这样。如果我不知道他们在做什么，我就永远也无法猜到，他们就像一颗流星，正以超声速的速度向地球表面坠落。

几个小时后，他们在哈萨克斯坦安全着陆。几个月来，他们每天 24 小时和我在一起，现在他们和地球上的其他人一样遥远，正如艾米蔻和我的女儿们以及其他 70 亿人一样遥不可及。

那天晚上，当我关灯爬进睡袋时，我才感受到了这里的宁静。在其他乘员宿舍里，既没有沙沙声，也没有与地面交流的声音，或在电话中向家人道晚安的窃窃私语声。如果这是一次常规的为期 6 个月的飞行，我已经进行了一半了，但是相反，我觉得好像刚刚才来到这里。我还有 9 个月。我不会经常想起这些，但真的想起来时，我就很难再忘记。我到底怎么了？

在空间站上很少有星期天的感觉，但今天可能是个例外。昨天，我做了每周例行的清洁工作和锻炼，所以，今天我实际上有一整天的休息时间。醒来时，我读了昨夜发给我们的每日简报，看到今天根纳季打破了人类在太空中累计生活最长时间的世界纪录——803 天。到他离开空间站的时候，他就会在太空待满 879 天了，这是我想要长期坚持达到的纪录。我睡了一会懒觉，吃早餐，读书，然后决定清理我的邮箱。但当我打开笔记本电脑时，我发现网络连接断了。这个问题一直存在：周六晚上，地面会远程重启笔记本电脑，没有人会注意到网络连接已经中断。当我打电话要求星期天早上修理好时，我被告知，只有到了晚些时候才会有人知道要怎么办。

SpaceX 将于今天下午 2 点 20 分（佛罗里达州上午 10 点 20 分）进行发射，我期待看到它的现场直播，但那时我的网络连接还没修复。飞船上带了许多我们期待得到的东西，最重要的是一台国际太空对接适配器，耗资 1 亿美元，这将使为航天飞机建造的对接接口转换为新的国际对接标准。该标准是 NASA、欧洲空间局、俄罗斯航天局、日本航天局和加拿大航天局于 2010 年达成的（中国或其他国家最终也可能采用这一标准）。如果没有这些适配器，我们就无法使用 SpaceX 飞船或正在开发的波音飞船进行载人飞行。

同样，SpaceX 飞船上还有：食物（俄罗斯人的食物依然在减少）和水；为下个月抵达的美国宇航员谢尔·林德格伦（Kjell Lindgren）和日本宇航员油井龟美也（Kimiya Yui）带来的衣服；谢尔的太空行走设备（他将在今年秋天成为我的太空行走伙伴）；可以去除水中污染物的过滤器（因为我们急需的过滤器在上一次太空飞行中爆炸了，随着水中有机化合物含量的增加，空间站的水已经几乎无法饮用了）；由小学生设计的实验（上次有些孩子看到他们的实验在太空中爆炸了，现在他们有机会第二次看到自己的作品进入太空了）。

就个人而言，我期待着一双新的跑鞋，给跑步机增添一条安全带，干净的衣服，药物，以及朋友和家人为我选择的包裹。

发射时间已经过去了。不久之后，我的笔记本电脑又连上了网。我查看了SpaceX 发射时的视频，但是网络连接不稳，无法播放视频。图像不稳定，暂停。然后，我的目光停留在了标题上："SpaceX 飞船在发射到空间站的过程中爆炸。"

这他妈的开什么玩笑！

飞行指挥官通过空间站和地面之间的加密通信告诉我们，SpaceX 飞船已经消失了。

"空间站收到。"我说。我花了一点时间来想所有失去的东西。油井龟美也的衣服，我的药丸，NASA 价值 1 亿美元的太空对接适配器，小学生们的科学实验，统统都被炸成了碎片。我跟马克开玩笑说，我最伤心的是那件大猩猩套装。接受现实之后，我开始想大猩猩套装可能会在太空中给我们带来的乐趣。现在，它像飞船上的其他东西一样，变成了燃烧的煤渣，散落在大西洋里。我对这次失败感到震惊，这一切对我在太空中剩下的日子会造成什么后果？我感到不知所措，我没有亲眼看到发射和爆炸，感到很恼火。这些东西丢失，对我的生活有巨大影响，这让我觉得十分怪异。

我打电话给艾米蔻，她告诉我当时的情况：发射两分钟后，火箭达到了最大的气动压力，就像它应该达到的那样，然后它却突然在佛罗里达晴朗的天空中爆炸了。在过去 9 个月内，我们损失了 3 艘货运飞船，后两艘是接连失败的。我们的消耗品如今已经减少到只有约 3 个月的用量，而俄罗斯人的情况要比我们糟糕得多。

我突然想到，也许我们应该把下一批宇航员的发射时间推迟到 9 月的物资供应增加之后。如果下一批宇航员按计划发射，我们将有 9 个人短暂生活在这里，这将导致物资供应受限，二氧化碳含量极高。我还想到，当我建议特里把他的宇航服手套留给根纳季使用，以防我们要进行紧急太空行走时，地面应该听我的。而那时，他们不屑一顾地告诉我，SpaceX 飞船即将带来新的手套。如今，这些手套已经化为灰烬，散落在佛罗里达州的海岸上了。

我想到了那些上一次看到他们的实验在太空中爆炸的学生，他们重新做了实验，但又看到它们在 SpaceX 飞船上爆炸了。我希望他们还能有第三次机会。我想，这是关于风险和坚持，关于忍耐力和再次尝试的一堂课。

第 8 章
在航空母舰上安全降落

1988 年春天，我搬到了得克萨斯州的比维尔市，位于科珀斯克里斯蒂和圣安东尼奥之间。小镇上尘土飞扬，风不时吹拂过风滚草。对于想要驾驶飞机的年轻海军飞行员来说，比维尔是少数几个中心城市之一，我很高兴自己能住到那里。我和两个也在飞行学院就读的大学同学一起搬进了一座农场式的小房子。房子位于养牛场对面的一条土路上。然后，我准备开始训练。

我最开始驾驶的是 T-2 巴克艾双引擎喷气式飞机。当第一次穿着抗超重飞行衣，带着氧气面罩爬进驾驶舱时，我感觉自己好像进入了一个大联盟。T-2 巴克艾双引擎喷气式飞机是一种比较容易操控的喷气式飞机，这也是我们用它来训练的原因，但它毕竟是一架喷气式飞机，也就是说，它具有很强的挑战性和危险性。我还有很多东西要学。喷气式飞机比螺旋桨驱动的飞机动力更大，飞行速度更快，加速也更快，对飞行员的操纵反应更灵敏。所有这些都会让飞行员更容易"躲在飞机后面"（感觉就像飞机在控制飞机，而不是飞行员在控制它），并陷入麻烦。

我必须习惯戴氧气面罩，穿抗重力飞行服和坐在弹射座椅上飞翔的感觉。抗重力飞行服对身体有很大的制约，穿着它使我更加意识到潜在的危险。这比我预想的还要恐怖得多。与此同时，在抗重力飞行服里，我倾向于把头抬高，肩膀向后，走路像踩在弹簧上一样。我正在成为一名战术型喷气式飞机的飞行员，我为此感到骄傲。不过，在不久的将来，我的骄傲情绪可能会受到打击。

在我驾驶那架飞机飞了约 100 个小时后，我是时候试着降落在航空母舰上了。那是一艘有飞行甲板的海军舰艇，可以弹射和回收飞机。因为航空母舰的飞行甲板太短了，所以它装备了弹射器来帮助飞机起飞，并设置了阻拦索来帮助飞机停下来。即使在最好的情况下，降落在航空母舰上面过程也很困难，危险重重。

很多飞行员被淘汰出局，这才到了训练的重点。从一开始我就明白，多亏了《太空英雄》这本书，让我了解了这个过程。航空母舰的飞行资格考试将在彭萨科拉进行，所以我提前一天飞到了那里。在麦圭尔酒吧，我见到了哥哥和他们中队的一些成员。那个酒吧里到处都是有钱人。因为我大学一年级重修了，所以马克比我早一年毕业。他去了科珀斯克里斯蒂参加飞行训练，完成将A-6 入侵者飞机降落在航空母舰上的资格考试。当我在酒吧遇到他和他的队友时，他们都在庆祝，因为马克和其他几位刚刚获得了在航空母舰上昼夜降落的资格。现在，马克已经有了资格证书，他很快就会转到驻扎在日本的舰队飞行中队。

航空母舰的飞行甲板是一个极其危险的地方。虽然受过高水平的训练，但飞行员死在那里或受重伤的情况并不少见。人们可能会被卷入正在旋转的螺旋桨叶片，被吸入喷气式飞机的进气口，或被飞机的排气口吹到一边。大部分行动都是由一群青壮年飞行员完成的，为避免意外，每个人都必须清楚自己的工作是什么，而且要表现得很出色。我的任务是实现飞机成功降落。

这一天天气不太好，鉴于我的经验和能力，我还不能在阴天飞行。当靠近航空母舰的时候，我留意了一下天气，注意到我的室友在附近的另一架 T-2 飞机上。我告诉他，为避免我们在躲避云层时碰到对方，我会移动到他的飞机右翼的位置，我们一起进行飞行编队。这是违反规定的（我们都没有足够的飞行经验），但这似乎是最安全的做法。一旦我们离开了恶劣天气区，我就会退后，在我们靠近航空母舰的时候，我会跟在他的身后。

看着大海上的列克星敦号航空母舰，我简直不敢相信，自己要把飞机降落到那个小点上。当你在机场降落飞机时，跑道通常至少有 7 000 英尺长，150 英尺宽。而且更重要的是，机场的跑道不会动。而航空母舰上的跑道长度还不到 1 000 英尺，宽度也要狭窄得多，同时，它还随海浪一起上下起伏、摇摆和颠簸。这艘航空母舰也在水中向前移动着，降落区域的角度与船头的位置有关，而船头不断地偏离，并向飞机的右侧移动。

航空母舰上的景象令人望而生畏。当我飞过它的头顶，转向顺风向时，我没有用力拉回操纵杆，这让我偏离了航空母舰，使得飞机在航空母舰后面排成一列，更加艰难。第一次降落时，我的 T-2 飞机看起来比甲板还要大，这实际上是一种错觉，因为我的降落还不是很精确。我试着看了一下飞行甲板左侧的光学降落系统，这是一种视觉辅助系统，能让飞行员知道他们降落的准确度。我接触到了甲板，并开足马力，接着继续向空中飞去。我的第一次降落尝试没有失败，现在我更有信心了。我本来要做 6 次接触甲板的动作，降落后立即再次起飞，然后再把飞机的尾钩伸出来，让它抓住飞行甲板上的阻拦索。为了获得飞行资格，我必须完成 4 次真正的降落，我希望那天我能做到这些。当第一次降落后被阻拦索捕捉时，我就能正式成为一名航空母舰飞行员，这是一个独特的兄弟会的分支。

开始完全没问题，一切顺利。但当我靠近航空母舰，放下尾钩时，情况的危险性对我来说变得更真实，我感到肾上腺素在上升——这可不是什么好事。我靠近了，飞机被甲板触碰了一下，然后我像之前训练时那样全速前进，以防尾钩没有钩住阻拦索，我需要随时准备好飞回天空，以防我的飞机从航空母舰的前端滑落水中。当尾钩钩住阻拦索，并证实我已经完成了所有正确的操作，这种感觉非常美妙（如果我记得扣好安全带就更好了）。当飞机被阻拦索抓住时，我受到惯性向前冲，撞到了仪表板上。第一次飞机降落时，我的心跳几乎都要停止了，就像刚刚发生了一场车祸一样，我的反应变慢了。我本应在飞机停下来时减小油门，但现在我很难快速做到这一点。其中一位飞机操纵员跑到飞机前面，疯狂地给我发出"减小油门"的信号。

我完成了第二次降落捕捉，然后又做了一次。再来一次，我就能得到所需的4次降落成绩了。但天色随后渐渐暗了下来，我们被送回机场。我本来打算第二天再去，完成最后一次降落资格考试，但当看到第二天我并没有飞行计划时，我只能假设自己已经被取消了比赛资格。我沮丧了好几个小时，以为自己失败了。但没过多久，我就得知，由于我在3次降落中做得很好，我不需要再做第4次降落，就有资格得到这一工作了。我成了一名光荣的航空母舰飞行员。

很快，我开始驾驶 A-4 空中之鹰飞机，这是一种来自越南战争时期的歼击机，它让我们更多地了解了战斗飞行所需的能力：投掷炸弹，在低空飞行，以躲避侦察和空战机动。就像在 T-34 飞机和 T-2 飞机中一样，我们的训练进度很快。教官希望我们学得快一些，然后继续迎接下一项挑战。在这一训练阶段，因为我们这些人赶上了学习进度，所以以前有过飞行经验的飞行员开始失去优势。为了学习如何投掷炸弹，我们从比维尔出发，飞往南加利福尼亚州的埃尔森特罗美国海军航空站，那里离圣迭戈约有两小时的车程。圣迭戈已经为飞行员们设定了训练目标。我不是很擅长投掷炸弹，而且我试图提高投掷准确性的任何方法都似乎不起作用。我已经习惯了同学们的嘲笑，但我还不是最糟糕的。偶尔还有人会在远离目标的地方扔下一个练习弹，练习弹离在靶区外棚屋里的观察员很近。

这些目标都取了一些很怪的名字，这样我们才可以从收音机里区分它们。其中，有些名字我还记得：行道树、迷雾大厅、大麦、凯蒂猫的行李。为了让我们在不同的地形上练习不同的投掷方法，飞行路线各不相同。每个目标都由同心圆环组成，有一个标记明显的中心点，我们用 Mark76 瞄准镜来练习投掷炸弹。这种 A-4 飞机轰炸瞄准镜有一个固定网格，一束光会投射在挡风玻璃上，我们用它瞄准时，不仅要在目标上盯住中心点，而且要在视觉上修正风的影响。我按了一个小按钮，投放了炸弹，我必须计算好炸弹从我的高度落地的时间。飞得低对我们而言是一种诱惑，因为这可以降低炸弹坠落时的变量，但我们又不能飞得太低，否则就会有坠机的危险。

接下来，我自然选择了空战机动，也就是所谓的空战。我们从基础开始训练，跟在教练的飞机后面飞行，寻找机会开枪。教练的飞机开始不可预测地飞来飞去，所以我们试图跟上它。刚开始的时候，教练总是可以从防守位置（在我面前）变换到进攻位置（在我身后），这让我感到羞愧。不过，我很快掌握了窍门，随着交战变得越来越复杂，我的信心越来越足。在三维空间里思考，就像你在空战时一样，这对我来说很自然。我很快就明白了那句海军飞行员座右铭的正确性："如果你没有作弊，说明你的努力还不够。"我了解到，如果在接触开始时我以更高的空速①出现，那么我就能占据一些优势。

这是我最喜欢的训练阶段之一，不仅是因为我做得很好，还因为它很有趣。我在空对空的战斗中体验到了一种自由和创造力，这是我在其他任何地方都找不到的。我喜欢长时间翻滚，在得克萨斯州初夏的巨大积云中操纵飞机忽上忽下，试图"杀死"我的对手。我在训练的这个阶段的最后一次飞行中，给了其中一位教练一个前所未有的打击，至少我是这么认为的。

由于成功驾驶了航空母舰上的 A-4 空中之鹰飞机，我得到了新的飞行任务，我将驾驶有史以来最伟大的海军战斗机——F-14"雄猫"战斗机。

---

① 空速即飞行器相对于空气的速度，是计算飞行器空气动力的必要参数，也是推算飞行器航程的重要依据，因而它也是飞行器飞行的一个必备参数。——译者注

我在比维尔待了约一年，获得了象征飞行员的"翅膀"。爸爸妈妈来参加了这次活动（哥哥由于要履行自己的海军任务而无法出席）。我们穿着白色的制服站成一排，准备为我们举行仪式。妈妈把翅膀徽章别在了我身上，她的脸上闪烁着骄傲的光芒。我还记得，当年她从警察学校毕业的那天，我看到她和同学们穿着制服站成一排，那种眼神给我留下了深刻的印象。如今，事情又回到了原点。

我被分配到 101 战斗机中队，这个中队被称为"死神"。然后，我搬到了位于弗吉尼亚州弗吉尼亚海滩的奥西安娜海军航空站，接受驾驶 F-14 战斗机的初步训练。我和室友开了一夜的车抵达那里，立马就开始训练。就像我在其他飞机上所做的一样，我从熟悉情况开始，迅速发展到编队训练，再到基本拦截的训练——找到另一架飞机，用雷达锁定它。最后，我开始进行基本的空战演习，这时我才开始觉得自己像一位真正的战斗机飞行员。我练习了相似机型飞机之间的对抗，不同机型飞机之间的对抗，以及与不同数量的敌机之间的对抗。所有这些训练的最终目的，都是把飞机降落到航空母舰上。由于雄猫战斗机的飞行能力非常差，而我们必须获得夜间飞行资格，这比 T-2 飞机和 A-4 飞机要困难得多。

F-14 飞机没有训练机型，因为后排座位上没有操作杆，这意味着在飞行中教练是无法代替学生的。首先，我们完成了很多课堂学习，学习飞机的系统组成，然后在飞行模拟器中待了很长时间训练，最后才第一次登上驾驶舱。

前两次飞行时，我的后排座位上都跟着一位经验丰富的飞行员，他总是嚼着口香糖，即使在飞行时也这样。他一定把口水也都咽下去了。从那以后，我只与无线电截获官（就像电影《壮志凌云》里的汤姆·克鲁斯一样）一起飞行。由一位并非飞行员的人给我的飞行技巧打分，让我觉得有些奇怪。

我们很快就学会了如何在战斗中驾驶飞机：空对空射击，全天候基本拦截操作，单机和多平面空对空战斗，以及低空飞行。空对空射击时，会有许多飞机围绕另外一架飞机飞行，这架飞机拖着一面供其他人射击的旗帜。这些练习是真枪实弹的，这听起来很糟糕，虽然我从来没有看到任何人被意外击中过。我们每个人都有不同颜色的子弹，这样教练就可以告诉我们谁击中了目标多少次。就像轰炸一样，我也不是很擅长这种对抗，但我喜欢竞争的感觉。

当我第一次试图在弗吉尼亚海岸的美国"企业号"航空母舰上降落的前一天晚上，我躺在床上，很长时间都睡不着。教练告诉我们："如果你睡不着的话，就试着躺着不动，什么也不要想，这样你就可以休息了。"事实证明，这是一个很好的建议，在此后的几年里，这个方法我用了很多次。

我驾驶 F-14 飞机第一次在航空母舰上的降落，那简直是一场灾难。我降落得太低了，尾钩撞到了船尾。这就是所谓的"勾拳"，并不是好事。事实上，如果我飞得再低一点，飞机就会坠毁，那样的话，我和无线电截获官就完蛋了。虽然我后来的几次降落没有一次像第一次的尾钩操作那样糟糕，但它们也没有好到哪里去。过了一会儿，教官们已经看够了，就把我遣送回家。我被取消了比赛资格。

带着一种不敢相信这就是事实的怪异感，我回到了奥西安娜海军航空站。在无线电截获官和我跳下飞机后，他用担心的目光看着我。我看起来一定很困惑。

"嘿，你能搞定的，"他尴尬地拍了拍我的肩膀，告诉我，"别担心。忘掉之前的错误吧。"

我只能含糊地回应着。我在这件事上押下了太多的赌注，但我失败了。我走进房间，一件一件地脱下我的装备——头盔、安全带、防护服，我不敢相信自己在这方面做得如此糟糕。我不知道如果再有一次机会，我该怎么提升我的表现，而且，我可能再也得不到机会了。

我想，如果不能在海军服役的话，生活会变成什么样子？我曾经在大学举办的展览会上，向美国中央情报局（CIA）提交过一份申请。那里可能会很有意思。我想到了美国联邦调查局（FBI），也就是说，假如海军不派我驾驶重型飞机，让我退役的话，我可能会留在船上工作，或者最糟糕的是，我可能会坐办公室。当海军认真考虑我的命运时，我还有几周时间来考虑我的选择。

最后，他们决定再给我一次机会。我的航空母舰资格考试阶段开始了，在那里，我和一个无线电截获官搭档，一些不太友好的中队成员叫他斯克鲁特。但在帮助像我一样遇到控制飞机障碍的飞行员方面，斯克鲁特的声誉很好。

"你知道的，你可以把飞机开得很好，但你并没有继续飞下去，"他告诉我，"你的高度控制和空速还不错，但并不是最好的。"我受过训练，能将我的飞机高度变化控制在 200 英尺以内，所以我并不在意自己偏离准确的海拔高度20 英尺还是 50 英尺。但斯克鲁特指出，这种不精确的做法，最终会使我远离我想要的结果，而修正它需要花费很多精力。如果想让情况好转的话，我必须一直做一些小的、持续的修正。他是对的。我的飞行状态变得更好了，而且我还可以把从他身上学到的东西应用到生活的其他方面。

我的第二次降落尝试，是在一个没有月光的黑夜。当我飞到离航空母舰几千米的地方时，我预感到将要做的事情给我带来的压力。我从驾驶舱内的扫描仪器中探出头来，试试是否能看到航空母舰。在一片漆黑的大海中，我看到了那艘航空母舰发出的微弱灯光，它让人感到迷惑。在相距 1 200 米处，航空管制员让我"确认光学降落辅助器"，我开始靠飞行员的视觉观察飞行，而不是用飞机上的仪器。我的第一个想法是，哦，我的天哪，但就像训练时那样，我飞的时候对力量和方向做了一些小小的修正。从空中看起来非常暗淡的飞行甲板发出的光芒变得更加明亮，直到变成一片无所不包的黄色薄雾。接下来，我所了解的就是，我感觉到阻拦索强烈的牵引力。我觉得自己来到了一个陌生的星球，看到了一种绝对超现实的新景观。在那个黑暗的夜晚，我成功地安全降落了。

有资格在航空母舰上降落是一件大事，而当你有资格在夜间完成这件事的时候，这个日子就更重要了。在飞行员中队，有许多事情都很重要，而通过举行派对来庆祝这些事，是一种传统。这个派对是在我的家里举行的，那是一幢三层楼的公寓，离海滩只有几个街区，我和另外两人住在一起。我们买了许多啤酒，一些薯片，还有一些用来做吉露果冻酒的果冻。

我室友的女朋友带来一个朋友参加聚会——莱斯利·杨德尔。我记得，莱斯利坐在沙发上和她的朋友们聊天，喝着啤酒。她很可爱，有着明亮的微笑和卷曲的金发。我决定和她聊聊。我发现，她虽然是在佐治亚州长大的，但住在附近。她的继父是一名牙医，她在继父的牙科诊所里做接待员。她很容易相处，我很喜欢她的笑声，所以邀请她下个周末出去玩。她答应了。

当时在海军中，有一种观点认为，一名单身军官通常不会像已婚军官那样获得快速晋升。虽然这并不是一条成文的规定，也许甚至是无稽之谈，但每个人都相信它。一个有家室的男人，往往被认为是某种稳定和成熟的标志。我知道在汤姆·沃尔夫写的书中，所有的"水星号"宇航员都已经结婚了，而且至少有两个孩子。现在我已经 26 岁了，我想要一个家，而且我的职业生涯也取得了进步，我觉得时机已经成熟。哥哥已经结婚了，这更让我觉得我应该为自己的人生做好准备。

那一年的大部分时间里，我和莱斯利经常约会。我喜欢每个星期天去她母亲和继父家吃饭。她继父曾经是海军预备队的一名指挥官。很快，我就和莱斯利的哥哥和嫂子走得很近了。这似乎是我成为他们家正式一员前的合理一步。在切萨皮克湾旁边的公园长椅上，我向莱斯利求婚，她答应了。

1990 年 9 月，我被分配到一个真正的战斗机中队，VFA-143，其绰号是"呕吐犬"，这种犬在全世界都很有名。中队就在奥西安娜海军航空站旁边的机库里，所以我不用搬家了。这个中队部署在波斯湾的"艾森豪威尔号"航空母舰上。而我现在还在沙漠盾牌行动中，所以等他们从波斯湾回来的时候，我才会加入他们的队伍。

20 世纪 90 年代，身处 F-14 战斗机中队，就像是同时参与了一项职业运动和参与了一支摇滚乐队，而电影《壮志凌云》并没有完全捕捉到其中的傲慢和虚张声势。在战斗机中队，人们酗酒和放荡的程度令人难以置信（谢天谢地，现在已经不这样了）。每周三和周五的晚上，军官俱乐部里都有脱衣舞女郎，每次派对都是盛大的聚会。在我上任第一天，中队的一位高级军官毫不含糊地告诉我："这个中队有三件事情——飞行、战斗和做爱，而且不一定是这样的排序。"我告诉他，我明白了，而且我也做到了，至少在飞行和做爱方面做到了。但我对他说的战斗感到困惑——我不确定他的战斗对象指的是苏联，还是其他敌方战斗人员，或另外的什么东西。事实上，这意味着周末去酒吧参加斗殴。在名为尾钩协会的海军飞行员年度会议上，放荡行为达到了新的高度。例如，一些飞行员决定用链锯把墙切割开，把相邻的房间改造成一个套房。不久之后，尾钩协会发生变故，引发了一场性骚扰丑闻，这场丑闻成为全国性的新闻，并引来了调查、解雇和政策改革等连锁反应。虽然我从来没有目睹过像丑闻中的行为那样极端的事情，但我亲眼看到了一些越轨行为，我一直想知道，军队怎么可以接受这样的行为。我没有参与这些行为，但我也没有做任何努力去阻止它。从长远来看，政策改革已经让海军变得更好了。由于这一丑闻引发的轰动效应，很快，女性飞行员第一次被允许在战斗中飞行。这创造了一个更公平的竞争环境，促进了一些有才华的女性飞行员的职业发展，其中一些人后来成为我的宇航员同事。在未来 20 年里，还会有更多人加入这一队伍。

在接下来的一年里，我继续训练，飞往内华达州和基韦斯特的其他航空站，练习并继续学习新技能。1991年9月，我随中队一起乘坐"德怀特·D. 艾森豪号"航空母舰（简称艾克），前往红海、波斯湾和挪威的峡湾。这次，我将离开6个月，在此期间，我几乎每隔一天就会驾驶F-14飞机，进行空中作战巡逻。当我们还在海上巡航时，苏联却解体了，我们不知道这意味着什么。

在巡航几周后的一个黑夜，我和我的无线电截获官沃德·卡罗尔（我们称他为穆驰）在阿拉伯海上空轻松地发射导弹，并在航空母舰上负责空中作战巡逻。我们的官方职责，是保护航空母舰战斗群免受空中威胁。换句话说，我们的任务是，击落任何可能接近我们的轰炸机或战斗机。我们还利用这段时间做了一些训练。一个半小时之后，我们该飞回去了，我听到穆驰对我说："我们和航母之间还有一片陆地。"

"陆地？"

我很确信，我们并没有飞越过任何陆地。当天，虽然没有任何恶劣天气的预报，但地平线完全消失了。然后，我意识到，我们在雷达上看到的"陆地"，实际上是沙子——阿拉伯语里的哈布沙暴，一场巨大的沙尘暴。它完全吞没了这个地区，而且可能会使今天晚上在航空母舰后面的飞行变得非常艰难。

当我们越来越靠近航空母舰，并开始最后的接近阶段时，空中的能见度很差。我听到航空管制员对我说："咸狗1 200米，确认光学降落辅助设备。"他想让我确认一下，我能否看到让我排着队降落的光学降落辅助设备。我看了看窗外，什么也看不到。接着，我听到了降落信号官的声音，他站在船尾引导我们的飞机，他说："螺旋桨接触，继续保持。"他的意思是，即便我们看不见他，他也能看见我们。我们继续向航空母舰下降。

当距离航空母舰仅有600米远的时候，我终于看到了它。飞机正在以每小时150英里的速度飞行，我还有大约5秒钟来调整飞机中心线的航线，调整我们的飞行高度、速度以及我们降落在飞行甲板上的正确位置，以便在第三根阻拦索前，调整到正确的位置。我们准备降落了。像往常一样，我全力加速，以防降落失败的话我必须立即重新起飞。我希望能感受到阻拦索给我们带来的强烈拉力，让我们得以停下来，但这样的感觉没有出现。

"脱缰了，脱缰了……尾钩跳过去了。"我们把着舰指挥官叫 LSO（Landing Signal Officer）。脱缰的意思，是飞机的尾钩没有抓住阻拦索。我不得不立刻加速，全速前进，以便再次起飞，并在周围盘旋，准备再次尝试降落。我们又飞回到黑暗的天空。我感到很沮丧，因为我没有做错任何事情，只是运气不好而已，尾钩越过了阻拦索。我们还要再来一次，希望它能被另一根阻拦索捕捉。我又飞了一圈，降落时却又脱缰了，还要再来一次。这次，我们得到了复飞的指令，这意味着我们飞得太难看了，所以他们不让我再尝试降落，他们担心飞机会坠毁。现在，我真的很生自己的气，也感觉很紧张。

空中的能见度并没有提高，但飞机上的汽油快要耗尽了。我们在空中绕了好几圈，但这只会导致更多次脱缰，因为我们离前面的飞机太近了，而且复飞对性能的影响很大（换句话说，我的飞行状态很差）。最终，我们决定，飞机要么这次就降落，要么去加油。结果，飞机又一次脱缰了。我们只能飞往加油机。

这架加油机是一架 A-6 入侵者飞机，配备了外部燃料箱，正在 3 000 英尺的高空盘旋，准备给飞机加油。由于我们的飞机仍然被沙尘暴包裹着，要找到加油机，这本身就是一个挑战。我们只靠雷达就去跟加油机会合，这非常危险，在我们的飞机靠近加油机时，穆驰喊出我们之间的距离、方位和关闭时机。我只有到距离加油机 7 米左右的时候，才能看到它并加上油。我打开了飞机上的加油探测器，但气流导致的颠簸以及多次试图登上航空母舰却失利的事实，让我感到非常不安。我曾多次尝试与加油机取得联系，在此期间，我试图不去想如果不能加油的话，会发生什么。我们将不得不从飞机上弹射出去，或冒险使用路障（在航空母舰甲板上装上网，以捕捉飞机），这两种方法都非常危险。终于，我与加油机取得了联系，加满油后，我驾驶飞机，又一次飞回到航空母舰上空。

接着，我又一次脱缰了，接着又脱了一次。我甚至想到，可能我以后都只能这样了。最后，我终于把飞机降落到了正确的位置上。当飞机突然停下来的时候，我感觉到了阻拦索的拉力。当飞机向前滑行被锁住的时候，我注意到，在经历了所有这些尝试并死里逃生之后，我的肾上腺素激增，右腿不由自主地颤抖着。我和穆驰从飞行甲板上走下来，沿着昏暗的走廊，闻着飞机燃油的味道，走下梯子，进入灯火通明的房间。我们一进去，飞行员们就爆发出一阵掌声。他们一直在关注着我们的不幸经历。

"欢迎回到艾克号。我们都没有想到还能再次见到你们。"

这是我第一次真正经历"身处险境的夜晚"，但我活了下来。

我笑了，接受了他们的祝贺。

"有些人已经经历过，"我说，"有些人还将会经历。"

我第二次糟糕的夜间飞行是在波斯湾。那天晚上一开始，视线非常好。月光很亮，我们把月亮称为指挥官的卫星，因为空军指挥官会利用这个机会，在更好的条件下让飞机降落在航空母舰上。我的无线电截获官叫查克·伍德（呼号叫"甘尼"）。那天晚上，我们的飞机出发了，目的是保护"艾克号"航空母舰和它的战斗群免受伊朗空军的袭扰。大约一个小时后，空中交通管制员告诉我们，可以早点回到航空母舰上。飞机还有足够的燃料，由于比原计划回来的更早，因此为了好玩，为了加快回程速度，我启动了加力燃烧器，飞机开始超声速飞行。然而，并没有任何人建议我开启超声速飞行。我们正在接近指挥中心，那只是一个想象中的地点，位于航空母舰身后 20 英里处。通常情况下，我不会飞得那么快，但那个夜晚的空中能见度很高，一切都看起来很安全。

我立刻就察觉到自己已经控制不住飞机了。虽然在当前的海拔高度我可以看得很清楚，但一层雾已经在我们脚下滚动了。当下降到距离水面 5 000 英尺的时候，我已经很难控制住飞机了。我开始感到焦虑不安，心跳加速，汗流浃背。当时，我满头大汗，一切都发生得太快了，我完全不知所措。

飞机上的高度计警报器响了起来，警告我飞机正飞在 5 000 英尺以下，然后，警报又一次响起来，警告我们飞行高度正在变得更低。警报声会让我分心，所以我把它关掉了。我犯了一个几乎致命的错误。

接下来，我听到甘尼大喊："拉起来！"我不假思索，立刻用力拉了一下操纵杆，同时看了一眼高度计和垂直速度指示器。我们当时在 800 英尺的高空，以每分钟 4 000 英尺的速度下降。只要 12 秒，我们就会坠入水中，成为许多未能返回航空母舰的飞机之一。而且，没人会知道是哪里出了问题。

我和甘尼费了很大的劲儿，才镇定下来并安全降落。我们回到房间，开了一瓶威士忌，来安抚我们的情绪，庆祝我们死里逃生。

返航回家后，莱斯利很高兴见到我，我也很高兴见到她。我要是死了，就会失去很多东西——我关心的人、啤酒、美味的食物，还有我的隐私——再次把它们都找回来的感觉真是太好了。但我可能还会再次体验这种失去。

我们的结婚日期定在 1992 年 4 月 25 日，那是我从航空母舰回来的一个月后。那天早上，在我起床并开始准备的过程（洗澡、刮胡子、收拾行李准备去度蜜月）中，一种奇怪的害怕感出现了。我脑子里一直在想这种感觉，舌头疼得要命。这本该是喜庆的一天，就像我登上航空母舰的那一天，或像我得到象征飞行翅膀的那一天，或像我大学毕业的那一天。但我所感觉到的，只是这种奇怪的预感。

当我正在打领带的时候，我突然意识到，我不想结婚。

我关心莱斯利，喜欢和她在一起。但是，如果对自己诚实的话，我是不会娶她的，因为我的内心已经动摇了。我想到了我的 6 个伴郎，他们准备和我站在一起。他们都是海军士兵，有些来自我的中队，我认识他们还没有多久。和我一起长大的那些人，我们之间的友谊经历了多年的考验，他们会来参加我的婚礼，但不参加婚礼派对。我并没有意识到，我只是举办了一次海军活动，而不是一场婚礼。

我觉得别无选择，只能坚持到底。我不能让莱斯利和她的家人失望，也不能让我的家人失望。马克大老远从日本赶来，我想，如果他到了那里，得知婚礼已经取消了，他该有多么困惑和烦恼。当我和莱斯利在婚礼派对上跳舞时，我已经把所有这些想法从脑海中抹去了。不知怎么回事，我也不觉得这是一个永久的错误。那时，我才 28 岁。我会努力让这一切成功，但如果不能的话，我想，我还可以离婚。

在"呕吐犬"中队工作了两年半之后，我申请了在马里兰州帕图森河的美国海军试飞员学校。通常，飞行员在申请前，要在一个舰队的中队里服役 4 年，所以我并不认为自己会被录取，但是，我想让选拔委员会看到我是真的感兴趣，也很熟悉申请的过程。令人惊讶的是，我居然被选中了，更幸运的是，哥哥也被选中了。所以，从 1993 年 7 月开始，我们会成为同学。我最担心的不是我的飞行技术，我对自己的飞行技术很有信心，我担心的是我几乎从来没有用过电脑。但我知道，我必须适应科技的发展，所以我请一位队友帮忙买了一台电脑，并请他教我如何使用。

我和莱斯利前往帕图森河，从弗吉尼亚海滩去那儿只要几个小时的车程。

这将是我的职业生涯中，第一次与其他军事部门的成员长期在一起。学校里有美国空军飞行员、海军飞行员、陆军飞行员，还有一名澳大利亚 F-111 飞机的飞行员和一名以色列的直升机飞行员。班上的一些人，后来成了我的宇航员同事：丽莎·诺瓦克、史蒂夫·弗里克、阿尔·德鲁，当然还有我哥哥马克。抵达那里后不久，高年级学生为我们举办了一次聚会，名为"你会后悔的"，意思是警告我们将为自己成为试飞员的决定感到后悔，因为训练实在太难了。

虽然我必须复习一些微积分和物理学知识，但我并不觉得学术方面的功课特别辛苦。我们了解了飞机性能、飞行特性、飞行控制系统，以及我们可能测试的飞机上的武器系统。我们还花时间来熟悉飞机，在训练期间，我们会定期飞行。对于我这样的固定翼飞机的飞行员来说，这意味着再次驾驶 T-2 飞机以及 T-38 飞机的海军版（一架更具挑战性的飞机）。星期五晚上，我会在酒吧或我的同学家里度过，周末我和国学一起完成家庭作业。

检查完 T-38 飞机后，我发现这种飞机的降落特别有挑战性，因为我已经习惯了在接近地面时拉升操纵杆，以降低降落前的速度。降落在一艘航空母舰上时，我们需要以一个特定的下降速度降落。我们还开始驾驶其他飞机，通常是与教练或那些已经通过考核的同学搭档。我们所做的这一切，都是为了扩充我们的飞行体验。我们还学会了编写技术报告，这是学习过程的一个重要环节。测试和搜集飞机在某个特定方面的数据，然后写一份详细的调查报告，这比实际飞行所花费的时间还要多。

自 1994 年 7 月从试飞学校毕业后，我搬到了机场的另一侧，到位于同一基地的高性能喷气式飞机测试中队工作。我之前所在的"呕吐犬"战斗机中队是一个伟大的兄弟会，但在某些方面，测试中队因其多元化而更有优势，这里有非军队出身的人（军队中一群我以前从未合作过的人），来自不同国家、不同文化、不同种族、不同性取向、不同性别和背景的人。我惊讶地发现，多元化团队更强大，每个人都能把自己的优势和观点带到我们共同的使命中。

我的女儿萨曼莎于 1994 年 10 月 9 日出生在帕图森河。怀孕期间，莱斯利变得更脆弱和敏感，萨曼莎一出生，莱斯利的生活就围绕着她转。作为一个母亲，她一直溺爱孩子，对孩子赞美有加。萨曼莎是一个快乐的孩子，外向而有感染力。

马克住在离我们不远的地方，他和妻子经常来我们家，或者我们会去他们家。我加入了一个由试飞员和飞行测试工程师组成的紧密团体，我们都喜欢在周末相互交流。莱斯利和我都喜欢有人在身边，这样我们就不用花那么多时间单独在一起。我的同事和朋友们都很喜欢她，他们的夫人也都喜欢她。所以有一段时间，我们相处得很好。我们与她的家人或我的家人一起过感恩节和圣诞节的感觉都很好。我有自己喜爱的工作，也已经有了一个家，这似乎就是我的人生。

作为试飞员，我被指派去协助调查关于一架 F-14 飞机的事故。在一次例行的训练任务中，这架飞机在接近"亚伯拉罕·林肯号"航空母舰时坠毁。在事故中，飞行员卡拉·赫尔特格林（Kara Hultgreen）失踪了。在飞行学校，我和她打过交道。在比维尔市时，我没能深入地了解她，但她是那里为数不多的几名女性之一，所以我也很难忽视她。在我们获得象征飞行员的翅膀徽章后不久，海军刚刚向女性飞行员开放战斗岗位，卡拉就成为第一位符合 F-14 飞机飞行标准的女性。她的成就引起了很多人的注意，但特别令人痛心的是，此后不久，1994 年 10 月 25 日，她牺牲了。

从航空母舰的飞行甲板上拍摄的一段坠机视频显示，当飞机在航空母舰甲板中心线上空飞过的时候，进入左侧发动机的气流受到了干扰，导致一个压缩机失速，这是一个F-14飞机的已知问题。（F-14飞机的飞行能力总体上很糟糕，而在电影《壮志凌云》中，汤姆·克鲁斯扮演的角色撞击树冠的场景，是这部电影中描述得最准确的片段之一。）当卡拉在余下的发动机上使用加力燃烧器时，快速的推力是不对称的，这导致她失去了对飞机的控制力。飞机上的无线电截获官把他们两人都弹射了出来，无线电截获官安全地脱险了，但飞行员在0.4秒后才被弹射出来，这时驾驶舱正面对大海。她在降落伞打开前撞到了水面，当场死亡。

人们正在为F-14飞机研发一个新的数字飞行控制系统，以防止像卡拉遭遇的直立旋转和坠毁事故再次发生。该系统研发的时间比预期的要长，而且受到技术性延误和费用超支的困扰。我们对卡拉坠机的调查得出了结论，认为新的数字飞行控制系统可能会挽救卡拉这样的飞行员的生命。于是这个研发项目立马就加快了速度，很快它就准备接受测试了。

通常，新飞机（或对现有飞机的重大改装）的首次飞行，是由为制造新飞机的公司工作的试飞员来驾驶的。虽然我的级别相对较低，但去年我比其他任何人都更频繁地驾驶雄猫战斗机，所以我被中队指挥官选中进行首次飞行，包括我在内的所有人对此都感到很惊讶。在计划飞行的前一天，当我进入驾驶舱，检查飞机上的系统时，我测试了飞机操纵杆上的调节按钮，发现使用这个按钮会导致飞行控制朝错误的方向移动。首席飞行测试工程师保罗·科尼利亚罗（Paul Conigliaro）和我都惊呆了。我本来第二天就要把这架飞机开上天，飞行控制软件却完全失灵了。直到今天，保罗还记得我对负责新系统的承包商说的第一句话："我无法告诉你，这可能会对我造成多大的影响。"

当第二天早上我们再次检查飞机时，它已经被修好了，原来那是因两根电线交叉导致的。我的无线电截获官是比尔·慕尼黑（Bill Mnich），代号"烟"。那天早上，飞机沿着跑道前进，我并不确定这架飞机能否以一种可控的方式离开跑道。飞机以 125 节 [①] 的速度前进，我缓慢地拉升操纵杆，接着我们就飞了起来。不久，我们收起起落架和襟翼。我把油门从加力燃烧器上拉了回来，然后穿过切萨皮克湾，开始了我们的演习。一个半小时的飞行非常缓慢，有条不紊，我们逐步扩大新系统的飞行范围，最后安全地回到了甲板上。

直到 F–14 飞机于 2006 年退役，使用这套控制系统的飞机再也没有发生过在航空母舰上降落的事故了。

---

① 　1 节 =1.852 千米 / 时。——编者注

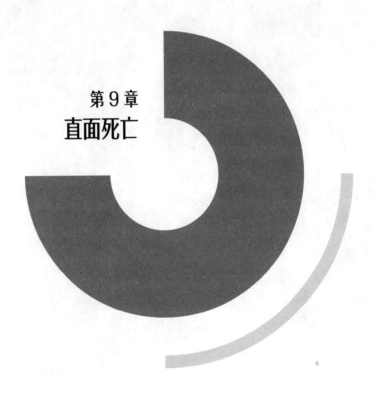

第 9 章
直面死亡

我梦见艾米蔻来到了国际空间站。我没想到她会来，这真是个惊喜。她来这里是为了工作——她正在为安东·什卡普列罗夫举办一个公众活动，我带她参观了一下。一直以来，我都在跟她谈这个地方，能迎接她来这里真是太好了。她穿着从飞机上跳下来时穿的衣服。我们进行了一次谈话，讨论我们是否可以待在一间独立的宇航员宿舍，我们最后决定不可以，至少不应该是为了睡觉。

独自一人待在美国舱段，我整天见不到其他人，除非我有理由去拜访我的俄罗斯同事。我和宇航员同事们之间的谈话突然消失了，随之而来的，是他们之间，以及我和地面之间的对话。我很欣赏这里的宁静和私密，这是这里十分罕见的奢侈。我可以唱歌或享受长时间的沉默。我整天都在看 CNN 频道，至少在卫星连线时，CNN 可以陪着我。

有时，我确实很怀念与另一个人聊天的时光，即使只是为了抱怨高强度的工作时间表，或者只是聊新闻。在更实际的层面，我常常怀念偶然得到别人一点帮助的机会。我的日程表上有许多任务都是由一个人完成的，但在关键时刻，如果有另一双手帮忙的话，任务会容易得多。当独自完成每件事的时候，我的工作时间会更长。如果需要的话，俄罗斯宇航员会放弃一切来帮助我，但他们也有自己的工作，我们两个太空机构之间，劳动力、资源和金钱的交换是微妙而复杂的。我不希望请求免费帮助，而使这个问题复杂化。

今天是根纳季的生日，我们为他准备了一顿特别的晚餐。我送给他我包装好的礼物：一项绣着美国海军飞行员翅膀徽章的棒球帽。今天也是父亲节，所以，最后时刻我们谈论的是自己的孩子。根纳季有三个女儿，其中两个已经长大，第三个女儿和夏洛特一样，今年12岁，他还有一个孙女，孙女和他的小女儿年龄相仿。他说他感到很遗憾，因为太专注于自己的事业，孩子童年时他没能陪伴女儿。他说自己现在是一个与年轻时完全不同的父亲。我们都说，期待回到地球后有更多时间和孩子在一起。

互道晚安后，我回到了自己的乘员舱。我收到了一封来自前妻莱斯利的电子邮件，这很不正常。她通常不会直接跟我打交道。她想让我了解，她从夏洛特的老师那里听说的一件事。几天前，夏洛特的班级在玩一个游戏，她第一个选择了她的队友。夏洛特其实可以很容易就选择她的朋友之一，但她选择了一个发育不良的同学，这位同学从来没有过第一个就被朋友们选中的经历。老师非常感动，为夏洛特设立了一个特别奖项，因为她一直在做正确的事情。莱斯利的电子邮件让我觉得自己离地球更近了，同时也更加遥远。我的眼泪都差点流了出来。

每天早晨，我6点起床，然后从乘员舱中飘出来，我经过实验室舱段和节点1舱段，每经过一个舱段就打开那里的灯。接着，我向右转，进入节点3舱段，在那里，我进入废物和卫生间。不过，我并没有启动卫生间设施，因为今天是一个科学样本采集日。于是，排尿的过程会比平时更加复杂。我取出一个采集尿液的袋子——一个带避孕套的透明塑料袋。我戴上避孕套，然后用纱布包起来，防止漏水。小便时，我不得不用足够的力量来推开袋子上的阀门，让尿液流进去。如果没有这个阀门，尿液就会跑出来。但我很难有足够的力量推开阀门又不至于弄掉避孕套，导致尿液泄漏。现在就出现了这样的情况。尿液浸湿了纱布，然后迅速变成飘浮在墙上的水滴。待会儿，我得把它们清理干净。小便结束后，我把避孕套取下来，尽量不再漏掉更多的尿液。我用带有柱塞的样品管抽取了三个样本，作为原始材料，标记上日期和时间，然后扫描条形码录入系统。然后，我走到日本舱段，把样品管放进冷冻柜里。在接下来的24小时里，每次小便时，我都要一次又一次地经历这个过程。

　　尿液样本采集完成后，我进入哥伦布舱段抽血。和国际空间站上的大多数宇航员一样，我知道如何抽取自己的血液。起初，我告诉在休斯敦的教练，我无法向自己的血管里插针，但在他们的帮助下，我同意试试看，并很快就掌握了窍门。根纳季来到哥伦布舱段帮我，尽管昨晚我告诉他不用帮忙。我清理了右臂的抽血部位，发现这有一条很适合的静脉。我用左手把针扎进皮肤。针管上出现了一丝短暂的红色闪光，说明我已经扎到了血管，但当我连接真空管时没有血流出。我一定是把针直接穿过了血管。这事搞砸了，我不得不在左边胳膊上再试一次。因为这已经是我唯一可以采血的胳膊了，我建议根纳季替我试一试。

　　根纳季抓起另一根蝶翼针，把它连接到针管上。清理了我的左臂抽血部位后，他瞄准并把针扎进了静脉。但是，针头与针管并没有正确连接，因此血液漏了出来，进入空气，形成球状物，接着自我分裂，变成深红色的球体，向各个方向移动。在血球飘得更远之前，我伸手抓住了一些，这时，根纳季迅速重新安装好针头。对我没抓住的那些血球，以后我还得追寻和清理。幸运的是，我在美国舱段的大部分时间都只是独自一人，所以在我回到地球前，没人会遇到这些血淋淋的惊喜。

　　根纳季一遍又一遍地换针管，一共抽了10管血。我很感谢他的帮助，接着他回服务舱去吃早餐了。我把管子放进离心机里运行了半个小时，然后把它们和其他样品一起放进冰箱。

当天晚一些的时候，我还要采集大便样本，明天还要采集唾液和皮肤样本。在今年余下的时间里，每隔几周，我就要经历这样的过程。

在过去的一周里，我的左脚大脚趾上出现了一片严重感染的脚指甲。除了睡觉的时候，我几乎每时每刻都要把一只或两只脚缠在扶手上，以保持稳定，所以大脚趾对我非常重要。我不能让它感染，影响工作。空间站上有全套的药品，我用了局部抗生素治疗，并密切注意情况的发展。

空间站上的二氧化碳浓度现在低多了，因为现在我是唯一在空间站这一边呼气的人。头痛和眼睛充血症状已经基本消除，我注意到，我的情绪和认知功能也恢复了。对于自己的症状能暂时得到缓解，我感到欣慰。与此同时，我也很担心，由于地面现在可能表现得就像什么问题都没有一样。那么，当下一批宇航员到这里的时候，他们就会像我一样开始新一轮的重复。

太空生活的一个好处是，锻炼就是你工作的一部分，而不是工作之前或之后你必须做的事情。（当然，这也是它的坏处之一：你必须锻炼，没有任何借口。）如果我没有做到每周锻炼 6 天，每天至少锻炼几个小时，我的骨骼就会失去很大一部分的骨量——每个月减少约 1%。我们已经有两名宇航员在长时间的太空飞行后髋部骨折了，而且髋部骨折后，死亡的风险也会随年龄增加而增加，骨质流失是我今年在太空中面临的最大风险之一，将对我未来的健康造成影响。虽然做了这么多运动，我还是会失去一部分骨量，而且人们也怀疑，在长期太空飞行之后，人体的骨骼结构是否会永久性地改变（这是米沙和我在太空中生活一年将要回答的众多医学问题之一）。我们的身体会很聪明地摆脱那些不需要的东西，我的身体已经开始注意到，在失重状态下我是不需要骨头的。由于不需要支撑体重，我们也会失去部分肌肉。有时候，我会想，我们的未来一代可能会在太空中度过一生，他们根本就不需要骨头，可以像无脊椎动物一样生活。但我是打算回到地球上的，所以我必须每周锻炼6天。

当日程表上有锻炼时间的时候，我就会飘进多功能永久货舱，这是一个没有窗户的空间，我们把它当作一个大衣橱，在这里换上短裤、袜子和衬衫。多功能永久货舱总是让我想起爷爷奶奶的地下室——黑暗、肮脏，里面的物品被随意丢弃。因为我的运动服已经穿了几周了，开始有点味道了，而这里没法洗衣服，所以我们能穿多久就穿多久，然后把它们扔掉。换衣服时，我很难找到一些东西把脚钩住。由于昨天刚刚锻炼过，衣服还是湿漉漉的，这让换衣服的过程变得很不舒服。

我走进节点3舱段，走向跑步机。天花板上有一条带子，带子拴住了一双跑鞋、一条保护带和一台心脏监视器。我抓起跑鞋穿上，然后踏上跑步机，与其他大多数设备一样，跑步机被安装在墙上。

我拴上保护带，把它系在腰部和胸部，再把保护带插进跑步机上的绳索系统。当我跑步时，保护带使我保持在原位——如果没有保护带，我迈出第一步时，就会从跑步机上飞下来。我们可以通过调节保护带的压力，来控制跑步时感觉到的重量。如果臀部和肩膀受到的压力太大，人就无法以正常体重跑步。我把笔记本电脑放在面前，打开了一集电视剧《权力的游戏》。当它首次播出时，我故意不看这部剧，因为我知道，今年进入太空后，我需要一些能让我逃避现实的好片子来自娱自乐。现在，我又把这部剧看了一整遍。

在某种程度上，我们的跑步机就像你在地球健身房里看到的一样，但它被安装在一个独特的避震系统中。跑步者向前冲时所产生的力量可能会非常危险，错误频率下的振荡甚至可能会使整个空间站分崩离析。在"和平号"空间站上，俄罗斯任务控制中心曾要求美国宇航员香农·露西德（Shannon Lucid）换个速度运动，否则可能会损坏空间站。今后，宇航员奥列格·科诺年科

（Oleg Kononenko），将和谢尔、油井龟美也一起来到空间站。科诺年科在他的首次飞行中，只是不经意间飘起了几厘米，脚轻轻推了一下地板和一根弹力带，就造成了一种危险的潜在震动。

我用笔记本电脑上的软件来控制跑步机，慢慢开始，然后逐渐加速。我喜欢每天锻炼，但这对我的关节有害。有时，我的膝盖和脚疼得几乎受不了，今天还不算太糟糕，于是我加快到最大速度。出汗的时候，汗液就会在我光秃秃的头上累积起来，就像刚打了蜡的汽车上的水一样。我拿已经用了两周的毛巾把汗水擦干净。偶尔，其他人也会飘过来，他们的方向与我垂直。我在跑步机上，很难不分散他们的注意力，更糟糕的是，我可能会打到或踢到他们，尤其是那些刚来空间站的人。看到有人在墙上跑，他们总要一些时间来适应。

我跑步的时候，根纳季过来清点物品。在节点 1 舱段的地板上，有一些垃圾罐暂时储存在一个大袋子里，等着与其他垃圾一起被带回去。而且，根纳季注意到有点气味。他检查了其中一个盖子，以确保盖子密封好了，结果却意外地释放出一团"毒气"，差点把我从跑步机上熏下来。这让我想起了《巨蟒剧团》节目中的金句："每个人都可以互相触发，互相呕吐。"一段时间后，整个美国舱段的气味闻起来都很糟糕，但我对空间站这套系统过滤空气的速度很有信心。

"一回到地球，"根纳季用俄语嘀咕道，"我就要去度假。"

他离开后不久，我听到了控制中心的声音。

"空间站，这里是休斯敦地面 2 号。我们正在将太空通信通道加密。飞行指导员要和你谈谈。"

我们正在加密。这句话似乎会让任何一位宇航员的血液凝固住。他们的意思是发生了不好的事情。我把跑步机停下来，解开自己的保护带，拿起麦克风和休斯敦通话。

我上一次听到"我们正在加密",是在 SpaceX 飞船发生爆炸的时候。在那之前，是我的女儿萨曼莎遇到个人危机的时候。还有，在我上一次太空飞行任务中，"我们正在加密"的消息传来时，是我的嫂子中枪了。我焦急地等待着，希望知道是哪里出了问题。

我听到了执行任务的指令舱通信员杰伊·马舍克（Jay Marschke）提到了轨道操作人员。有那么一阵，我松了一口气，至少这跟我的家人没有任何关系。

"有一个红色预警的未知交会，"杰伊说，"它的运行轨道不确定，范围不确定，但它已经快要接近了。"

"明白。"我对着麦克风说。然后，在我说出真正的想法前，我要确保麦克风是关闭的——"见鬼。"

"交会"的意思是一种碰撞——一块太空垃圾正在朝我们的方向飞来，这次是一颗旧的俄罗斯卫星。"未知"的意思是我们没有预见到它会来，或我们算错了它的轨道，"红色"意味着它会非常接近空间站，我们只是不知道会有多近。"范围不确定"，是指它可以穿过的区域，这个区域可能是一个半径为一英里的球体。由于撞击可能会使空间站减压，造成空气泄漏并杀死所有人。我们将不得不前往"联盟号"飞船，并把它作为可能的救生艇。如果卫星残骸向我们飞来，与我们相撞的话，我们很可能会在两小时内全部死亡。

"相对速度怎么样？"我问道，"有什么办法吗？"

"速度为每秒 14 公里。"

"收到。"我对着耳机说。（"见鬼！"我再一次对自己说。）对我提出的问题，这是最糟糕的答案。如果这颗卫星的轨道与我们的轨道相似，那么它接近空间站的速度可能只有每小时几百公里——对撞击来说，这是一个毁灭性的速度，但对太空中的碰撞来说，这已经是最好的情况。相反，如果空间站以每小时 17 500 英里的速度向一个方向飞行，太空垃圾以相同速度向相反方向运行，就会有每小时 35 000 英里的相对速度，这比枪射出子弹的速度还要快 20倍。如果卫星撞击地球的话，它导致的破坏将比电影《地心引力》中的情况更糟糕。

提前 6 小时得到预警通知的话，空间站可以自行移动，避开即将到来的空间碎片。空军一直在追踪轨道上数以千计个物体的位置和轨迹，它们大部分是老式卫星，是整颗卫星或卫星的大部分。像其他事情一样，NASA 对这种轨道调整有一个简称：PDAM，前定碎片规避操作。也就是启动空间站的发动机，调整它的轨道。自从我来到这里，我们已经碰到两次这样的情况了。然而，今天的情况又有所不同。我们提前两小时才得到预警通知，根本不可能实施前定碎片规避操作。

任务控制中心指示我，关闭并检查空间站美国舱段的所有舱门。在这次任务的准备过程中，我训练过这些内容，我在脑海里仔细回想检查过程，以便快速完成这些步骤，最重要的是要快速完成。即使已经关闭的舱门也需要检查，比如那些未使用的停靠港，用来停泊来访飞船的航天器的舱门。当舱门关闭时，如果其中一个舱段被击中，其他舱段上的人还有可能存活下来，或者，至少其他舱段不会漏气，其中的空气不会散入太空中。在美国舱段，有 18 个舱门必须关闭或检查。当我正在尽可能高效地关闭舱门的时候，我又接到了任务控制中心的电话。

"斯科特，米沙，该为你们在肯塔基州路易斯维尔举办的电视台活动做准备了。"

"什么？"我有些怀疑地问道，"我们真的还有时间这么做吗？"

米沙已经出现在美国实验室舱段，来参加我们双方的联合公共事务活动了。米沙一直这样，他总是很准时，不会给我多留点时间。

"公共事务活动不能取消。"主持人希望问我们,观看肯塔基州德比赛^①的情况,那已经是差不多两个月前的事情了。这也太疯狂了。

"他们在开玩笑吗?"我对米沙说。他摇了摇头作为回应。这是一个糟糕的决定,但现在也不是与地面争论的好时机。

米沙和我拿着手持式麦克风,站在摄像机前。

"空间站,休斯敦,你们准备好了吗?"杰伊问道。

"我们已经准备好了。"我回答,努力不让自己的声音透露出不耐烦。接下来的 5 分钟,我们会回答一些问题,比如,我们对刚刚到达冥王星的探测器有什么看法,我们可能正在经历什么样的里程碑事件,以及我们看没看 5 月时肯塔基州的德比赛。这种交流属于我们工作的一部分,今天我们不得不咬紧牙关坚持。

当被问及在失重状态下的操作,以及能否在交流结束前为路易斯维尔的观众翻一个跟头时,我们感到愤怒。因为我们处在这样的情况下,却只能这样浪费时间。对空间站上的生活现实过于自满是危险的,对我来说,决定继续进行这次交流,显然是很危险的事情。

摄像机一关,我就回去检查舱门是否关闭。幸运的是,他们中的任何一个人都没有问过分的问题,我已经没有时间去解决任何问题了。我从美国舱段搜集了一些我们最需要的东西,以防碰撞真的摧毁了空间站的哪个部分:除颤器、先进的生命维持医疗包、带有重要程序的平板电脑、我的平板电脑和一袋私人物品。我还要确保带着 USB 闪存盘,里面有艾米蔻给我的照片和视频,我不想丢掉这些。等我把所有重要的东西都收起来后,我们还有大约 20 分钟的时间来减少碰撞可能造成的影响。

---

① 德比赛是一个体育术语,在欧洲多指足球队之间的比赛,而在亚洲和北美洲也可以指篮球队、橄榄球队、冰球队和棒球队等集体项目的比赛,一般指同一个城市的两支球队之间的比赛。——译者注

我去了俄罗斯舱段，在那里，我看到宇航员们还没有关闭他们的舱门。他们认为，关闭舱门是浪费时间，这一点他们说得有道理。最有可能发生的两种情况是：第一种，卫星与我们错过了，在这种情况下关闭舱门毫无意义；第二种，卫星击中我们，在这种情况下，空间站里的空气会瞬间流失掉。而且，不管舱门开着或关着，最终结果也不会有什么不同。一般不可能发生只有一个舱段被击中，而其他舱段完好无损的情况，这是不可思议的。但为了以防万一，控制中心还是让我用了两个多小时为这种可能性做准备。俄罗斯人的方法是，去他妈的，他们用可能是他们生命的最后 20 分钟时间来吃午餐。我及时找到同事们，和他们一起吃了一小罐开胃菜。

在可能的撞击发生前 10 分钟，我们将前往"联盟号"飞船。我们已经准备好"联盟号"飞船，以应对万一不得不离开空间站的情况。现在，轨道上正好是夜晚，在"联盟号"飞船上，我们每个人都坐在座位上。这里很狭窄，又冷又嘈杂。

"你知道，"根纳季说，"如果我们被这颗卫星击中的话，那就太糟糕了。"

"是的，"米沙同意道，"会很糟糕。"

在过去 15 年里，只有过 4 次这样的情况，宇航员们不得不像现在这样待在原地避难。我几乎能听到我们的呼吸声，还有"联盟号"飞船内部风扇搅动空气的声音。我不认为我们中的任何一个人真的感到害怕，因为我们以前都遇到过危险的情况。不过，我们确实谈到了太空垃圾的大小和速度，我们都认为这是一个可能的灾难性场景。

米沙盯着窗外。我提醒他，他是看不到卫星朝我们飞过来的——人类的眼睛看不到它，因为它速度太快了，而且外面很黑。不管怎样，他还是一直在看，很快我也开始往外看。时钟开始倒计时了。倒计时缩短到几秒钟，我感觉自己紧张起来，脸上的表情开始扭曲。我们等待着。然后……什么都没有发生。30秒过去了。我们看着彼此，心里充满了对灾难的想象。然后，面部的扭曲慢慢变成了一种解脱的表情。

"莫斯科，我们还用等吗？"根纳季问道。

"根纳季，就这样吧，"莫斯科任务控制中心回应道，"撞击时间已经过去。现在很安全，你们可以回去工作了。"

我们一个挨一个地飘出"联盟号"，根纳季和米沙继续吃完了午饭，我又用了很长时间，来打开所有的舱门。

后来反思这种情况时，我意识到，如果卫星真的袭来，我们可能根本不会知道。当一架飞机在恶劣的天气下撞到一座山，时速达到500英里时，几乎没有什么东西可以说明到底出了什么问题：而这次可能的卫星撞击的时速，是500英里的70倍。作为一名海军试飞员调查飞机失事时，我有时会想，飞行员可能永远不会知道出了什么问题。如果米沙、根纳季和我，从在寒冷的"联盟号"上彼此发牢骚的人，变成100万个被炸毁的原子，四处飞散，那么这一切都会发生在一毫秒之内。我们的神经系统甚至没时间来处理意识到的数据。两个相对时速35 000英里的大型物体相撞所激发的能量与核弹相似。我想起了当年我曾差点把一架F-14飞机开到水里，如果那真的发生了，我就会消失得无影无踪。

我不知道这是在自我安慰，还是庸人自扰。

11天后，新的宇航员将到达空间站。我尽量不去想还要在这里待多久，因为我知道，这只会让事情变得更困难。但是，我在太空的一年，将被整齐地分成4个探险阶段，每次3个月，当谢尔、油井龟美也和奥列格到达时，那将标志着我在这里已经待了1/4的时间。

第 10 章
喜迎新同伴

我梦见我在地球上，和艾米蔻一起来到纽约。我们坐进一辆出租车，我注意到，艾米蔻带着一个笼子，里面有一些巨大的蜘蛛，就像几年前，我为萨曼莎的生日买的一只叫斯凯德的大蜘蛛那样。我们的出租车司机叫珍妮，她告诉我们，她白天开出租车，晚上做邮递员。事实上，在后备厢里，还有一些她要送的邮件。我和珍妮吵架了，她把我们从车里轰出来，然后开车走了，而艾米蔻的蜘蛛还在后座上。我追上车，把蜘蛛拿回来给了艾米蔻，接着，我发现珍妮的轮胎漏气了，我笑了。

今天，国际空间站第 44 远征队的成员们来到了这里。在"进步号"飞船最近失事后，他们的成功发射让人松了一口气，飞船对接也顺利进行。当我们打开舱门的时候，新来的小伙子们飘了出来，就像刚从蛋壳里出来的小鸟一样迷茫。这让我想起，我穿着美国队长宇航服穿过同一个舱门的那一天，那时米沙和我像一对连体双胞胎一样穿过了舱门，那感觉好像已经是几年前的事了。日子很快就过去了，但其实只过去了几周。

这三个新人还需要很多帮助来适应环境，安顿下来，学会做这项工作。对经验丰富的宇航员来说，第一次到国际空间站工作需要调整的时间比以前住过这里的人要长；对于谢尔·林德格伦和油井龟美也这样的首次太空旅行者来说，他们需要的时间就更长了。（这已经是奥列格·科诺年科第三次进入太空了。）

我每次乘坐航天飞机前，都要训练一年，目的就是在为期两周的任务中，为每天的活动做准备。在国际空间站时代，面对这么大的航天器和更长时间的任务，我们的训练变得更频繁。我们无法预先知道自己每天要做什么。这反而更有挑战性，最大的挑战往往是在任务开始的时候。

超过 2/3 的太空旅行者会受到不同程度的太空微重力的折磨，它有时让人感到虚弱，而且除了等待症状消失之外，宇航员并没有太多有效的方法。第一天，谢尔和龟美也的感觉也非常糟糕，在完全适应失重环境之前，他们会感到恶心，只能进行很低强度的工作。他们像刚学走路的婴儿一样，笨拙和犹豫不决。在最简单的事情上，他们都需要帮助；即使是不扶着墙壁，从一个舱段移动到另一个舱段，也都是挑战。他们需要帮助，才能与地面通话，才能准备食物，才能使用浴室。即使是呕吐的过程，起初他们也需要帮助。他们要 4~6 周的时间，才能感觉完全恢复正常。

在新同事抵达空间站后不久，我们与地面进行了一次简短的视频会议，这样，他们就可以与仍留在拜科努尔的家人打招呼。对来自地面的大多数问题，宇航员都可以回答："我很好，这是我生命中的旅程。"龟美也在说话的时候，米沙帮忙把一个苹果和一个橙子放在龟美也身后，作为视觉辅助。

我知道，谢尔和龟美也在这里的第一晚肯定睡不好。半夜，我起身去上厕所，发现谢尔正在一个存储舱里翻箱倒柜。

"嘿，你在找什么？"我问他。即使开着灯，他也几乎不可能找到任何东西，更不用说出于礼貌原因，谢尔把灯都关掉了。

"实话说，我正在找更多的呕吐袋，"谢尔说，"我想吐。"

"这里肯定还有很多。"我说。我找了一些看起来最有可能的地方，然后在计算机库存管理系统中搜索。我问休斯敦，应该去哪里找。一分钟后，他们说空间站上没有呕吐袋。因为过去俄罗斯的"联盟号"飞船上常常带有呕吐袋，所以美国人没有把它纳入送到空间站的补给物资里面。

"我们可以就地取材。"我向谢尔保证。就像这里的其他东西一样，呕吐物会飘得到处都是，所以我们必须找到一种方法，用袋子把呕吐物保存在适当位置，袋子能擦掉脸上的呕吐物就更好了。由于失重，呕吐物无法自然滴落时，表面张力会让皮肤上的液体流动起来。

利用补给物资，我发明了一个新的呕吐袋，它其实是一个自封袋，里面装满了卫生纸。它很有用。

谢尔和龟美也第二天所做的大部分工作，都要求我飘浮在他们肘部的位置，按照程序与他们交谈，为他们提供帮助，让学习如何在失重环境下工作。第一个任务是清点一袋备用零件，然后把它们装到国际空间站上。这些零件是我们在他们来时的"联盟号"飞船上发现的。在地球上，这个任务很简单。你可以把包放在地板上，把所有东西都拿出来，然后在放回去的时候，检查清单上的每一项。而在太空中，正如谢尔很快发现的那样，当你打开袋子的那一刻，物品就会跳出来，然后飘走。你把所有的东西都重新控制住，就会占用原本分配给工作的时间。

一起工作是很费时间的，但从长远来看，这样做是值得的。我教给他们在这里可以采用的一般性技巧，例如，把东西放在正确位置的重要性。我告诉谢尔，当他缓慢地拿袋子，慢慢旋转时，可以保持袋子里的物品不会飘出来。只要你不停地旋转，离心力就会把它们推到袋子底部，它们会老老实实地待在那儿。整理库存的零件有点棘手，但我告诉谢尔，如何用一个网状袋子，来存放那些可能会在实验室里飘浮的物体，或者把它们藏起来。接着，他可以把每一件物品从网袋里再搬回原来的袋子里。对于细小或精致的物品，我告诉他，如何把长长的胶带面朝上放在墙上，然后将胶带分成两半，接着，一半面朝下，把长的那半条留在原位，然后把一些东西粘在胶带上，以免它们乱飞。墙上有些尼龙搭扣，而新产品往往也带有尼龙搭扣，我很难向你表达这种设计会在多大程度上让太空生活变得容易。当一些没有尼龙搭扣的新物品到来时，我会很烦恼。每一件没有尼龙搭扣的东西都会浪费我的时间、耐心和创造力，而有时候这些对我来说是不够用的，因此我必须认真对待。

到目前为止，谢尔的态度很好，他似乎对所接触的一切都充满热情，虽然他看起来有些苍白，眼睛下面有黑眼圈。每隔一段时间，他就会分心，然后找一个借口去呕吐。在太空中的最初几天，所有人都会变得暴躁，但谢尔似乎一刻都没有忘记，他正在实现他童年时的梦想，他积极的态度感染了我。

谢尔出生在中国台湾，母亲是中国人，父亲是瑞典裔美国人。他们先是搬到了美国中西部，然后又搬到英格兰，在那里，他度过了童年的大部分时光。他从小就想成为一名宇航员，11 岁时，他写信给空军学院，要求申请入学。高中毕业后，他被录取了，并在那里表现很好。他的计划和我的一样：成为一名飞行员，为军队开飞机，接着成为一名试飞员，然后申请加入 NASA 并驾驶航天飞机。

但是，在谢尔从空军学院完成学业，进入飞行学校后，一位外科医生诊断说他患有哮喘，不符合飞行员资格。谢尔并没有任何症状，但这位外科医生的判断是肯定有。谢尔似乎永远无法再驾驶军用飞机了。他制订了一个新的生活计划，成为研究太空飞行的心血管效应的研究员，并获得了医学学位。他在急诊和航空航天医学方面完成了实习，获得了公共卫生硕士学位。他在 NASA 做飞行外科医生，照顾准备上太空的宇航员。

飞行外科医生的一些新同事听说他的故事时，对他被禁止飞行的原因感到惊讶甚至怀疑。他没有出现过任何哮喘的症状，从来没有服用过哮喘药物，他热爱跑步，身体健康。他在约翰逊航天中心的一些同事建议，虽然他可能被取消了成为军队航空兵的资格，但 NASA 有自己的规则。他们鼓励他在 NASA 需要新的宇航员时提交申请，他也这么做了。当他接受检查时，NASA 没有发现任何哮喘的迹象。2009 年，谢尔被宇航员团队录取。

我第一次见到谢尔是在星城，当时他是一名飞行外科医生，而我正在为第 25 和第 26 远征队任务进行训练。他真诚而热情，从不会显得虚假或精于算计。对于一名宇航员来说，他有点太高大了，但发型和举止都很有风度，而且总是面带微笑。谢尔有宗教信仰，但也尊重他人的信仰。他是我见过的最乐观的人之一。

龟美也的背景，和谢尔希望实现的相似。他考上了日本军事学院，加入了航空自卫队。他驾驶 F-15 战斗机，然后成为一名试飞员。像谢尔一样，他也在 2009 年加入了宇航员队伍，他所在的班级是第一个知道自己永远不可能乘坐航天飞机的 NASA 宇航员班。龟美也是一个杰出的飞行员，他也是我认识的最勤奋的人之一。我们要学习空间站的系统组成、"联盟号"飞船的内部工作系统和一门外语，就已经很困难了。而龟美也还学会了两种外语（俄语和英语）。

龟美也是日本 7 名现役宇航员之一（美国约有 45 名现役宇航员，欧洲空间局有 16 名现役宇航员）。当我第一次在训练中认识他时，他看起来很正式，我以前从未被分配过日本宇航员队友。他称呼我为"凯利桑"，在日本，这是称呼他人的一种正式方式（尽管不是最正式的）。当我试图让他叫我"斯科特"时，他开始叫我"斯科特桑"，最后，他终于不再这么叫我了。龟美也明白，美国人喜欢平等，不那么正式，至少在我们的互动中是这样的。他尽量使用我们的互动方式，即使这样让他感到不舒服。昨天，使用饮水机时，他看到我朝他飘去。他向我打招呼，然后走开，好像他正忙着做别的事情似的。但当我喝完水飘走后，我看见他又回到饮水机边，把水袋装满。

奥列格·科诺年科是一位经验丰富的宇航员，也是一位聪明而严谨的工程师。他安静而体贴，一直很可靠。他和我年龄一样，还有一对和夏洛特同龄的双胞胎，一个男孩和一个女孩。

在这次任务的训练中，谢尔和龟美也彼此熟识。他们一起参加了美国国家户外领导学校开设的野外课程，这种课程会让人们处于高压状态，有点像我们在太空中可能面临的情况。我没有参加那个训练课程，因为我们本来就不在同一个队伍里，所以只能在空间站上互相了解。今年秋天，我将和谢尔一起进行两次太空行走，我们的性命将取决于我们之间的合作程度。

今天，谢尔、龟美也和我都在抽血，然后我们把血液放到最先进的离心机里分离，接着把它们储存起来，最终送回地球。

俄罗斯宇航员今天也在抽血，我曾经去过他们的服务舱，取过一些他们让我们放到冰箱里的样品。当我通过舱门到达俄罗斯舱段时，舱内看起来更小、更杂乱，设备发出的噪声更大，周围的光线很黄。这次更糟糕了：我到他们那里时，俄罗斯同事正在启动他们的离心机，那听起来就像电锯。三位宇航员看到我的反应时都笑了。

"你相信吗？"根纳季问道，在离心机前做手势，指着他的耳朵说，"该死的。"

"那东西听起来像要爆炸了。"我说，俄罗斯人又笑了起来。如果要拆开他们的离心机，可能需要把服务舱外壳也拆下来，那样的话，我们都会死掉。

我飘回美国舱段，摇着头，耳朵还嗡嗡作响。短暂接触了噪声，令我感觉很糟糕，那声音就像在黑板上钉了一颗钉子，但比那更糟糕。

这只是一个例子，表明各国在为空间站配备设备方面存在差异。俄罗斯航天局的目标一直是尽可能低成本、高效率地完成这项工作，我不得不承认，他们针对某些问题提出的节约成本的解决方案，给人留下了深刻的印象。供我们在太空和地球间往返的"联盟号"飞船，就是一个很好的例子：它便宜、简单、可靠。但归根结底，俄罗斯的硬件不够精密，所以他们在科学方面能力有限。当然，碰到像今天这样的情况，我还会担心他们的设备是否安全。

谢尔和龟美也越来越习惯了这里异常贫瘠的生活。但至少现在，我们有了一些植物：我们已经开始在欧洲舱段开展一项实验，在一个系统中种植生菜，这个系统利用LED（发光二极管）光照，有控制地释放出肥料。我们接受了在太空中种植食物的挑战，如果人类要去火星旅行的话，这将非常重要。

我已经在这里待了很长时间，所以我能理解空间站的微妙之处。我能感觉到从舱的一端到另一端的温度变化，能感觉到手扶振动的轻微变化。设备的声音总是嗡嗡作响，但似乎也在不知不觉地发生变化。我让谢尔和龟美也停下来，然后问他们："你们听到嗡嗡声了吗？"通常，他们要等我指出来之后才会注意到。这种高度警觉并不总是一种好的感觉。这是无法消除和分离的另一种症状，人也从来没有真正休息过。但这会让我们更加安全——如果有什么东西开始出问题，我可能很早就会意识到这一点。

最近，我注意到，我的大脑已经适应了失重环境。我现在可以看到各个方向的东西。一开始，如果我在舱内头朝下飘着，就和你在地球上一个摆满设备的实验室倒立时一样，周围的环境会变得陌生、混乱。但现在，我已经能很快意识到我在哪里，并找到我所需的任何东西。这是我上次在太空中从未发生过的转变，那次我在太空中待了159天，之后也没有发生这种转变。这可能与我独自一人在美国舱段度过的6周有关——没有看到另一位宇航员以正常的直立方式前进，也许我已经可以更好地适应了。或者说，这也许是需要人类大脑在太空中超过6个月才能完成的一次转变。如果是这样的话，我可能就已经找到了答案。尽管这个答案微不足道，但米沙和我正在这里寻找答案。

我一直都能注意到，米沙和我拥有不同的行为哲学。每天他的节奏都比我的更快，他经常把还要待在空间站的确切天数告诉我，这让我很不舒服，但我一直没有说出来。我更喜欢累计已过的天数，而不是倒数还剩下的天数，因为累计已过的天数就意味着我积累的日子是有价值的东西。

今天，我在推特上聊天，回答"粉丝"的问题，网络连接速度很慢，所以我正在对艾米蔻和另一个公共事务员口述我的回答，他们几乎能实时在推特上输入这些答案。在回答关于食物、锻炼和地球景观的常见问题时，我收到了一位用户发来的私信，账号是@POTUS44，这是时任美国总统奥巴马。

他写道："嘿，@StationCDRKelly，我很喜欢这些照片。你有没有从窗户往外看，会被吓到吗？"

艾米蔻和我看到总统正在关注我的任务，感到很高兴。我想了一会儿，然后让艾米蔻打出一个回复："除了收到你的推特问题外，我不会被任何事情吓到，总统先生。"

这是一个很棒的推特时刻，没有之前的计划，没有现成的脚本，但这条推文得到了成千上万次的点赞和转发。不久之后，巴兹·奥尔德林回复道："他只是在地球上空249英里处，小菜一碟而已。尼尔·阿姆斯特朗、迈克尔·科林斯和我走了239 000英里，才到达月球。#阿波罗11号。"

从来就没有什么好办法可以让你在推特上跟美国英雄进行辩论，所以，我没有这么做。在脑海里，我思考了一个事实，那就是阿波罗11号宇航员们在太空中只待了8天，飞行了50万英里。而在完成这次任务后，我将累计在太空中度过520天，走过两亿英里，相当于去了一次火星并返回。过了一会儿，当推特聊天结束时，我才有机会回想一下，刚刚在太空中，我被第二个登上月球的人搜索了，同时还在推特上和美国总统聊天了。

几天后，该收割我们种植的生菜了。我和谢尔、龟美也一起到欧洲舱段去吃生菜，用油和醋调味，味道出奇的好。虽然俄罗斯人在以前的任务中种植和食用过绿叶蔬菜，但这是美国宇航员第一次吃到空间站种植的作物。正如经常发生的那样，公众对生菜的反应让我感到惊讶——人们似乎对在太空中种植和食用生菜的想法很感兴趣，而与此同时，米沙和根纳季正在空间站外进行太空行走，这事在美国却没有引起任何注意。龟美也后来向我坦白说，为了拍摄需要，他不得不强迫自己吃生菜。他在一个生菜农场长大，夏天，他必须半夜起来割生菜，所以从那时起，他就讨厌吃生菜。

　　那天晚上，我们给俄罗斯人带了一些生菜，作为周五聚餐的食物。我们讨论的主要话题是即将到来的"联盟号"，空间站上的总人数将达到9个。我们聊的是新人——谢尔盖、安迪和艾登。我提到自己从来都没有见过艾登，甚至连他长什么样都不知道。这实在非同寻常：在与某人，甚至是来自另一个国家的人一起进行太空飞行前，你通常会与他或她在一起训练，哪怕在一起的时间只有一点点。

　　根纳季想给我看一张艾登的照片。但我想，在艾登从舱门飘来前，如果我不知道他长什么样，那才会很有意思。奥列格和根纳季也觉得那会很有意思。

　　大约凌晨一点钟的时候，我从沉睡中醒来，因为我们的一个电源通道发生了故障。这次停电使节点3舱段中的电力供应降低了一半，只保留了大部分的环境控制设备，包括制氧机、我讨厌的那台二氧化碳去除装置，以及所有将尿液加工成水的设备，还有厕所。与地面一起解决这件事需要几个小时，因此我告诉其他人继续睡觉。由于地面试图恢复通风和烟雾探测能力，我一个人又陪他们熬了一个半小时。最后的事实证明，罪魁祸首是桁架上的一个能量调节器。当回到乘员舱时，我知道自己最多只能睡上几个小时了。

　　后来我和艾米蔻通话，她告诉我，当电力中断时，她正在任务控制中心工作。我没想到，她可能会在那里的控制台上，看着显示器像圣诞树一样由于我们的电源故障而亮起来。她在 NASA 的工作会让她处于一种奇怪的境地，因为在灾难威胁到她的伴侣的生命时，她却只能在现场看着。对于这个问题，我们并没有聊太多。

"我打赌，那一定很吓人。"我说。

"是的，有点吓人，"她说，"但我一直待在控制台，直到我看到一切恢复正常。"她告诉我，不久之后，首席飞行主管迈克·拉莫斯来到她的控制台，想看看她情况如何。拉莫斯是我信任的人，也是我一直很认可的空间站飞行主管。他与任务控制中心的其他飞行主管不同，他了解了艾米蔻的情况，欣赏她迄今为止所取得的成就，并支持她成为我的伴侣。

第二天，我和夏洛特通了电话。像往常一样，她还是不太喜欢打电话，好像被什么东西分心了，也许是电视。她从不会粗鲁或不友好，但她的回答总是简短而又含糊。过了一会儿，我就没话可说了，准备结束聊天。

"好吧，我该走了，"我说，"只是想看看你怎么样了。"

我希望她能回答一声再见，但她停顿了一下。有那么一瞬间，我都怀疑我们是否失去了连接。

"爸爸，告诉我你过得怎么样。"夏洛特说。她突然好像全神贯注地看着我，用一种更成熟的语气对我说话。我告诉她昨晚停电的事，还有我们是怎么处理的。她听起来很感兴趣，并问了很多问题。

我告诉她更多关于新同事以及他们如何适应环境的故事。我告诉她，我一直在做的一些实验，以及当我早晨喝着咖啡时，欧洲上空的云层和飞机是如何相互作用，形成航迹云的。挂断电话的时候，我感觉自己仿佛已经看到了夏洛特成长的重大转折，就像看着她童年时迈出第一步，或者说出第一句话。在一次短暂的通话中，她听起来好像成熟了很多。这是在我远离地球时发生的另一个重要事件。

周末，我不会定闹钟，而是让自己自然醒，也许会比平时晚醒一个小时。
8 月中旬，一个星期天的早晨，当我慢慢醒来的时候，我注意到一种多年来从
未听到过的欢迎声。也许，我正梦见在新泽西州长大时的周末清晨，那时，风
笛手们会在附近高中学校的足球场上踢球。这种声音会飘进我的房间，以一种
愉快的方式唤醒我，不像我父母吵架的声音，会让我有时在夜里惊醒。

完全清醒后，我知道自己在睡袋里，而不是在童年时格林伍德大道的床
上。但我仍然确信，我听到了风笛演奏《奇异恩典》的声音。我走出节点 2 舱
段，顺着声音，看到了意想不到的景象：谢尔飘浮在日本舱段的最远端，吹着
风笛。几十年来，宇航员一直都有把乐器带入太空的习惯，这至少可以追溯到
1965 年，当时，宇航员用口琴演奏了《铃儿响叮当》。但据我所知，谢尔是太
空中第一个风笛手。

"对不起，我吵醒你了吗？"谢尔说。

"不，太棒了，"我说，"尽情地吹吧。"

今天，根纳季、米沙和我把一艘"联盟号"飞船移动到空间站尾部，放入
一个设计复杂的外壳中，以便最有效地完成对接。根纳季将乘坐它返回地球。
根纳季有能力独自移动"联盟号"，但米沙和我必须跟着一起去，因为"联
盟号"飞船是我们的救生艇，它一旦脱离，我们将永远无法保证让它回到空
间站。

在地球上，移动"联盟号"飞船就像重新停车一样简单。但在这里，当穿
上索科尔宇航服时，我们开玩笑地把这个短暂的旅程称为离开空间站过暑假。
虽然我们离开空间站只有 25 分钟，但整个过程需要数小时来准备。我坐在飞
船的右座，无事可做，所以带了 iPod 听古典音乐，包括莫扎特、贝多芬、柴

可夫斯基、施特劳斯和赛谬尔·巴伯的弦乐柔板四重奏。我几乎忘记了这种坐姿会让膝盖很难受——7个月后，当最后一次离开空间站时，我再也不想这样坐了。

当我们离开空间站，开始太空行走时，我发现，我从外面再看空间站感觉很陌生。我已经5个月没出门了。虽然我们在"休假"时要穿宇航服，但离开这里其实是件好事。就像在地球上度假一样，这个假期让我们感觉太短了，回来后我感觉比离开空间站前更累。

第 11 章
我与 NASA 的邂逅

1995 年初的一个下午，我在试飞中队的小隔间———辆拖车中，旁边是一排"二战"时期的机库，以及 F-14 战斗机和 F/A-18 大黄蜂飞机，我注意到，一位同事的桌上有一大摞文件。我问他在做什么。

"我正在填写宇航员申请表。"他说。

有一天，我原本打算填写一份宇航员申请表，但我认为自己还没准备好，但如果再过 10 年我就不会再申请了。我刚从空军试飞员学校毕业一年多，只有 31 岁，这对宇航员来说还有点年轻，经验不足。我还没有硕士学位，我认为这是对宇航员的一个要求。但我问同事是否可以看看他的申请表，关于申请宇航员，我感到好奇的是为什么他的那摞文件这么厚。当看到申请表时，我发现 NASA 需要大量信息：成绩单、推荐信、一份详细的职责清单。我还注意到，同事几乎把一生中所做的一切事情都写上了。这家伙一定是我们中最有资格申请宇航员的人之一。

看了他的申请表，我产生了一个想法：就算会被拒绝，我为什么不申请一次试试呢？这给了我一个机会，去了解申请过程，即便被拒绝，那也不会对我未来的申请产生任何影响。我决定采取与同事不一样的做法，只填那些看起来很重要的东西。如果我的申请简洁明了，也许读到它的人可以接收到所有信息，并对我是谁留下一个清晰的印象。这种极简主义的方法对我也很有吸引力，因为最后的申请期限很快就要到了。

我填写并按时提交了申请。几个月后，我这位同事分享了一个消息：他被要求在第一组接受 NASA 的面试。当时的传统观点是，NASA 会先选出他们认为的最佳人选，而在第一组接受面试的人，就是被选中的最佳人选。我向他表示祝贺，并认为自己永远无法收到入选的消息了。

几周后，马克和他的妻子来我家，与我和莱斯利共进晚餐。吃到一半的时候，马克宣布，他也被叫去参加一场宇航员的面试。

"太棒了，恭喜你！"我说。我是认真的。我觉得这是他应得的。他拥有航空工程硕士学位，显然比我更有资格。我决定不告诉他我也申请了，因为我觉得自己不会接到面试通知，我不希望由于自己没接到面试的电话通知，而把大家的注意力从马克的成就上转移开。

"我想请你帮个忙，"马克说，"你有西装可以借我穿吗？"

是的，我刚买了一套西装，参加了朋友的婚礼，所以我借给了他。

几个月后，在一次试飞后我回到办公室，秘书拦住了我。"嘿，斯科特，"她兴奋地说，"你错过了 NASA 的特蕾莎·戈麦斯的电话。"特蕾莎是长期在宇航员选拔办公室任职的行政助理。她的名字在飞行测试界广为人知；如果你在面试过程中接到她的电话，那可能是个好消息。

我马上给她回电话，特蕾莎问我是否愿意去面试。"是的！当然，"我回答道，尽量不大喊大叫，"你什么时候需要我来都可以。"

我的面试被安排在几个星期后举行。与此同时，马克刚面试回来，感觉自己表现得很好。他告诉我面试时的情况，这对我很有帮助。有了马克的信息，我就可以思考该如何处理这个令人生畏的过程中的每一个阶段，以及在面试中，我会给出什么样的答案。戴夫·布朗陪着我，他是一名海军飞行员，也曾在第一轮接受 NASA 的面试。晚上，我们在飞行测试学校的会议室里安装了一台摄像机，用来记录我们演练面试的过程。马克和戴夫问了我一个委员会问过他们的问题，我做出回答，然后我们一起点评这段视频。"身体再往前倾一点，"戴夫督促我说，"人要更活泼一点。"这对我有极大的帮助，而且鉴于我们还处于竞争关系，他能做到这样更不容易。但这对他们来说，也是一件很好的事情。

我提醒马克，宇航员选拔委员会已经看到过我唯一的那套西装了。

"你得给我买一套新衣服，"我告诉他，"我们长得一模一样已经够糟糕的了。我们不能再穿同样的衣服。他们不会记得我们俩谁说过什么，我们会看起来很滑稽。"

作为一名年轻的海军中尉，马克收入不高，他拒绝给我买一套新西装。所以，我只能穿那套西装去面试了。

那时，美国政府突然关闭，而我正憧憬着去休斯敦参加面试。那是 1995 年秋天，当时，克林顿总统与共和党控制的国会之间陷入僵局，政府没有财政预算，导致从当年 11 月到第二年 1 月被迫关门。NASA 也是众多不得不暂时关闭的政府机构之一。

当年 12 月，在政府关闭的一个空档，我终于去参加了面试。我住进了约翰逊航天中心附近的国王酒店，所有申请者都住在那里，以前的宇航员在面试期间也住在这家酒店。面试和测试将持续整整一周，因此参加面试的 20 人小组彼此相当了解。就像其他事物一样，宇航员候选人在 NASA 有一个首字母缩略词：ASHOs，发音为"阿斯–霍斯"（其英语发音与"浑蛋"相同）。登记入住后，我发现其他一些人在大厅里转来转去，就向他们介绍自己。那天下午没有碰到过的候选人，在晚上的酒吧里我也都遇到了。作为竞争对手，大家肯定有一种相互竞争的感觉。与此同时，我们知道，大家也可能会成为未来的同事。面试和选拔过程很难，我认为这是有意为之。我们接受了面试，参加了笔试，接受了大量的医学测试。房间里只有一位医生，而不是一个四人医疗小组，而且医生也没有试图恐吓我们，但其眼科检查比海军还要严格。

很多医学测试都是正常的血液测试、尿检、反射测试、家庭遗传问题测试，诸如此类。有些测试，则比我们以前的体验更深入。这是我们意料之中的。很显然，宇航员的身体状况必须非常好，我们必须尽可能降低健康风险。一些小问题，可能会使原本有希望的宇航员失去资格。例如，肾结石就可能使你丧失太空飞行的资格。因为这可能让宇航员失去工作能力，或需要提前返回，因而浪费大量经费，NASA不能去冒这个险。任何人如果曾经得过腰椎间盘突出，有心脏杂音，或被诊断出患有其他一些常见但无关紧要的疾病，都有可能会不合格。有意思的是，一个申请者有胆结石病史的话，会被取消申请资格，但如果只是胆囊问题，就没关系。

医学测试可能会引发焦虑情绪。除了让自己达到最佳身体状态外，我们什么都做不了。接到通知面试的电话后，我每天中午都在跑步。由于美国政府关闭，面试推迟了几个月，我跑得太多了，以至我每分钟心跳次数减少。我私下里和戴夫·布朗谈过这件事。他推测，我的静息心率越来越低，导致我身体里确保心脏不会完全停止跳动的备用机制正在起作用。然后，心脏会在正常心跳的情况下，发生提前的心脏搏动，也就是"早搏"。如果事实就是这样，它虽然不会对健康构成威胁，但仍足以令我失去资格。申请者这么多，哪怕只有一点点健康问题，我也可能会被淘汰掉。

作为在休斯敦面试经历的一部分，我们每个人都必须佩戴一个霍尔特监视器，它是一种记录心脏活动的装置。当戴着它的时候，每当心脏跳动一次，我就想知道它是否会毁掉我成为宇航员的机会。NASA的外科医生是史密斯·约翰斯顿，在不违反任何规则的情况下，他尽可能多地和我交流（NASA不允许他告诉参选宇航员，他们是否通过了医学测试）。史密斯让我明白，虽然心脏期间收缩可能是个问题，但他会尽力说服医疗审查委员会，不要让他们淘汰我。他还提到，我的胆固醇水平低得异乎寻常——谁知道胆固醇会太低呢？我把这归因于过去几个月我吃的兔肉。就像跑步一样，我已经下定决心，不再横生枝节，但我做得似乎过头了。

本周，最令人难忘的检查是直肠乙状结肠镜检查。这就像一次结肠镜检查，但没有任何镇静剂或麻醉剂。这个过程很痛苦，令人羞愧，就像那一周我们经历的许多其他事情一样，我们很好奇，这些测试究竟是在检测我们的韧性有多大，还是真的在检测身体问题。我记得，当胃肠病医生进来接我时，我正侧躺在检查台上；我注意到他身后有一个屏幕，屏幕上是一双鞋子的影像。过了一会儿我才意识到，我看到的是医生的鞋，而监视器里显示的，是他手中一台长而灵活的摄像机拍到的影像。一瞬间，影像变了：现在我看到了自己的肛门。我从来没见过这样的景象（而且希望永远不要再看到），我没有兴趣打量它里面长什么样。

除了令人难以置信的痛苦外，让这个过程变得更不愉快的是，医生还要往我的直肠里充气，以便看得清楚一些，检查结束后，他允许我站起来穿衣服，但充进去的空气仍留在体内。之后，我被安排去休斯敦航天中心参观，在走路过去时，我尽量不把那些空气（和其他物质）以一种引人注目的方式排出去。和其他事情一样，我想知道，不在公共场合拉裤子是否也是测试的一部分，也许 NASA 要观察我们如何处理这种不适和尴尬。作为一名宇航员，尤其是要在空间站上生活的宇航员，所要面对的身体上的羞辱会远远超过他所能承受的。

最后，该与选拔委员会面谈了。我站在会议室外的走廊里，杜安·罗斯正在里面读我在申请表里填写的那些答案，即我为什么想成为宇航员。在等待时，我想起了自己写的那些段落，仿佛我的命运取决于它们。

我想成为一名宇航员，主要是因为它是我能想象到的最具挑战性和最令人兴奋的工作。我想在人类有史以来最大胆的努力中扮演一个不可或缺的角色，而且实际经历自己成为人类太空计划的重要财富的过程。在当今社会，我们的孩子迫切需要榜样，以激励他们在科学和数学方面出类拔萃。今天，探索太空并实现人类太空计划，将为孩子们提供灵感，为我们的后代带来难以计数的无形好处。我想成为这个未来场景的一部分，而且我觉得，人类太空计划将提供让我们成为孩子们的榜样的最佳平台。

一直以来，美国都树立了崇高的目标，激励我们在生活的各个方面取得成就。在 20 世纪，我们发明了飞机，它成了人类科技成就的重要标志，在追求飞得更快、飞得更远的过程中，我们提升了人类的飞行技术。莱特兄弟发明的飞机、"圣路易斯之神"飞机以及贝尔 X-1 飞机，都是美国伟大成就的典范，这些成就鼓舞了几代人。人类太空计划永远是这个国家的灵感来源，我希望在其中发挥不可或缺的作用。

整个世界需要太空飞行，来推动医学、工程学、科学和技术领域的科学发现，正如阿波罗计划带来了无数的实际利益，改善了所有人的日常生活那样。如果我们希望续写我们伟大的科技成就历史，人类太空计划就是必要的。如果能参与人类太空计划的任何一次探索，那将是我们的荣幸。

我想知道，自己是否过多地使用了"人类太空计划"这个短语。我想表明的是，我认为载人航天不是 NASA 唯一在做的事情，而且我知道"载人航天"这个词已经过时了。我发现，这篇文章很难写，因为我知道，对"你为什么想当宇航员"这个问题，所有人的答案差不多都一样。我们都想做一些有难度的、令人兴奋的、重要的事情。我们都希望能参与那些将被载入史册的事情。还有什么好说的呢？一个申请者怎么才能把自己和别人区分开来呢？如今，我在宇航员选拔委员会工作，我知道，这篇文章实际上没什么用处，除非它在某种程度上表现得很极端。但在当时，每个细节对我来说似乎都很重要。

在早些时候写的一份草稿中，我试图更诚实一些，想看看那样会怎么样。

"事实上，我想成为一名宇航员的真正原因是，我上十年级时进行了一次全家旅行，在肯尼迪航天中心参观时，我想看有关载人航天计划的电影。但我父母说队伍太长了，他们说，只有当我们家的马克和我出现在电影里的时候，他们才会去看它。"

我仔细看了一下新的段落，然后觉得，试图让它变得有趣或可爱实在是太冒险了。我还是坚持写下原来的那些话，它们可能是陈词滥调，却是事实。

我从马克和戴夫那里得知，一个令人生畏的 20 人小组将面试我。其中有些人被我认出来了。约翰·扬（John Young）是其中之一，他是唯一一个乘坐过"双子星座号"、"阿波罗号"和航天飞机这三种不同类型航天器的宇航员。他曾在阿波罗 10 号飞船上独自环绕月球飞行，接着又乘坐阿波罗 16 号飞船去月球表面上行走。他还被选中指挥"哥伦比亚号"航天飞机的第一次飞行，这使他和飞行员罗伯特·克里平（Robert Crippen）成为首次乘坐航天飞机进入太空的两个人，而这架航天飞机之前还没有进行过无人飞行测试。他被称为宇航员中的宇航员，一个活生生的传奇人物。我想成为和他一样的人。我还认出了宇航员办公室主任鲍勃·卡巴纳（几天前是他迎接的我们），以及宇航员吉姆·韦瑟比和艾伦·贝克。

我被安排坐在一把椅子上，在一张 T 形桌子旁，周围都是面试委员会成员，我试图在面对他们时表现得镇定和自信。

"这一切恐怕对你们来说都很熟悉，"我说，停下来笑了一下，"你们以前见过这套衣服。"然后，我解释了我是怎么把它借给哥哥的，他太小气了，不肯再给我买一套新的，但他把鞋子借给了我。

在面试中开玩笑是很冒险的，但每个人都笑了，这让我感到有些轻松了。他们可能想知道，我和马克如何面对双胞胎同时申请宇航员的问题，我希望让他们觉得可以像对待其他候选人一样对待我们。

约翰·扬带头发问。他简单地说："给我们讲讲你的生活吧。"

我的脑子里一片混乱。他想听我生活的哪些方面？我应该回忆多久之前的事情？

"好吧，当 1987 年我大学毕业时——"我开始说。

"不，"扬打断了我的话，"再早一点，回到初中时候。"

现在回想起来，我不知道他们是否打断过每个人的回答，让候选人从一个与原先计划好的开头不同的地方开始说起，看看他们会怎样应付发言被打断的情况。就我而言，初中并不是一个好的开始。我不打算告诉他们，我当时总是向窗外看，考试成绩只得了 C。所以，我告诉他们，我是如何和父亲一起修船的，我通过学习成为一名急救员，我在救护车上的工作经历，我在大学里获得商船军官的执照，我学习如何在封闭环境中工作，以及我一路面临的挑战。当我发言的时候，我试图让我的经历与他们看到的其他候选人区别开来。虽然成为一名试飞员的过程很难，但这个过程并不能让我与其他试飞员有所区别。然而，在大西洋的开阔水域修理一艘破旧的船，或在泽西市蟑螂泛滥的贫民窟里接生一个婴儿，却是独一无二的。

在申请表上我提到，自己正在为 F-14 飞机开发一个新的数字飞行控制系统，我还收到了担任 F-16 飞行员的通知。同一周，约翰·扬还面试了哥哥。我知道他喜欢问纵频响应，但这个问题我有准备。

"50 赫兹。"我回答。

约翰·扬赞许地点点头。选拔委员会想知道我是否了解飞机的相关技术，这是有道理的，但我也认为，他们只是被飞机迷住了，而且从不停下学习这些东西的脚步。

官方面试持续了约 50 分钟，由约翰·扬和鲍勃·卡巴纳主持。总的来说，我觉得自己表现得很好，尽管有一会儿，我注意到艾伦·贝克看起来好像睡着了。我的面试被安排在午饭后第一场，我希望她睡着是因为中午吃得太饱，而不是因为我的故事太无聊。

选拔过程有一部分涉及心理测试，我发现这个测试很有趣，但我压力很大，因为很多东西都取决于这个测试。我试图找出每个问题的"正确"答案是什么。"你有没有听到过一些声音，这些声音告诉你应该去做什么事情？"这个问题的答案不难猜测，我认为心理测试的目的是揭示，但人们总是选择撒谎。我记得格外清楚的一个问题是"你宁愿从商店里偷东西，还是去踢一只狗？"对这个问题我不得不做出选择，所以我说宁愿偷点东西。对这种类型的问题，我怀疑答案并没有对错之分，而是我们的答案会被与其他类似问题的答案进行交叉核对，以便发现是否有人试图在测试中撒谎。几年后，一个精神科医生告诉我，我差点由于这个原因而没有通过测试，因为我的回答反映出，我在试图说出他们想听的答案。

其他的测试更不寻常。因为宇航员不可以有幽闭恐惧症，所以我们都经历了一个简单的测试：每个人都配备了心脏监视器，被装进一个厚橡胶袋里，袋子比一个蜷缩的成年人大不了多少，然后被关进壁橱里，我们不知道会在那里待多久。对我来说，时长估计是 20 分钟，我因此享受了一个短暂的午睡。另一项测试，要求我们在一周中的某个时候，去宇航员办公室，和一些宇航员聊聊天。某一天的下午，我过去向我遇到的第一个宇航员介绍了自己，然后很快就离开了那里。我认为，这个练习并没有什么好处：在一次简短的谈话中，我无法给人留下足够好的印象来帮我，但我可能轻易地用错误的方式伤害了别人，其结果将会影响我被录取的机会。

我们日程表上的一个活动，是在佩特烧烤店举行晚宴，这是下班后宇航员和 NASA 其他员工聚会的一个好地方。这次晚宴是一次非正式的活动，其某些方面只会让事情变得更有压力。我觉得，选拔委员会不希望有人下班后邋邋遢遢的，但我也不想让自己看起来像个不知道如何享受美好时光的保守派。我对那天晚上该穿什么衣服，比对待选拔过程的其他部分思考得还要多。事实上，我调查了一些宇航员在休闲活动中穿什么衣服的照片。根据调查，我选择了卡其布裤子和拉尔夫·劳伦条纹马球衫。在餐馆里，我面临着更令人生畏的选择：我应该只喝水，以显示自己的健康意识吗？是不是应该喝一杯啤酒，来证明我也能喝一两杯，以此证明我会喝酒？社交过程也很复杂，我是否应该冒着听起来不尊重宇航员的风险，平等地与他们交谈，还是把他们当作上司对待，听起来可能像个马屁精？我是否应该冒着让他们完全不记得我的风险，避免与他们交谈？我看到周围所有的候选人，都在做同样的算计。

周末，我们互相道别，各自回家。NASA 将对 6 个小组进行全面测试，而我是第三组的成员，因此我们还要耐心等待。对我来说，等待过程更是无比漫长，因为我认为自己表现得很好。如果能知道自己已经把这个过程中的一部分搞砸了，或是我的身体出了问题，那么我就可以确定我错过了这次机会，这样的话，等待期会过得容易些。

几周过去了，我接到了一个新的海军任务：加入日本海军航空站的战斗机中队。在其他任何时刻，我都会对此感到兴奋，莱斯利也已经为这次的冒险做好了准备，但我还没有收到 NASA 的消息。我不想把家搬到日本去，除非迫不得已。

与海军签过代理合同的搬家公司打电话给我，要我安排一个日期，他们来拿我们的行李。

"你能再等几周吗？"我问道。搬运工不情愿地同意了。

很快，他们又打电话来了。这一次，他们选了一个希望上门的时间，对谈成一个新的日子，他们兴趣不大。我又一次拒绝了他们，一次又一次。在接下来的几周里，我开始听到一些有资格推荐我的人提起，正在有人接触他们，这可能是对我进行背景调查的一部分。所以，我知道自己已经进入了下一阶段。这给了我希望，尽管我仍然担心自己在第三组面试，而不是第一组。我问在面试中碰到过的人，他们是否听说 NASA 什么时候会打电话来，但没人知道。

在阵亡将士纪念日那个周末的前几天，我在家里接到了电话。

"斯科特，"那个声音说，"我是戴夫·莱斯特玛。"戴夫是我在休斯敦遇到的宇航员之一，是乘组操作主任，也是首席宇航员的直接主管。

"是的，先生。"我回答。

"你愿意为我们飞行吗？"他问道。我停了一下，因为我还不知道，这就是我一直在等的电话。我知道，NASA 还雇用了很多不当宇航员的飞行员——也许戴夫是要我当飞行员，而不是宇航员？

"呃，也许吧，"我说，"飞什么机型呢？"

他笑着回答："当然是航天飞机。"

很难描述我当时的感受。我并没有太过震惊，因为我认为自己表现得很好，开始我就认为自己可能会被选中。但是，我确实感觉到，自己在这个过程中所付出的一切，从阅读《太空英雄》，到设定一个几乎不可能实现的目标，再到现在，我觉得自己将要扮演的角色很渺小。

"我很乐意，"我说，"你给我哥哥打电话了吗？"

后来，当我把这次谈话告诉别人的时候，他们觉得有意思的是，我居然会先问我哥哥的情况，甚至不去想自己的成绩。但对我来说，等着看我哥哥的申请结果，几乎和等待自己的申请一样让人心神不定。

"我刚和他通完电话，"戴夫回答，"是的，他也被选中了。"

这是 NASA 第一次选择具有亲缘关系的人当宇航员。我们一直担心，他们可能不想选择一对兄弟，尤其是双胞胎兄弟，在内心深处，我一直期待他们会选择我们，而不是别人。

"马克实际上也问过我关于你的事情，我告诉他我要给你打电话。"戴夫说。所以，哥哥比我还早知道我要成为宇航员这个消息，我觉得这样很好。

和戴夫通完话，挂断电话后，我告诉莱斯利："我要成为一名宇航员了。"她为我感到高兴。接着，我给哥哥打电话，我们聊了几分钟，互相祝贺，聊了一下我们的搬家计划。我也给爸爸妈妈打了电话，他们被这个消息震惊得喘不过气来。在我们这个小家庭里，消息传得很快。当下一次我们看到外祖母时，她为自己的汽车定制了一个贴纸，上面写着："我的双胞胎外孙是宇航员。"我在想，人们一定会认为她疯了。

第二天，我告诉同事们，自己被选中去当宇航员。我特别高兴能把这个消息告诉保罗，他是我的朋友，也是一位飞行测试工程师，我知道，他会为此而高兴。当我告诉他时，他跳了起来，满脸笑容，喊道："你他妈这是在和我开玩笑呢！"几秒钟后，他又说，"你会邀请我去佛罗里达看发布会吗？"我保证说，我会的。每个人的喜悦都让我感到惊讶和感动。这个消息使他们沉浸在我所取得的成就中，他们都非常兴奋。我早就希望有机会去太空飞行了，我的人生就这样改变了。

当媒体发现 NASA 选择了我们兄弟俩的时候，他们打电话给宇航员选拔办公室了解情况。一个记者问杜安·罗斯："你知道你选了一对双胞胎吗？"

他的回答是："不，我们挑选了两位非常出色的试飞员，他们恰好是一对双胞胎。"

第 12 章
初上太空的那天

1996 年 7 月初，一个炎热的日子，莱斯利和我收拾好我们的两辆车，离开帕图森河前往休斯敦。萨曼莎那时差不多两岁，精力充沛，非常可爱。我们很快就找到了一栋喜欢的房子，在 8 月 1 日搬进了新家。马克和他的家人在我们之后，也搬到了镇上，他们在附近找了一栋房子。

　　除了安顿家人，熟悉这个地区外，我还每天锻炼、跑步。我想在 NASA 展示自己的良好状态，有一部分原因，是我认为自己还在努力争取宇航员这份工作。从某种意义上说，我到现在还没有被分配到航天飞机上。我仍然认为，自己只是一个低于平均水平的家伙，却进入了一个高于平均水平的位置，而且我知道，如果要成为班上第一个实现太空飞行的人，我必须给一些人留下深刻印象。

　　在周一正式开学前的那个周五晚上，我们参加了一个聚会，在那里，我们遇到了所有的新同学。我们都是宇航员候选人（直到第一次离开地球大气层，我们才会成为成熟的宇航员）。这次聚会由帕特·福雷斯特主持，他已经是 NASA 的一名军官了，在聚会中被选为主持人。由于他熟悉周围环境，我们就选他作为我们的正式班长。

　　直到那次聚会，我才知道，我们班上还有国际宇航员，有 35 名美国人和 9 名来自其他国家的宇航员，这使我们成为 NASA 历史上最大的宇航员班级。在聚会上，我和马克以及其他一些新同学聊天时，听到旁边有个我以前没见过的人说话带着地方口音。我想，他可能是一名外国同学，所以我来到他面前，伸出手说："你好，我是斯科特·凯利。"

在他回答之前，一个女人把他推开了，伸出手说："我是你的同学。我的名字是朱莉·佩埃特。"她刚刚推开的那个男人是她的丈夫。他们都是法国裔加拿大人，会说法语和英语，她很讨厌人们认为她的丈夫是宇航员候选人，而不是她。我和她后来成了很好的朋友。那天晚上，我遇到了很多人，不仅有我的同学，他们的配偶和其他重要人物，还有前几届的宇航员，他们的搭档以及为宇航员提供支持的其他NASA工作人员。令人兴奋的是，我们将成为彼此生活中非常重要的一部分，也许还可以一起在太空中共度时光。

第一天的工作包括大量的文书工作，我们要学习NASA工作的基本方面。杰夫·阿什比是上一届宇航员，他负责指导我们的学习方向。他把我们介绍给宇航员办公室的其他工作人员，并向我们展示自己的办公桌在哪里。我将和我的同学帕特·弗雷斯特、朱莉·佩埃特、佩吉·惠特森和斯蒂芬妮·威尔逊共用一间办公室。

训练从教室开始，我们44个人都意识到了所需知识的重要性。我们听了关于地质、气象、物理、海洋和空气动力学的讲座，我们了解了NASA的历史，我们知道了最早的宇航员刚开始驾驶的是T-38喷气式飞机。

最重要的是，我们了解了航天飞机的情况，学习了航天飞机作为一个整体是如何运作的，我们参加了关于航天飞机上许多独立系统的专题讲座——设计、部署操作、可能出现的故障以及我们该如何应对这些问题。NASA经历过许多次不同类型的失败，这些失败都可能发生在实际执行任务、使用程序时。在主发动机、电力系统、环境控制和生命维持系统方面，我们进行专门训练。要掌握所有这些系统，对我们来说是一项挑战。但是，当我们进入航天飞机任务模拟器时，情况变得更加困难，在任务阶段，我们要将所有这些系统整合在一起：发射前、升空、入轨后、在轨操作、偏离轨道准备、进入大气层、着陆和着陆后。

教练用真正的太空飞行中可能遇到的非正常情况来打击我们。其中一个关键阶段是入轨后，就是航天飞机进入轨道后的阶段。在一架以火箭形式发射到轨道上的航天飞机上，我们必须重新配置计算机，打开巨大的有效载荷舱门，用散热器冷却航天飞机上的电力系统，部署 Ku 波段天线（这样才可以与地面通信），部署机械臂，确保一切正常运行，并为在轨运行做好准备。

到目前为止，航天飞机训练中最具挑战性和最复杂的阶段就是从地面攀升的阶段。在真实发射中，当一切顺利的时候，乘组除了监测系统之外，几乎无事可做，但 NASA 必须为我们做好应对各种可能的准备。因此，这一阶段的飞行会暴露哪些是学习过的人，哪些是没有学习过的人。我们为入轨阶段进行专题训练，因为那是在真实任务中耗时最多的阶段。我们进行了有效载荷操作，例如，部署卫星，然后搜寻卫星。我们与"和平号"空间站进行了交会和对接（那时还没有国际空间站）。

我们进行了脱轨准备的训练，这是一种反向进入大气层的方式：学习操纵一艘轨道上的飞船，并重新配置，使之重新进入地球大气层并着陆。我们把天线和机械臂收起来，关闭有效载荷舱门，把计算机配置成太空飞行的最后一个阶段，然后编程，实现脱离轨道，使飞船每小时的飞行速度减至数百千米，这已经足以让我们重新进入大气层。作为宇航员，我练习了数千次的重返地球和着陆。我们从未停止练习。重返地球是太空飞行任务中出现最严重问题时的关键操作，所以我必须做好应对任何事情的准备。我还记得我做过的第一次重返地球模拟：我坐在宇航员的座位上，一位经验丰富的宇航员正监视着我。这是我第一次在真正的宇航员面前展示那些我还不熟练的宇航员技能，我感到压力很大，把辅助动力装置的启动搞乱了，这个装置为航天飞机的三台发动机提供动力，并控制航天飞机上的副翼、舵和襟翼等。辅助动力装置会放下起落架，并为刹车提供动力，因此我们还要有一个起落架。由于我的启动方式错了，其中一个起落架可能已经爆炸，这不是一个好的开端。我也不太擅长逐字逐句地遵循程序来做。我一直以为，我们所学的详细程序更像是宏观的指导方针，但是我错了。更糟糕的是，我的降落十分差劲，可能会要了我们所有人的命。航天飞机是有史以来降落难度最大的飞机之一，所以我如果犯了一点错，也不会受到很严厉的惩罚。但如果是其他飞机，就不会允许我犯这么多错误了。

航天飞机的复杂性，正是我希望驾驶它的原因。但学习这些系统，并在飞行模拟器中练习（学习如何以正确方式应对无数相互关联的故障）让我明白，这架飞机比我想象的要复杂得多。驾驶舱里有超过 2 000 个开关和断路器，超过 100 万个零件，有很多操作方法，但几乎都让我搞砸了。

为了从宇航员候选人变成真正的宇航员，从我所观察到的情况来看，这是一种与获得博士学位类似的教育。我们的日程表上填满了课程、模拟和其他训练。晚上，我会和莱斯利、萨曼莎一起吃顿快餐，接着回去学习。我复习课堂笔记，为自己制作了一本训练笔记，这样我就可以继续学习了。而且，随着我的学习进度加快，笔记本也逐步变多了。每个周末，我至少要花一整天来研究这些材料。

我们去过 NASA 下属的不同中心——加利福尼亚州的埃姆斯航天中心，俄亥俄州的格伦研究中心，马里兰州的戈达德太空飞行中心，路易斯安那州的米丘德装配厂，亚拉巴马州的马歇尔航天中心，华盛顿的 NASA 总部，佛罗里达州的肯尼迪航天中心。我们要了解在这些地方发生了什么，以及 NASA 的所有项目是如何协同工作的，甚至还要了解那些与航天飞机没有直接联系的项目。作为宇航员，我们将成为 NASA 的公众代言人，要具备谈论 NASA 所做的一切工作的能力。与此同时，更重要的是，要让在这些地方工作的人知道，他们的工作将决定我们的命运。

我们班在这一点上赢得了赞誉，因为每当有机会提问的时候，我们都会问很多技术问题。在44个人争夺少数太空飞行任务的氛围中，给我们的管理人员留下深刻印象的方法之一，就是问一些复杂的问题。这些问题清楚地表明，我们一直在努力学习，我们对技术问题的把握十分扎实。就在我们前往NASA下属的埃姆斯空气动力学研究中心之前，我们正在听课的时候，上一堂课的宇航员兼海军陆战队官员C.J.斯图科穿着他的海军迷彩制服冲进了房间。

"听着，"他在教室前面说，他从刀鞘里拿出一把大刀，把它放在桌子上，"大家都厌倦了你们的所有问题！你们觉得自己听起来很聪明，但只是在拖延时间而已。几天后你们去埃姆斯研究中心的时候，我只想听到'这是你在埃姆斯看到的最大的风洞吗'这类问题。"接着，他拿起大刀，离开教室，一言不发。我们班上的一些人由于他的军国主义表现而感到被冒犯，或感到奇怪。但我欣赏他的直率。

一般来说，我们每个人每隔几年都会为了某项任务进行积极训练。在两项任务之间，在宇航员办公室里，我们还有特殊的职责。我们中的大多数人，会在航天飞机上负责一个系统：我们要学习与这个特定系统有关的一切，参与重新设计或改进它，并代表宇航员与工程师的观点。这种做法从"双子星座号"飞船的时代就开始了，当时的航天器非常复杂，所以一个宇航员不可能知道所有事情。

我负责空间站上的警报系统，这听起来非常重要，但如果注意到当时还没有空间站这一事实，它就不是那么回事了。我试图尽可能多地了解航天飞机，因为这是我准备驾驶的飞行器。对宇航员和指挥官来说，有很多看似微不足道的错误可能导致飞船坠毁或乘组人员伤亡，对我来说，学会不犯这些错误，是最重要的事情。因此，空间站将在我的脑海中占据一席之地。

我们中的一些人被分配到飞行任务的不同阶段，学习特殊的专业知识，以我为例，我就被分配到航天器交会阶段。对此我很开心，因为我知道这是一个好机会。我将在某次任务中飞行，或将在某一天与空间站或某颗卫星交会，我就可以为此做好充分准备。在同学面前，我要接受航天器交会训练，并取得一定的成果。

那些日子，宇航员办公室工作繁忙，由于我们是一个庞大的新班级，在业已存在的宇航员队伍中再加上我们班的人，人数就非常多了。一些非常有经验的宇航员仍然在位，我们能和他们一起服役，是一种荣耀。选拔委员会成员、"双子星座号"时代的宇航员约翰·扬，总在宇航员体育馆里，只要他一出现，每个人都会为自己感到羞愧。在我成为宇航员后不久，另一个航天传奇人物约翰·格伦（John Glenn）被分配到航天飞机上。一天，因为莱斯利预约了一个牙医门诊，所以我带着4岁的萨曼莎一起去上班，带着她到处走的时候，我看到格伦在办公室里辛勤工作。我向他介绍了自己和萨曼莎。

他抬起头说："你好，小姑娘。你今天要做什么？"

"我要和爸爸一起吃午饭。"萨曼莎回答。

"你最喜欢吃什么？"他问她。

"通心粉和奶酪。"她说。

格伦参议员给了她一个惊喜的表情。他举起了一直在写的文件。

"看这里，"他说，"我正在为我的飞行任务选择太空食物，我只写了'通心粉和奶酪'，这也是我最喜欢的！"

还有一次，我带着萨曼莎一起参加一个聚会，我鼓励她和约翰·扬谈谈他在月球上行走的经历。萨曼莎走近他说："我爸爸说你在月球上行走。"

约翰·扬回答说："我没有在月球上行走，我在月球上工作！"

一年多以后，我们看了一部关于阿波罗计划的纪录片，我指着约翰·扬对萨曼莎说："你见过他，记得吗？他在月球上行走。"

萨曼莎连一个字都没有记错，她说："爸爸，他没有在月球上行走，他在月球上工作！"

1998年10月，约翰·格伦完成了他的使命，之后我继承了他的位置，并在这个位置上坐了18年。

莱斯利和萨曼莎很快适应了在休斯敦的生活。

莱斯利一直很擅长结交新朋友，她很快就融入了我们社区的女性圈子。我经常会在下班回家时，发现五六个女人聚在厨房里，喝着酒，吃着奶酪，谈笑风生。她还成了宇航员配偶团体的负责人，这个组织负责规划宇航员团体的社会活动，尤其是传统的聚会，有一种聚会专门为即将飞行的宇航员配偶举办。她们还为那些有特殊需求的人提供餐饮、家政和其他帮助，例如家中有人去世或有新生婴儿降生。这个角色很适合莱斯利。

作为宇航员候选人培训的一部分，我学会了驾驶航天飞机的训练机（STA），这是一架湾流商务飞机，经过改装，以尽可能重现航天飞机在着陆阶段的接近特征和操纵特性。飞行计算机会模拟我们在不那么灵活的较重的航天飞机上受到的阻力。左侧驾驶舱和操纵杆的设计，是为了模拟航天飞机着陆的体验。训练时，飞机通常从得克萨斯州的埃尔帕索起飞，所以我们要乘T-38飞机用一个多小时赶过去，进入训练机，接着再飞30分钟，到新墨西哥州的白沙试验基地。我在干涸的湖床跑道上练习了很多降落的方法，但实际上，飞机上的轮子并没有触碰到跑道。一开始，我们每隔几个星期就飞一次航天飞机的训练机，学习航天飞机的着陆过程。最后，我们每隔一个月飞行一次，再接着是每个季度飞行一次，以保持我们的熟练程度，直到被分配到一次真正的飞行任务。

1999年3月的一天，我刚刚在埃尔帕索完成我的10次着陆练习，准备飞回休斯敦。当时，一位航天飞机高级指挥官科特·布朗，走到我面前。他身材高大，发际线后退，他还留着厚厚的汤姆·塞莱克式的 20 世纪 80 年代风格的胡须。他以前只跟我说过几次话。众所周知，他的技术能力极强，而且他的成就——6 年内执行过 5 次航天飞行任务——几乎无人能及。但人们说，他对那些不值得他关注的人很傲慢，不友好。他的飞行机会多，训练任务一个接一个，几乎没有休息，也会产生倦意。

"嘿，过来，"他严肃地说，"我要和你谈谈"

我跟着他进了一间私人办公室，想知道我是不是做错了什么事情惹毛了他。他把我们身后的门关上，然后转过身来，在我的胸口上戳了三下，直直地盯着我的眼睛。

"你最好振作起来，"他对我说，"因为我们 6 个月后就要在太空中飞行了。"

我几乎同时产生了两种不同的感受。一种是：他妈的，我 6 个月后就要在太空中飞行了！另一种是：这真是一种通知别人获得第一次飞行任务的糟糕方式。

"是的，先生，"我说，"我已经振作起来了！"

科特让我对这个消息保密。当然，我告诉了哥哥。

几天后，我、科特、法国宇航员让－弗朗索瓦·克莱沃伊（我们称他为"比利·鲍勃"，因为"让－弗朗索瓦"听起来不像得克萨斯人），一起被叫去拜访宇航员办公室的新主任查理·普雷考特。查理看起来很严肃。他告诉我们说，我和比利·鲍勃有麻烦事了。他说，几个月前，我们在 T-38 飞机上搞砸了，而且违反了联邦航空局的规定。因为那个星期的早些时候，我和科特发生了争执，而且预先知道了我们被分配到一次航天飞机任务中，我强烈地意识到，科特和查理只是在耍我们。不过，比利·鲍勃并不清楚这一点，他吓得面无血色。等到科特和查理玩够了，这时查理才说："我们只是开个玩笑，伙计们。你们都被分配到了‘发现号’航天飞机的STS-103任务上，执行对哈勃太空望远镜的紧急维修任务。”

比利·鲍勃明显松了一口气。这次的乘组由约翰·格伦斯菲尔德、迈克·福阿莱、史蒂夫·史密斯和克劳德·尼科里埃尔组成，科特将指挥这次任务。我是乘组中唯一的新手，也是我们班上进行太空飞行的第一个美国人。我们的主要目标是通过4次太空行走，修复哈勃太空望远镜上失效的陀螺仪，每次太空行走的时间超过8小时。哈勃望远镜至少需要6个陀螺仪中的3个工作，才能进行精确观测，但其中3个已经坏了。

自1990年以来，哈勃太空望远镜一直在观测宇宙。在那之前，由于地球大气层的扭曲效应，天文学家一直无法真正清楚地观测夜空。从地球大气层内观测星星和星系，就像在水下读书一样模糊，同样的效果导致恒星一闪一闪地闪烁。把望远镜放在地球大气层外的轨道上，超越地球上光污染的影响范围，这改变了整个天文学领域。通过观测遥远的恒星，科学家已经发现了宇宙膨胀的速度、宇宙的年龄以及宇宙的构成。哈勃望远镜帮我们在太阳系中发现了新的行星，并证实了暗能量和暗物质的存在。这一科学工具彻底改变了我们对宇宙的认识。修复哈勃望远镜的任务是一个巨大的责任，因为这一任务总会有破坏、甚至是摧毁其敏感部件的风险。

如果训练进展顺利，我们就会花很多时间在飞行模拟器上。运行模拟任务，是宇航员获得数百小时飞行经验的唯一方法，因为真正的太空飞行我们最多只能做几次。模拟飞行重现了尽可能真实的飞行体验——同样的屏幕、开关和按钮；同样令人不舒服的金属框座椅、耳机和同样厚的飞行程序书。模拟飞行的教练为我们设计了一些简单的方案，比如多个相互关联的系统失灵，而其他系统继续运行良好，尽管其他系统的传感器可能会错误地报告它们也失灵了。我们训练了快速解决问题的能力。通常，模拟飞行中的这些问题，是为了激怒我们中的某个人，从而测试我们作为一个团队是如何一起工作的。

训练进行到一半的时候，我们要在飞行模拟器中处理一个复杂的故障——所有的冷却系统同时关闭了。这些控制器都在驾驶舱的左侧，指挥官科特坐在那里。他遇到了一个又一个故障，因为他非常有才华和有经验，可以识别和关注最关键的问题。与此同时，一台计算机失灵了，这通常也是他的责任，但由于我没那么忙，而且也够得着他的键盘，所以我自行决定把主系统切换到备份状态。我输入命令，而科特仍埋头于冷却系统的问题中。"项目 16，执行"。

几分钟后，科特完成了冷却系统的工作。他看了看显示屏，发现计算机故障消失了。他看起来很困惑。

"FF1 的端口故障怎么样了？"

"哦，我帮你把它修好了。"我回答。当我说话的时候，我就感觉到这不是他想听到的答案。

"你做了什么？"

"我把它修好了。"

一秒钟过去了，然后科特转向我——这是很难做到的，因为他穿着压力服，被紧紧地绑在座位上。他用尽全力捶了我的胳膊一下。

"再也不能这样做了！"他喊道。

"啊，好吧，"我说，"我不会再那样做了。"

他已经表达了观点，虽然我不同意他的方法，但我欣赏他的直率。在没有得到他的明确批准的情况下，我再也没有碰过驾驶舱的任何按钮或开关。

1999 年 7 月，艾琳·柯林斯（Eileen Collins）成为在"哥伦比亚号"上指挥航天飞机任务的第一位女性。一旦航天飞机起飞，我们就会成为主力，发射日期定在 1999 年 10 月 14 日。但是，"哥伦比亚号"在升空过程中遇到了一个问题：电力短路使中心发动机的数字控制单元失效。这台发动机启用了备份操作，使乘组避免了一次非常危险的任务，却犯了严重的错误。在再次飞行前，NASA 需要弄清楚问题到底是什么。"哥伦比亚号"任务的飞行时间被缩短了，当航天飞机安全返回地面时，调查随之展开。

据透露，问题是有效载荷舱内的电线一直在摩擦露出的螺丝导致的，这对每个人来说都是一个很好的提醒，它告诉我们每个人，造成灾难的也许只是一件微乎其微的事。进一步检查的结果是，航天飞机内部的线路都在不断恶化，NASA 需要在再次飞行前，解决这个问题。这使我们的发射日期推迟到 11 月 19 日。由于检查和修理线路的时间也拖延了，我们进一步推迟到 12 月 2 日，接着推迟到 12 月 6 日。

这些推迟，令每个人都感到沮丧。我们为了一个推迟的时间点而努力工作，然后把全部精力带入下一个宣布推迟的日期。随着 11 月过去，12 月 6 日的发射日期没有改变，我们对此充满希望。我们和家人一起庆祝感恩节，第二天，我们说了再见，然后进入了隔离区。NASA 的隔离与俄罗斯的隔离有些不同，它在某些方面更加严格，而在其他方面则不那么严格，但基本概念是相同的：在发射前对太空旅行者进行无菌隔离，以减少旅行者在太空中生病的可能性。

我们在休斯敦和开普敦都有宇航员宿舍，二者的风格非常相似，隔离的宇航员就住在那里。在这两个地方，宇航员宿舍更像是办公室，而不是旅馆，那简直就是斯巴达式的住宿。航天飞机与望远镜交会的时间是在佛罗里达当地时间的午夜，所以我们必须大幅度调整睡眠时间表。为了便于我们调整，宇航员宿舍几乎没安窗户，当我们醒着的时候，灯光一直保持明亮。有厨师给我们做饭，还有健身房等着我们去锻炼。

一旦被隔离，我们就没什么可做的了。我们有检查清单（清单叠在一起的时候大约有 1 米多高），还有太空行走的一些硬件和摄影设备需要熟悉。我们还不得不在工作人员的照片上签名留念，发给在这次任务中工作的人——至少有上千人参与了这次任务。在我们最后一个工作日结束时，实际上是在早上，我们一起看了一场电影。

在被隔离期间，我们的发射日期再次改变，从 12 月 6 日延迟到 12 月 11 日。我在隔离区度过了 4 天，本来我可以在家里度过的，这让我有些恼火。但我们都知道，延误是太空飞行的一部分。接着，发射再次推迟到 12 月 16 日。到 16 日早晨，我们被隔离了 20 天，已经厌倦了。我们已经准备好去太空或者回家。接着，发射又被推迟了。检查员发现了一个焊接在航天飞机外部的油箱中可能的问题。工人们需要一天时间来确保问题得到解决，所以发射被推迟到 12 月 17 日。

那天早上，我醒来看天气预报。云层很低，会下雨，甚至可能会有雷电。根据预测，有利于发射的气象条件只有 20% 的概率会出现，不是很高，但佛罗里达中部的天气变化很快，因此倒计时仍在继续。工人们开始修理外部油箱，这个过程需要几个小时。我们穿上衣服，去发射台。倒计时仍在继续，看来我们终于可以进入太空了。我们被绑在座位上，开始准备发射航天飞机，倒计时继续到晚上 8 点 47 分。倒计时器设计了一些"暂停时段"，允许有额外的时间，因此，我们可以停止计时，并确保一切正常进行，而不至于太匆忙。其中一次我们暂停在倒计时 9 分钟时，这是最后的机会去回顾所有因素，决定我们是否发射。我们长时间停在倒计时 9 分钟，一直到错过了计划的发射时间。晚上 8 点 52 分，由于天气原因，发射主管决定临时取消发射。第二天我们再试一次。

12 月 18 日，发射又取消了，这一次是我们没有准备好。这时，我们已经被隔离了22天。如果从一开始就知道未来会有多少天延误，我们就会回到休斯敦，在飞行模拟器里做一些强化训练，看看家人。因为这是我的第一次发射，所以我邀请了几乎所有我认识的人和他们的朋友一起来到佛罗里达，大约有800人，每次延迟，这个小组的规模就会变得更小，因为这改变了他们的旅行计划。每次尝试发射的早上，朋友和家人都会打电话问："你今天发射的概率有多大？"我理解他们的不耐烦，但我从来不知道该告诉他们什么。最后，我开始说："一半对一半吧。要么今天就发射，要么不发射。"

当时担任乘组操作主任的宇航员吉姆·韦瑟比过来和我们聊天。我们围坐在一张会议桌旁，吉姆说："我们打算在新的一年到来之前把这件事情搞定，然后再试一次。"现在距离圣诞节还有一个星期，NASA决定给地勤人员一个回家与家人度假的机会。我们也面临着另一种冲突：NASA希望我们在2000年1月1日之前安全返回地球，因为他们对设备是否会由于计算机的千年虫问题而继续正常工作感到非常焦虑。我们开玩笑说，NASA担心航天飞机的计算机会被清零，我们会穿越虫洞，最终到达宇宙的另一端。但事实并不那么令人兴奋。具体而言，这种担忧与我们不得不在加利福尼亚州的爱德华兹空军基地着陆有关。肯尼迪航天中心的地面支持设备都能兼容千年虫问题，航天飞机本身也是如此，但爱德华兹基地的设备还没有得到认证。就我个人而言，NASA这个把人送上月球并创造了可重复使用的航天飞机的机构，如果不关心太空中飞行的千年虫问题，那么公众会感到放心吗？

"我们还没有做出明确的决定，"吉姆说，"但我们99%确信，这就是我们要做的。"

他离开了，我们讨论了这种延迟对每个人意味着什么。我所有的同事看起来都很高兴，他们想回家了。而我是唯一不希望看到发射延期的人。我是带着去太空的期望来这里的，我不想放弃这一切，宁可在真正发射之前等上几个星期。我们早就已经把东西收拾好了，那个在我们太空飞行时帮助保管钱包的家伙，过来把钱包交还给我们，这让我们觉得，这个决定就是最终决定了。我准备回休斯敦。

大约一个小时后，吉姆回来把我们召集在一起。"好了，伙计们，"他说，"我们改变了主意。明天就要发射了。"

这对我的同事来说很艰难，他们在精神上已经放松，并开始期待回家了。我是唯一感到快乐的人，因为我是他们中间唯一一个从来没有去过太空的人。

第二天，也就是 12 月 19 日，正如我们承诺的那样，我们已经准备好发射了。适合发射的气象条件出现的概率只有 60%，但倒计时持续了一整天。在预计发射时间晚上 7 点 50 分前的几个小时，我们离开了操作和检查大楼，向媒体挥手，走上了车，这辆车专门运送宇航员到 9 英里外的发射场。这架装满液氧和液氢的航天飞机，基本上可以说是一枚巨大的炸弹，所以当它被加满燃料的时候，非必要的人员已经被疏散。当走近通常有数百名工人围绕的发射台时，我们看到它就像被人遗弃了一般，空荡荡的航天飞机泵和发动机在旋转，吱吱作响的金属也在与经过超级冷却的推进剂发生反应。

我们乘坐了高 195 英尺的发射塔电梯，科特先进入轨道器。流经推进剂线的低温燃料使得水汽冷凝成雪，所以虽然天气很暖和，我们中的一些人还是打了一场短暂的雪仗，而其他人则去了那里的厕所，这被他们亲切地称为"地球上最后一个厕所"。

然后，我们一个接一个地进入了白色房间，这是一个围绕着舱门的无菌空间。轮到我的时候，我钻进降落伞的安全带，把通信帽套在头上，然后在舱门前跪下，收尾人员脱下了防止我们带尘土进入航天器的胶鞋。在驾驶舱内，所有东西都指向天空，所以我必须跨过梯子，而不是向上爬，这样才能到达飞行甲板和我的座位，我感觉就像挂在天花板上一样。我设法用右腿勾住棍子，然后把自己拉起来，在降落伞上摆好姿势，但我背后有一块肌肉很不舒服。工作人员（包括我的朋友、宇航员同学戴夫·布朗）把我们紧紧地绑在座位上，帮我们连接通信、冷却和氧气系统。

我们躺好，准备发射，膝盖高于头顶，直视天空。我们很高兴能登上飞船，但这个姿势让人很不舒服，尤其是当我们被紧紧地捆绑在座位上时。

发射准备工作是飞行员最忙碌的时刻之一。我负责在飞行前准备好许多系统，这意味着配置开关和断路器，启动马达和水泵，连接电路。我配置了反应控制系统和轨道机动系统（允许航天飞机在轨道上自我推进的发动机）。我有很多方式可以把事情搞砸，这样我们今天就不能去太空了。我也有很多方法，可以把事情彻底搞砸，这样我们再也不能去任何地方了。当然，我们也有可能打开了正确的开关，却把它们的打开顺序搞错了。（人们甚至会因为没有果断地打开一个开关而搞砸。）我精确地遵循清单，即使我觉得已经很熟悉它们了。我需要非常小心，但也不能太小心，否则就会完不成任务。因为如果某些东西在倒计时的某个指定时刻没有得到正确配置，那么发射就不会进行下去了。当我们在忙碌的时候，倒计时似乎进行得非常快，但在我们空闲的时候，它又慢了下来。

倒计时器在倒计时9分钟处停止了。航天飞机上装满了低温液体，发出嘎嘎吱吱的声音。很快，这个16层楼那么高的物体将在一次可控的爆炸中，从地球上升起来。有那么一会儿，我对自己说，啊，这真是一件愚蠢的事情。

有人告诉我，在航天飞机上飞行的宇航员有死亡的危险，就像盟军在诺曼底登陆的步兵一样。我知道"挑战者号"上的宇航员是怎么死的，我知道，如今我也在冒着同样的风险。我并不害怕，却立刻意识到了危险。

我们已经等了好几个小时了，足够让我们中的一些人开始使用身上的压力服里穿的尿布。（首位进入太空的美国人艾伦·谢泼德正在等待发射时，由于一系列技术延迟，他等了很久，要上厕所。他被告知，尿在压力服里就可以了，所以，首位离开地球的美国人就穿着湿裤子离开了地球。从那时起，大多数宇航员都要穿尿布或其他尿液收集装置。）最终，倒计时到了最后一分钟。30秒后，航天飞机上的计算机接管了发射倒计时。倒计时6秒的时候，三台主要发动机以100万磅的推力呼啸而起，但我们并没有移动，因为航天飞机被8个巨大的螺栓固定在发射台上。倒计时为零时，固体火箭推进器点燃，螺栓被炸成两半，航天飞机获得了自由。瞬间推力增加到700万磅，我们一下子从发射台上升起来了。我知道，通过观看视频和亲眼看发射，航天飞机起初似乎升得很慢。然而，在航空飞机内部，没人会有缓慢上升的感觉。前一秒，我们还在发射台上，完全静止不动，下一秒，我们就快速地冲了上去。我就像被绑在一列货运火车上，火车脱轨，加速，失去控制，四面八方都在猛烈摇晃。在不到一分钟的时间里，我们从静止状态加速到比声速还快的速度。

在这个阶段，除了监测系统以确保一切正常以外，指挥官和飞行员没有其他事情可以做。虽然没有事情可做，但我们也要做好应对的准备。人们有时会错误地想象我们在"驾驶"航天飞机，是的，我们的手是在控制，也可以观察周围移动的天空，如果我们想"驾驶"，也可以像驾驶飞机一样。但事实上，只要那些固体火箭推进器还在燃烧，我们基本上就只能是随它去吧，因为推进器无法熄火或关闭。

离开发射台两分钟后，固体火箭就点火了，我们正在三台主发动机的驱动下飞行，所以我们可以做更多的事情来把握我们的命运。由于飞得越来越快，我们继续密切监控所有系统。在开始的两分钟里，我们已经为一种可能性做好了准备：如果出现严重问题，导致发动机出现故障的话，我们可以掉头在肯尼迪航天中心的跑道上降落。我们把这种中止模式称为"返回发射场"，这要求航天飞机以 7 马赫 ① 的速度向后飞行。没有人尝试过这种方法，也没有人愿意尝试。（当约翰·扬指挥航天飞机首次发射时，他说，希望我们永远不要尝试返回发射场，因为这需要接二连三的奇迹才能成功。）因此，当得到所谓的"负反馈"的时候，我们都很高兴，因为那时候返回发射场已经不再可能，而且我们还有其他风险较小的中止发射选项。

推进剂燃烧时，航天飞机变得更轻，加速度增加。当加速度达到地球表面重力的三倍时，我的呼吸变得困难，我背上的降落伞和氧气瓶在紧急情况下会拉紧我胸口的带子。发动机节流，以避免突破航天器结构完整性的极限。

加速时，在比利·鲍勃的帮助下，科特和我监控着三个阴极射线管显示器上所有系统的性能，追踪操作步骤，这样，如果要执行一个可用操作的话，我们可以在一瞬间准备好。

当航天飞机到达预定轨道时，主发动机被切断，我们进入 MECO 阶段。MECO 是一个重要的时刻，因为它意味着我们从发射阶段幸存了下来，这是整个任务中最危险的一段时间。在 8 分半钟内，我们从 0 加速到每小时 17 500 英里。现在，我们飘浮在太空中。我从窗户往外看。

我轻轻拍了一下科特的肩膀，指着外面。"嘿，那是什么鬼东西？"我问他。（我原本打算用更激烈的语言，但我不知道我们是否还在被录音。）

"那是日出。"科特说。

这是我第一次在轨道上看日出。我不知道还能看到多少这样的东西。而多年后的现在，我已见到过成千上万次这样的情景，它们的美丽从未消逝。

我一直把注意力集中在我们正在做的事情上，直到现在，我才费劲地往窗外看了看。我知道，我们是在黑暗中发射的，太阳在地球的背面，在这里天空

---

① 1 马赫 ≈340 米/秒。——编者注

仍然是黑暗的。飞越欧洲时，我看到窗外有一条蓝色与橙色交织的线，越过地平线，越来越大。在我看来，它就像是在我眼前展示如何在一面镜子上画彩绘，我当时就知道，地球将是我所见过的最美的东西。

我把座位的安全带解开，然后头朝着通道，飘到甲板中央，享受着外星人般失重的感觉。到那里的时候，我发现有两个人把头埋在了呕吐袋里。他们虽然已经是经验丰富的宇航员，但有些人每次去的时候，都要有适应太空的过程。我很幸运，没有像他们那样感到虚弱、恶心和眩晕。

在太空的第二天，我们到达了哈勃太空望远镜所在的位置。它的轨道比大多数卫星（我们可能会与它们交会）要高得多，比空间站高出150英里。事实上，哈勃望远镜的轨道非常高，所以与它交会的任务比低轨道飞行的风险更大。

在太空飞行的多数阶段，科特作为指挥官负责航天飞机的控制，我在那里做他的后援。但在与哈勃望远镜交会的某一刻，他移动到航天飞机的后面，开始从后方驾驶台监测我们的飞行路线，并为手动驾驶阶段做好准备。他盯着最近的距离，和我交流情况，同时，我要确保我们完成了任务清单，并正确地执行剩下的交会点推进。

一旦安全进入轨道，两个太空行走小组和机械臂操作员（比利·鲍勃）就开始了高速运转。在需要的时候，我帮助他们出舱，然后拍摄哈勃望远镜的照片，以便今后在地面上学习。比利·鲍勃总是对我们的工作感到兴奋，总是热情洋溢，总是有时间帮助我，或是让我能好好享受太空。并不是每个有机会进入太空的人，都会这样做。在这次任务中，他担任我的导师，教会我在太空生活和工作的所有细节，实际上，这些细节无法在地面上教，比如怎样在失重环境中移动；当所有物品都飘起来时，你要如何整理你的工作空间；当然，还有一些有趣的事情，比如在上下颠倒的时候如何小便。当我变得更有经验的时候，我会把这些经验传授给别人。

比利·鲍勃也对我玩恶作剧。毕竟我还是个"菜鸟"。当走进衣柜换衣服时，我发现，衣柜里只剩下了一条内裤，因为比利·鲍勃把其余的都藏起来了。我想，他以为我会惊慌失措，但我并不在乎。最终，他只能告诉了我他的恶作剧。回想起来，同一套内衣连续穿几天，是对我后来在太空中生活一年的良好训练。

一旦进入轨道，我就不得不适应和其他6个人一起住在这么小的空间里。航天飞机的驾驶舱和中层甲板上有两个"楼层"，每一层都比小型货车的内部空间还小。我们一起工作、吃饭、睡觉。至少，我们8天的飞行是较短期的任务之一，最长的航天飞机任务是17天。

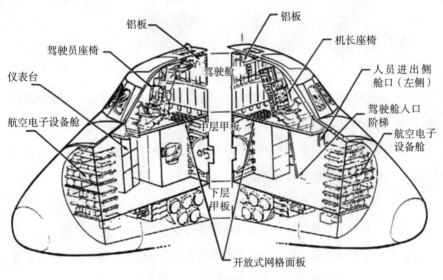

图 12-1　航天飞机的驾驶舱

生活在太空中让我感到惊讶的一件事，就是我很难集中注意力。我在飞行模拟器里反复做了很多事情，但当到达太空的时候，我发现很难集中精力做正在做的事情。在某种程度上，我认为这只是第一次进入太空的经历——当美丽的地球在窗外转动时，谁能专注于任务清单？另一件事，是我失重状态下完成一些基本任务更有挑战性，因此我明白，我做任何事情都需要多一些时间，除此以外，别无他法。

令我惊讶的还有太空对身体的影响。我第一次感觉到了体内的液体重新涌到头上，这种感觉是很奇怪的，有时会让我感到不舒服。所有宇航员都会经历了一定程度的障碍，难以把注意力集中在一个简短的任务上——我们称之为"太空大脑"——我也不例外。在太空待了几周或者几个月之后，你就会适应这些症状，这些症状会根据二氧化碳水平、前庭症状、睡眠质量以及其他因素而有所不同。我不能让工作受到影响，因为如果我把事情搞砸了，后果会很严重。

我们进入轨道后做的第一件事，就是打开航天飞机巨大的有效载荷舱门。为了保持电力系统的冷却，这些系统要在最初的几圈飞行中打开。我们要部署和检查机械臂，否则我们就无法抓住哈勃望远镜。如果无法部署或激活 Ku 波段天线，我们就无法与地球通信，或与望远镜轻松交会。甚至像上厕所这样的任务，也需要我们充分专注——我强烈意识到，厕所有可能损坏，甚至可能永久性地损坏，而这意味着我们需要提前返回地球。

第三天，史蒂夫·史密斯和约翰·格伦斯菲尔德进行了第一次太空行走，成功更换了陀螺仪。第二天，迈克·福阿莱和克劳德·尼科里埃尔进行了太空行走，更换了哈勃望远镜的中央计算机和精密制导传感器。第 6 天，史蒂夫和约翰又出去了，这次他们安装了一个发射器和一个固态记录器。我们原本还计划了第 4 次太空行走，但为了让我们在千年虫问题发生之前回到地球，这次行走任务被取消了。

第 7 天，也就是最后一天，标志着航天飞机首次在轨道上度过圣诞节（也是最后一次）。我们部署了哈勃望远镜，在接受来自地面的祝贺之后，科特决定，是时候把他的圣诞演讲传递给控制中心了。他从口袋里掏出一张纸，清了清嗓子，用最正式的声音对着麦克风说：

> 熟悉的圣诞故事提醒我们，数千年来，拥有不同信仰和文化的人们仰望星空，研究恒星和行星，寻求对生命的更深刻的理解，寻求更广阔的智慧……我们希望并相信，宇宙教给我们的事将与我们所知道的人类内心的渴望进行对话——对地球和平的向往，所有人类大家庭的善意。站在新千年的门槛上，我们向你们致以问候。

比利·鲍勃说，这个演讲可能看起来很真诚，甚至很感人，但科特不是一个情绪化的家伙。事实上，我们都偷偷地看着对方。科特的演讲是非常值得关注的，因为他完全避免了宗教内容。也许，科特在想的是 1968 年的圣诞夜，阿波罗 8 号的宇航员轮流阅读《创世记》。这是许多基督徒和非基督徒都喜欢的美好时刻，但一个无神论团体起诉 NASA 违反了政教分离的政策。科特说的任何话，都不会让信仰美国宪法修正案的纯粹主义者产生什么质疑。

在驾驶舱内和地面上，都出现了一段漫长且尴尬的沉默。通常情况下，指令舱通信员会感谢指挥官的精彩演讲，并重申人类精神将在航天飞机计划中或其他类似的活动中得以延续。但这次，我们只是听到了静电噪声。片刻之后，指令舱通信员史蒂夫·罗宾逊简单地说："收到，宇航员该去寻找压缩机了。"

原来，日程表要求宇航员（我）去打扫厕所。换句话说，需要有人把粪便打包压缩一下。

那天晚上的晚些时候，大家都聚到中层甲板吃晚饭。比利·鲍勃给我看他带来的一些特别的法国美食：红酒酱鹌鹑、鹅肝酱、小巧的利口酒巧克力。除了我，似乎没人对尝试这些食物感兴趣。比利·鲍勃和我把它们加热，带到驾驶舱上。我们关掉灯，播放了一些莫扎特的音乐，我们一边看着美丽的地球在脚下旋转，一边吃着这些美妙的食物，思考着我们是多么幸运地在这里庆祝圣诞节，因为之前还没人能在航天飞机上度过圣诞节。

该回家的时候，我决定反击比利·鲍勃。我把他压力服下面的长内衣藏了起来。当我们准备重返大气层时，他开始穿衣服，并没有怀疑什么，接着他开始一遍又一遍地翻他的装备袋，脸上露出惊恐的神色。这一次，他非常紧张，以为自己不能及时穿好衣服准备着陆，我终于忍不住饶了他。

对指挥官和宇航员来说，着陆阶段最具挑战性。当航天飞机以每小时 17 500 英里的速度撞击外层大气的空气时，由此产生的摩擦会产生超过 1 700 摄氏度的高温。我们必须做好一切准备，相信航天飞机上的隔热瓦会保护我们。

在距离地球 400 英里的黑暗中，我们脱离了地球轨道。当看到阳光的时候，我们似乎离加利福尼亚的巴哈地区很近。我们已经从 400 英里降到了 50 英里，完全处于黑暗之中。科特开玩笑说：“我们飞得太低了，看来我们到不了佛罗里达了。”

“但我们有很多机会。”我回答。虽然飞行高度很低，但我们仍然以 25 马赫的速度前进。

在大约 12 分钟的时间里，热电离气体在航天飞机周围堆积起来。我们听到了一个警报：其中一个空气参数探测器，即测量空气压力并提供大气中轨道器控制数据的仪器，部署失败。这是一个紧急情况，但问题不大，因为空气参数探测器有两个，另一个我们正确地部署了。在比利·鲍勃的帮助下，科特和我的反应就像我们在飞行模拟器中遇到这种故障时一样，我们评估出了什么问题，并决定如何安全地进行下去。从某些方面来说，对这样的警报做出反应是件好事。它使我对所接受的训练有信心，我们能够处理任何遇到的问题。

一旦进入大气层，空气变得更厚，航天飞机的飞行设计就变得至关重要。在这一点上，它可能被塑造成一艘飞船，但现在，科特打算在黑暗中降落在肯尼迪航天中心的跑道上。航天飞机是一架难以降落的飞机，因为它没有发动机，我们无法停下来进行第二次尝试。当科特在控制室的时候，我代替了他的角色，需要承担很多责任，这个角色类似于飞机的副驾驶员——监控航天飞机的系统，将信息传递给科特以及部署拖曳伞。

我警惕起来，然后在正确的时间放下了起落架，不久，我们又听到了另一个警报：一个轮胎压力传感器警告我们一个轮胎可能爆了。航天飞机的轮胎经过特别设计，可以在真空环境中运行一到两周，并支持重型飞行器以极高的速度着陆。如果其中一个轮胎爆炸了，降落可能会是一场灾难。当警报响起时，我鼓励科特忽略轮胎压力——我们对此无能为力，他要专注于着陆。我说，如果下一个警报不一样的话，我会告诉你的。

他盯住了着陆点，轮胎在我们下面，航天飞机停了下来。"漂亮的着陆！"我告诉他。我完成了自己在整个任务中最重要的职责之一。我们的任务结束了。

我惊讶地发现，回归到地球引力中的时候，我感到有点晕眩。当试图把自己从座位上解开，然后站起来的时候，我发现自己几乎不能动弹。我觉得，自己好像重了 1 000 磅。我们从航天飞机爬到一个改装后的汽车房，在那里，我们可以更换发射和入境服，并进行简单的医疗检查。试着脱下这套衣服，就已经使我头昏眼花了，整个世界就像过起了狂欢节一样旋转起来。

一些同事比其他人感觉更糟糕，他们脸色苍白，大汗淋漓。我们被带回肯尼迪航天中心的宇航员宿舍，在那里，我们可以洗澡，然后与家人和朋友见面。那天晚上，我和所有来这里看我着陆的人一起去了卡纳维拉尔港的一家海鲜餐厅。我坐在一张长桌前喝着啤酒，享受着鱼肉玉米卷，这似乎有点不真实。就在几个小时前，我还在一个 1 700 摄氏度的火球中，以极快的速度冲向地球。第二天晚上回家的时候，我们为在休斯敦的朋友举办了一个派对，几天后，当再次回到办公室的时候，我成了一名真正的宇航员。

第 13 章
第一次在空间站当指挥官

我梦见新来的人到了空间站，我们的总人数增加到了 9 个。空间站太拥挤了，我们只好分享乘员舱。我和一个陌生人分享我的乘员舱，他在里面释放"毒气"。我不得不戴着呼吸器睡觉。其他宇航员开始怀疑他释放的黄色烟雾会从门缝传到他们那里去，出于某种原因，我把呼吸器藏起来了。我的室友一直说他会停止放"毒气"，但他并没有。最后我把他骗进了气闸舱，关上了舱门，把他隔离了。

"联盟号"飞船最近没有离开的计划，它停靠在国际空间站，这是一个罕见的时机。今天出现的"联盟号"飞船，将是我 6 个月后返回地球时乘坐的，它上面的乘员会把空间站的总人数增加到 9 个。我期待空间站上有一些新面孔，但我也担心二氧化碳去除装置，以及厕所和其他重要设备面临的压力，空间站怎样才能承受 9 个人一起生活。我们的总体活动水平还需要一些时间来适应。

新队友是安德烈亚斯·莫恩森（Andreas Mogensen，昵称为安迪）、艾登·阿因别托夫（Aidyn Aimbetov）和谢尔盖·沃尔科夫（Sergey Volkov）。在我的任务结束后，谢尔盖会留在这里，指挥"联盟号"飞船。他、米沙和我将在 3 月回家，但安迪和艾登只在这里待 10 天。本来这次要飞的是莎拉·布莱曼，但在她准备离开的时候，由于飞机晚点，她的太空飞行机会被哈萨克斯坦宇航员艾登占据。俄罗斯航天局一直承诺派一位哈萨克人去国际空间站待很长一段时间，俄罗斯则继续使用拜科努尔作为发射基地（外加租赁费每年 1.15 亿美元）。艾登是第三个进入太空的哈萨克人，但他是第一个悬挂哈萨克斯坦国旗而不是俄罗斯国旗的人。

当新人到来时，谢尔盖·沃尔科夫首先从舱门飘出来。我和他属于同一个太空飞行员时代，已经很熟悉了——我入选了 NASA 的 1996 级宇航员班，他入选了俄罗斯的 1997 级宇航员班，所以我们是同龄人。一次，谢尔盖和我的哥哥一起被分配到 STS–121 太空飞行任务。为了准备那次飞行，他们参加了美国国家户外领导学校的课程。在怀俄明州恶劣的天气里，他们在帐篷里待了一个星期，这巩固了他们之间的终生友谊。我们一起参加"联盟号"训练的时候，我更加了解了谢尔盖，但因为那时空间站还在遥远的将来，我们的大部分训练都是为了太空飞行。当我们在拜科努尔准备发射的时候，谢尔盖也在。他经常对我说："请代我向马克问好。"

然后，安迪飘到了舱门。他是一名来自丹麦的欧洲空间局宇航员，我认识他很多年了，他有一头金发，永远微笑着，非常友好。他去过很多地方，在美国上过高中和大学。他的妻子开玩笑说，他的英语比丹麦语好。

艾登最后一个出来，我饶有兴趣地看着。他在舱门停下来，给摄像机镜头一个英雄式的超人姿势，根纳季和奥列格伸出双手扶住他。他看起来很像我在哈萨克斯坦认识的人，像亚洲人多于像欧洲人。他比我年轻，43 岁，但看起来比我年长。他最初是一名军事飞行员，担任苏联的苏 –27 战斗机僚机飞行员。2002 年，他被选为哈萨克斯坦官方宇航员班的第一位成员。这些年来，他一直在等待飞行，有时是他被分配到了那些发射失败的任务，有时是哈萨克斯坦无法为他的训练和飞行提供资金。我想，每一个在太空中飞行的人都认为，到达空间站是一段漫长的旅程，对美国宇航员来说，即使完成了宇航员训练，他们也要等上很多年才能飞行，但艾登确实等了太长的时间。

一开始，艾登就在这里迷失了方向。他在寻找通往"联盟号"飞船的路上迷路了，最后进入了美国实验舱；第二天，他又找不到日本舱了。我发现，他在美国舱段寻找 3D 打印机，我们试图聊一下这件事。但他不会说英语，俄语是我们两人共同的第二语言，所以我们的讨论还是很粗浅的。

今天，我们举行了指挥权变更仪式，所以，我现在正式成为国际空间站的指挥官。指令舱通信员祝贺我接手了未来 6 个月的领导权，她的话打动了我："6 个月是一段很长的时间。"我尽量不去想还要待多久。我在这里待了这么久，时间才过了一半。

今天早上，我给安迪看了波多黎各的巴哈马风景。当天晚些时候，他来问我百叶窗是否要保持关闭。起初，我对他的问题感到困惑，因为我以为百叶窗是开着的。我们去了穹顶舱，外面很黑，是深深的黑色。我向他解释说，我们正好在轨道上的夜间经过了太平洋，但没有月亮，空间站外的灯也由于某种原因关闭了。

早晨，根纳季向我问好："早上好，指挥官同志。"他的声音中带着极大的喜悦。下周，他就要走了，我会想念他的，他是个伟大的指挥官，我从他身上学到了很多。

今天是星期五，我们这么多人都在节点 1 舱段吃周五晚餐，而没有去俄罗斯那边舒适的服务舱。安迪给我们带来了一些咸牛肉和卷心菜，它们很合我的胃口。很久以来，我一直想吃纽约卡内基熟食店的咸牛肉三明治。吃完后，安迪递给我们每人一块丹麦巧克力，真是意想不到的享受。当打开巧克力的时候，我们发现，每一块巧克力都含有我们认识的人的信息，我的巧克力里有一首艾米蔻写的诗。这是安迪很棒的一个想法，也是一个很体贴的举动。

足球，湿草，冷冷的细雨

脚底按摩，酸甜的嘴唇

软毛巾，家常菜，小绳子

汉堡包和面包不再是白日梦

雷声蒙蔽了双眼，汽车也开得很快

沃土中的棕榈树，遥远的恒星

道路旅行，分钟，啤酒，微风夜

穿着条纹紧身衣慢舞

日落后温暖的沙滩和书法

辣酱，很多，或是一点点

清晨白露，围炉夜话

享受你的秘密巧克力零食吧

我会给你更甜蜜的东西

当你回来的时候

　　星期天，我们吃了一顿传统的哈萨克餐，是经过辐照和包装的太空食物：马肉汤、马奶干酪和马奶。马肉有点不好吃，但我把它们全吃了。马奶干酪是真的很咸，但由于我们一般吃低钠食品，这对我们实际上是一个很好的口味变化。我觉得马奶太甜了，但作为指挥官，我应该尝试一下，以示善意——艾登告诉我，这是最接近人类乳汁味道的奶。现在，我担心的是如何处理这袋未经巴氏杀菌的马奶。我告诉艾登，我要把它和调味品一起放在小冰箱里，做一些科学实验，早餐时再把它喝掉。当他不注意的时候，我把它装进三个袋子，然后把袋子丢在一个专门放臭东西的地方。

　　第二天，我飘到服务舱与俄罗斯人交谈，结果发现，艾登正在俄罗斯舱段和美国舱段之间的通道里，把自己固定在一些地板上的硬件之间的缝隙里，读一本俄罗斯汽车杂志。我抓住他说："跟我来。"

我领他去了穹顶舱，教他怎么打开和关上百叶窗。

"欢迎你随时来这里玩。"我告诉他。这里是一个他很少有机会来享受的地方。

与艾登不同，安迪很忙。欧洲空间局已经和他一起进行了许多科学实验。我为他感到难过，因为他大部分时间都待在欧洲的哥伦布舱段，这个舱段没有窗户。我经常跟他联系，看看他是否要帮忙，而他似乎总是做得很好。安迪不工作的时候，我们经常在一起看电视或聊天。我鼓励他多看看窗外，我感觉，他希望融入进来，就像他喜欢欣赏风景一样。我想说，他只在这里待10天，所以他应该把所有的空闲时间都用来看看窗外，但我不想告诉他该怎么做。在一次为期10天的太空旅行上，每个人都会尽可能多地在窗户边晃来晃去。

虽然我很喜欢在这里看到新面孔，但我们确实感到了人满为患的压力。在NASA的许可下，谢尔盖睡在美国的气闸舱里。虽然没有得到日本航天局的许可，但我还是让安迪睡在了日本舱段里，因为我不想让他把所有时间都耗费在没有窗户的欧洲哥伦布舱段里。艾登睡在"联盟号"飞船的居住舱里，他们要回家了。

在安迪10天的太空之行快结束时，他说："我想休假。"

"你知道吗，"我说，"你找错抱怨对象了。"

他理解，然后自嘲。

几天后，我给自己打了一针流感疫苗，这是我第一次在太空中注射疫苗。我们在这里不会感染疾病，所以这次注射不是为了保护我的健康；它是在双胞胎实验中马克和我之间相互比较的一部分。马克将同时注射同样的疫苗，实际上，他坚持自己打针，然后比较我们的免疫反应。当我们都在推特上谈论流感疫苗时，网友的反响令人吃惊。我的推文甚至被美国疾病控制中心和美国国家卫生研究院转发了，只是因为给自己打针似乎是个吸引人的话题。我了解到，有时候太空生活中平凡的方面，反而最能吸引公众的注意力。

9月12日，我们聚在一起，送走空间站上的短期工作人员。和往常一样，我发现，对将要离开太空的人说再见是一件很奇怪的事情。我们在这里形成的纽带，是一种共度艰辛、风险和非凡经历的纽带，它是非常强大的。根纳季已经准备好"联盟号"飞船，乘员穿着与他们的索科尔宇航服搭配的内衣。我们为地面上的人设置了观看用的摄像头，让他们看到我们聚集在服务舱中，然后在尴尬地等待倒计时期间进行交谈。当他们终于可以飘过舱门进入"联盟号"飞船时，我向他们每个人道别，尤其是向根纳季。我告诉他，我会有多想念他。他们都到了"联盟号"飞船后，我就跟在他们后面，开玩笑说我要偷偷跟他们回去。"我受够了，伙计们。我决定和你们一起回去！"当我飘回舱门的时候，大家都笑了。

我们关上舱门，几个小时后，他们走了。

三天后，就是我的任务进行到一半的时间了。

第 14 章
能活下去就是奇迹

2000 年初，在第一次太空飞行之后，我的生活恢复了正常，我也就有时间回顾一下我的职业生涯了。接下来会发生什么？在一生中大部分时间，我都在努力成为少数几个能去太空旅行的人之一，现在我做到了。我表现得很好，我们的任务取得了成功，我们安全地回来了，我迫不及待地想再次飞行，但我不知道什么时候才能实现。

不久前执行完任务的一位同事迈克·福阿莱，曾经在"和平号"空间站上执行任务，因此他会说俄语，与俄罗斯航天局内部的关系很好。他同时也是约翰逊航天中心的主任助理，与中心主任乔治·阿比（George Abbey）关系密切，所以他说话有一定分量。在我们完成任务回来后不久，NASA 开始寻找一位新的运营主管（DOR），要求是住在莫斯科郊外的星城的宇航员，并能够担任两个航天局之间的联络员。运营主管负责训练美国宇航员去乘坐俄罗斯航天器飞行的相关细节，并担任在那里受训的美国宇航员的现场领导者。国际空间站仍处于建设的初期阶段，我们正在休斯敦和星城以及欧洲和日本加紧训练国际宇航员。迈克说，阿比先生想让我做主管。我受宠若惊，但不愿意接受这份工作。我认为自己是航天飞机上的宇航员、飞行员，而不是空间站的工作人员。我私下里对哥哥说，我不想让那个空间站影响自己，因为我一旦接受这个职位就很难退出，那样我驾驶航天飞机的飞行机会就会减少。

但当收到这份工作邀约的时候，我还是接受了它。我对不想接受的任务的处理方式，就是表达出我的疑虑和期望中的情景。如果我表达之后，他们还是希望我接受这个困难的任务，我就会尽全力去把这件事做到最好。几个月后，我就要开始工作了。

第一次，迈克和我一起飞到俄罗斯，帮我适应环境。我们在机场遇到了一位名叫爱普希姆的俄罗斯司机，他看起来矮胖而粗鲁。后来我才知道，爱普希姆会不惜一切保护我们和我们的家人，而且他还做得一手很棒的俄罗斯烧烤。爱普希姆把我们装进一辆雪佛兰面包车，这是当时俄罗斯为数不多的西方汽车之一，我们经过莫斯科，穿过这个城市。雪堆得高高的，汽车尾气和其他污染物把雪堆染黑了。我们从莫斯科向东北方向行驶时，看到了传统的俄罗斯风格的房子，屋顶装饰华丽，雪逐渐变成了白色。很快，我们就穿过了星城的大门。

沿着一条狭窄的小路，穿过茂密的桦树林，经过老式的煤块似的苏式公寓楼，还有一座巨大的加加林雕像（他的背上背着鲜花，向前倾表示欢迎），我们来到为 NASA 建造的西式城镇住宅，我们称之为"小屋"。那天是星期五晚上，所以我们放下行李后直接去了谢泼德酒吧，它实际上只是一个由 3 号别墅地下室改建的酒吧。这个地方是以比尔·谢泼德（Bill Shepherd）的名字命名的，他是执行过 NASA 三次航天飞机任务的老兵，现在正在星城训练，他后来成为国际空间站的第一位指挥官。在宇航员面试中，他曾经说过，自己曾经是海豹突击队员，当被问及他在哪方面比房间里的其他人做得更好时，他说："用刀杀人。"比尔喜欢叫人参加一个叫作"大话骰"的饮酒游戏，这是我在俄罗斯的第一个晚上，他们希望我一起玩。我没有拒绝，我觉得自己可能比其他人更有优势，因为我在做战斗机飞行员时，曾经玩过这个游戏。谢泼德对我们这些新来的毫不留情，我看到一些第一次到俄罗斯的科学家宇航员，一个接一个地失败了。谢泼德不需要用刀杀人，他也可以用骰子杀人。

虽然我挺过了这个游戏，但第二天早上还是很难受。我不得不起得很早，在一条崎岖不平的公路上坐了4个小时的车，还闻着发动机的机油燃烧的味道。当前往俄罗斯村时，我躺在后座上，试图入睡。宇航员在这个偏远的村庄里训练，演练"联盟号"可能在寒冷天气里降落的情况。我的计划是先观察，然后再参加俄罗斯的冬季生存训练。

在伊凡四世统治时期，俄罗斯村是个繁荣的地方，但现在它在"二战"中已经基本被摧毁了，除了疗养院之外，这里没有太多的医院和酒店配套，对美国人来说，这里更像是一个古老的温泉浴场。这个地区以温泉湖泊而闻名，这些温泉具有治疗功效。

我不知道的是，在NASA的反对下，我还是经历了与俄罗斯宇航员同样的心理评估过程，这是我工作第一天的第一件事。当然，NASA有自己的心理评估过程，但俄罗斯人的心理评估过程有些不同。我做的第一个测试，就是坐在一个心理学家面前，在裸露的灯泡下，我们坐在坚硬的木制厨房椅子上。我觉得，如果是在冷战期间，我会像弗朗西斯·加里·鲍尔斯一样被审问。

这位心理学家看起来就像是肥胖版的弗洛伊德，他解释了这次测试：在不看表的情况下，我要在自认为是10秒钟，30秒，然后是1分钟时，把秒表按时。我从他手中接过秒表，把它放在我身边，开始第一次测试。我很快发现，我可以从我坐的地方看到医生的手表，甚至他的另一只手。我"估计"了每一个时间间隔。心理学家的反应令人震惊，并对我的时间估计能力表示了极大的赞赏。

测试结束，他的手表就不见了，我想知道，这是否是对我诚实度的一次考验，或者，也许是对我适应能力的考验。我决定不再为此担心了。对我来说，使用任何可用的工具，一定要在测试中胜出，至少和盲目遵守规则同样重要。我不会宽恕欺骗行为，但我知道，在解决问题时有创造力是很重要的。既然我已经了解了俄罗斯文化，我认为我的方法是正确的。

在与一位正在监测前任宇航员训练的 NASA 外科医生住了几天后，我和美国宇航员道格·惠洛克（Doug Wheelock）、俄罗斯宇航员德米特里·孔德拉季耶夫（Dmitri Kondratyev）住在一起。我还不知道，在职业生涯后期，我会和他们一起在太空中飞行。道格是一名军官和直升机飞行员，脾气暴躁，但容易相处。德米特里是一名战斗机飞行员，他驾驶了米格-29 战斗机，在我们还是孩子的时候，我可能会与他在空对空作战中受伤。事实上，几年后我们发现，我们曾经分别驻扎在斯堪的纳维亚半岛的苏联边境的两面，那时他在驾驶保护俄罗斯的"熊式"轰炸机，而我则在驾驶保护美国航空母舰战斗群的 F-14 战斗机。

　　生存训练让人筋疲力尽。我们被派到一个用"联盟号"飞船模拟远程着陆的区域，除飞船携带的紧急物资外，我们什么都没有。德米特里不太会说英语，我和道格都说不好俄语，但我们三个人沟通得很好，足以完成训练。我们搭建了避难所，生了火，在等待救援的时候尽量避免冻死。第一天晚上太冷了，我们无法入睡，所以站在火炉前，慢慢地转着炉子，以免任何一边变得太冷。早上 5 点，德米特里违反了协议，宣布我们将建造一顶帐篷保暖，这对于俄罗斯人是一个不太典型的行为。在寒冷的冬夜，用弯刀砍树是很痛苦的事情，但到了早上 7 点，我们就用桦树枝和"联盟号"的降落伞把帐篷搭了起来。我们现在能够保持温暖了，虽然帐篷里很快就充满了烟雾。我们尽量低着头，这样我们就可以在睡觉的时候保持呼吸。

　　在最后一天，我们徒步穿过树林，进行了一次模拟与救援部队会面的导航练习。这里的风景令人惊叹，一排排桦树在天空中闪闪发光，所有东西上都覆盖着一层蓬松的雪，新的雪花在晨光中闪耀。我们从森林里出来，来到一个大冰湖，湖在零下的温度下冒着凉气，俄罗斯老人在冰上坐在他们的桶上钓鱼，点缀着湖面。这幅画面给我的印象是平静而典型的俄罗斯风格。它就像电影

《日瓦戈医生》中的一个史诗般的场景，似乎被时间所冻结，这是一幅永远铭刻在我记忆中的动人的景象。

今年5月，我搬到了俄罗斯，开始担任运营主管。这是一个巨大的转变。NASA和俄罗斯航天局正在研究如何训练国际宇航员，使之在国际空间站上工作，这是一项伟大的事业，其中有很多潜在的权力斗争、文化冲突，还有脾气暴躁的双方。但是，我喜欢星城的工作，我发现自己很容易适应这份工作。我住在一栋苏式公寓楼的8楼。每天，我从公寓附近的小路走过时，会经过加加林的雕像，经过美国宇航员飞行训练时住过的房子，来到星城宇航员的检疫设施，NASA在那里设了办公室。

我发现，对于俄罗斯人和美国人之间的问题，我偶尔会遇到挑战。我们有不同的语言，不同的技术，以及对太空飞行最佳方式的不同观点。但我喜欢那些我遇到的俄罗斯人，他们对文化和历史很感兴趣，这为我们未来在国际空间站上的合作打下了基础。

国际空间站的第一个舱段是多功能永久货舱，它于1998年11月从拜科努尔发射升空，两周之后，第一个美国舱段——节点1舱段通过"奋进号"航天飞机发射。这两个国家联合了起来，这是一项重大的国际成就。但是，新生的空间站还没有准备好永久使用，因为它缺乏生命支持系统、厨房和厕所等必要的功能。在之后的一年半里，它一直处于空置状态，直到俄罗斯服务舱加入才使其适合居住。

莱斯利和女儿萨曼莎来到俄罗斯和我一起过暑假。2000年10月下旬，我前往拜科努尔。比尔·谢泼德将与两名俄罗斯宇航员——尤里·吉泽科和谢尔盖·克里卡列夫，前往国际空间站进行首次探险，这是第一次有宇航员长期待在空间站乘组，也是美国人第二次乘坐"联盟号"飞船飞行。另一个三人小组将在3月替换这组宇航员，我们当时还很难相信，从那时起，空间站将一直使用下去。由于我仍自认为是一个驾驶航天飞机的人，我没想过自己会执行长期太空飞行任务。我希望自己很快就可以分配到另一项航天飞机的任务，再次作为飞行员飞行。如果幸运的话，作为指挥官，我还可以再执行两次航天飞机任务，这可能就是我航天生涯的全部了。在太空中待了8天之后，我无法想象自己有一天会住在空间站上，更不用说在那里创造纪录了。

"联盟号"飞船发射的前一天晚上，有庆祝活动和传统的祝酒狂欢。NASA的一位经理在城里参加这次活动，但活动超过了他的承受极限。他病了，而且病得不轻，无法独自待着，我一整天都在照顾他。第二天早上，我看到谢波德正在前往准备发射的路上。

"昨晚发生了什么事？"他问我，"该死，那就像是一个兄弟会，人们大喊大叫，敲我的门。我几乎没怎么睡觉。"

"对不起，伙计，"我说，"祝你在太空中好运。"

那天，"联盟号"飞船安全发射，但我没看到发射。我正忙着帮裸体的同事吐到浴缸里。我很遗憾错过了这次发射，但我很高兴在这个历史性的日子来到拜科努尔。在俄罗斯的生活和工作，比我想象的还要丰富愉快。当飞船消失在天空中，化作一个小点时，我在旧的宇航员酒店里看电视；我不知道，"联盟号"飞船和这个地方将在我的未来生涯中扮演多大的角色。

第二年，我从俄罗斯回来后不久，宇航员办公室主任查理·普雷考特要求我作为佩吉·惠特森的替补，执行前往国际空间站第5远征队的任务，发射将于2002年6月进行。在正常情况下，替补要跟远征队进行两次远征，这样他们的训练才会自然而然地从替补训练转移到太空飞行。如果情况一切正常，我是不会执行这次飞行任务的，所以当替补是一件很糟糕的事。我的第一反应是拒绝成为替补。国际空间站的任务与我日常训练的内容非常不同，在一定程度上，那也与我当初希望成为一名宇航员的初衷——试飞一艘火箭飞船，大相径庭。

"老实说，我不确定自己是否愿意在空间站待6个月，我是个飞行员，"我告诉查理，"我不是航天专家。科学真的不是我的专长。"

查理明白，因为他也是一名飞行员。他解释说，他和大多数经验丰富的宇航员合作过，所以没法让任何宇航员同意担任佩吉的替补。他和我做了笔交易：如果我同意当佩吉的替补，那么我将在相当长的时间内待在俄罗斯，在俄罗斯的国际空间站系统和"联盟号"飞船上训练，在我的下一次飞行中，他将指派我作为航天飞机的指挥官，之后担任国际空间站的指挥官。经过深思熟虑后，我走进他的办公室，列出了我仍然认为自己不适合这份工作的原因。查理耐心地听着。

"话虽如此，"我告诉他，"当有人希望我做一些很难的事情时，我从来没有说过不。所以，如果你一定要我这么做，我不会拒绝。"

"我不会接受你的拒绝，"查理回答，"你必须答应。"

"好吧，"我有点勉强地说，"我会做的。"

这项任务比平时晚了一点，所以除了接受一份对我来说有些勉强的工作外，我还要努力追赶进度。在俄罗斯，我训练了很多内容，学习他们的"联盟号"飞船和国际空间站的俄罗斯舱段。我还努力训练自己的俄语技能，虽然我一直觉得这种语言非常难。除此之外，我还要学习空间站的美国舱段，这也是非常复杂的，包括如何操作空间站的机械臂以及如何进行太空行走。

我和德米特里·孔德拉季耶夫一起经历了俄罗斯的水中生存训练，我和宇航员萨沙·卡乐里（Sasha Kaleri）一起经历了冬季生存训练。2001年9月11日清晨，我们乘坐俄罗斯海军的一艘旧船，从黑海地区一个长满棕榈树的沿海城镇索契，开车离开高加索山脉。当慢慢驶向大海的时候，我们参观了这艘船，并查看了一些设备的使用方法。因为厕纸会阻塞卫生系统，所以禁止使用厕纸。我们被告知，在厕所旁边有浸泡在防腐剂中的刷子，我们要用这个代替厕纸。共享刷子？我对自己说，该死！

水中生存训练并不比冬季生存训练更令人好受一些——一艘古老的"联盟号"飞船被放入水中，我们不得不穿着发射和入境时穿的索科尔宇航服爬进水里。身后，舱门关闭了，我们在闷热中坐在那里，直到被要求脱掉索科尔宇航服，穿上我们的冬季生存装备，接着再穿上橡胶防护服。要在"联盟号"飞船的狭小空间完成这些任务几乎不可能。德米特里、萨沙和我不得不轮流躺在别人的膝盖上，挣扎着脱掉一套衣服，再穿上另一套衣服。随着黑海上翻滚的海浪，胶囊状的"联盟号"上下起伏，我想，如果我们从太空返回，而且由于生活在失重环境中而身体虚弱，要经受这些是多么不可思议的事。有一次，我穿着冬天的衣服不是很舒服，"联盟号"飞船像桑拿浴室一样热，但我必须穿着全套防护服，戴着一层层的帽子和头套。我们已经被自己的汗水浸透了，在爬出"联盟号"飞船跳入大海前，就已经筋疲力尽了。这并不是关于硬件或技巧的真正训练。就像冬季生存训练一样，它几乎完全是心理和团队建设训练，我们以此共克时艰。对我来说，承认这一事实会更有利于说服自己。

训练一完成，我们就回到舰桥上，船长用伏特加庆祝我们的成功。我想，这个场景看起来是多么奇怪，在几年前我怎么能想到，我作为美国海军的一名军官，居然和俄罗斯空军飞行员德米特里一起在俄罗斯海军军舰的舰桥上喝酒。

回到岸上时，我们接到了来自星城的一个电话，电话告诉我们，两架飞机刚刚撞上了美国世贸中心的塔楼。和世界上所有国家的公民一样，我们感到震惊，对我来说，在祖国遭到攻击时，我离祖国如此之远，这是一种可怕的感觉。我们找到最近的电视机，就像大多数待在家里的人一样，我花了几个小时观看电视报道，试图弄明白到底发生了什么。俄罗斯人挺身而出，竭尽全力帮助我们。他们带来了食物，翻译了俄罗斯新闻，这样我们就可以了解发生了什么，他们甚至取消了剩下的训练，让我们尽快回家。第二天，我们飞离索契，我惊讶地发现，虽然恐怖主义袭击发生在世界另一边的另一个国家，但这里机场的安全性提升令我感到震惊。当我们在莫斯科等待飞往美国的航班恢复时，我们看到，在美国大使馆大门外，高高的鲜花堆积如山，这一切表现出我永远不会忘记的团结精神。

在俄罗斯期间，我还和同班同学佩吉·惠特森、谢尔盖·特雷什切维和瓦列里·科尔尊待了一段时间。瓦列里将成为空间站第 5 远征队的指挥官，他是一个不太典型的俄罗斯人，常带着友好的微笑，性格很可爱。

作为训练的一部分，我们必须学会操作加拿大机械臂，所以瓦列里和我一起乘坐 NASA 的 T-38 喷气式飞机去了蒙特利尔。这是俄罗斯宇航员驾驶 T-38 飞机的一个难得的机会，我和一名俄罗斯前战斗机飞行员一起飞行，也是很有意思的事情。在蒙特利尔完成训练后，我想在以前待过的帕图森河海军基地停留一下，参加一年一度的试点学校聚会。在那里，我还能遇到保罗·科尼利亚罗这样的老朋友，我想瓦列里会很高兴见到一批海军试飞员，海军试飞员们应该也会很喜欢他。我必须确保登陆美国海军基地前获得适当许可，而该基地有一名俄罗斯空军的现役上校。我还必须确保美国海关官员能与我们会面，因为我们将直接从加拿大飞过来。

我们的飞机停在停机坪上，就在切萨皮克湾旁边，海关官员还没到。我打电话给他的时候，他说他还没有离开办公室——那里离巴尔的摩只有 90 分钟的路程。他严厉地告诉我，在他到达前我们不能离开飞机，但现在气温很低，而且已经起风了，瓦列里和我只穿着 NASA 的蓝色飞行服和轻型飞行夹克。我告诉海关官员，我们不想在等他的时候被冻死，我们会去军官俱乐部。当他还在冲我嚷嚷，让我待在飞机上的时候，我挂断了电话。如果有适当的物资供给，也许我们可以造一顶帐篷。

接下来的几个小时，我们在酒吧里喝酒，一起分享飞机上的故事。瓦列里告诉我们，作为一名俄罗斯战斗机飞行员和宇航员的感受，他的话迷住了我在海军的前同事。最终，那名海关官员闯入了俱乐部，告诉每一个愿意听他说话的人，他想把我和瓦列里抓进监狱，因为我们违反了他的命令。指挥官在之前的试飞中认识了我，而且他也很喜欢瓦列里讲的故事，因此，他告诉海关官员回去办理交接，离开基地。瓦列里后来当上了星城加加林宇航员训练中心的副主任，从那件事以后，他就一直支持我。

2002 年 6 月，佩吉作为宇航员的发射任务没有出现任何问题，那之后不久，我被指定担任国际空间站第二次航天飞机任务 STS-118 的指挥官，为国际空间站提供新的硬件。任务时长 12 天，我们计划于 2003 年 10 月乘坐"哥伦比亚号"航天飞机飞行。查理·普雷考特兑现了他的诺言，确保我被指定为指挥官，尽管他已不再是宇航员办公室主任。

这还只是我的第二次太空飞行，而且我还没有去过国际空间站，新的宇航员办公室主任希望这次任务的飞行员是有太空飞行经验的人。这听起来很简单，但是，所有已经飞行过一次的飞行员都是我的同学，而且一般来说，NASA 不会要求同学之间互相指挥，尤其是当他们的经验相同的时候。新的宇航员办公室主任肯特·罗明格和我讨论了各种选择。目前唯一没有被分配过任务的飞行员是查理·霍博、马克·波兰斯基和我的哥哥马克。其中，我认为我哥哥是最合适的，我们相处得很好（至少我们从 15 岁就不再相互打架了），彼此了解，而且我们做同学的时候也没有产生任何矛盾。NASA 完全赞同我的意见。

距离执行任务越来越近的时候，我想到了更好的办法。同卵双胞胎兄弟担任同一任务的指挥官和飞行员的故事，将引起巨大关注。当然，从某些方面来说，这是一件好事——NASA 总是想方设法吸引公众的注意力，让人们对太空飞行感兴趣。但是，我不希望这次飞行被视为宣传噱头，我不想让太空中的双胞胎故事分散我们对任务或其他乘组成员的注意力。

我的另一个担心更私人一些。马克和我总会意识到，我们每次进入太空时都冒着风险。对我来说，我的女儿可能会失去父亲，但这种可能性总是被这样一个事实所抵消：即使发生了最糟糕的事情，她们仍然还有大伯马克，作为父亲的替身，马克是一个能让她们想起我的人。同样，每次马克上太空的时候，我都意识到，我可能要为我的侄女们扮演同样的角色。如果马克和我一起在太空飞行，我们就不得不接受这样的可能性：我们的孩子可能会同时失去他们的父亲和叔伯。我越想，越觉得这不是个好主意。

现在我只剩下了两个候选人：查理·霍博和马克·波兰斯基。波兰斯基对太空飞行不感兴趣，因为他在技术上比我更有经验，以前曾到过国际空间站，这可以理解。现在只剩下查理·霍博，代号"斯科奇"。他以非常直率而著称，他如果认为你是错的，就会毫不犹豫地让你知道。他告诉我他不介意让同学当指挥官。他说，他很感激有机会在太空飞行，我知道他是认真的。

所以，我的团队已经准备好了：斯科奇将成为我的飞行员，其他的乘员是5 个任务专家：特蕾西·考德威尔、芭芭拉·摩根、丽莎·诺瓦克、斯科特·帕拉日斯基和戴夫·威廉姆斯。

我最担心的是丽莎，我认识她的时间比我的大多数同事都长，大约 15 年了，因为我们在帕图森河的试点学校一起读书。她是一个技术精湛的飞行工程师，但最近她开始对一些似乎并不那么重要的小细节着迷，比如那天的午餐吃什么。她可能会变得过度专注，很难让事情就这么过去，即使那些事情无关紧要。在地球上，这不是个问题，但在太空飞行中，每个宇航员对任务的成功都至关重要。丽莎的个性特点开始让我感到担忧。

2003 年 2 月 1 日早上，我站在草坪上向北看。那是一个星期六，就在早上 9 点前，我的 7 个同事，其中包括我的 3 个同学，将一起搭乘航天飞机返回地球。"哥伦比亚号"进入休斯敦北部的大气层，准备降落在肯尼迪航天中心。我想，也许我能看到火光。雾很大，但当我望着天空时，我在雾中看到了一道明亮的闪光。"哥伦比亚号"！我回到屋里，吃了一碗麦片。随着预定的降落时间逐渐接近，我开始密切关注电视。航天飞机还没有着陆，所以，NASA 电视台的直播镜头在任务控制中心和肯尼迪航天中心的跑道之间进行切换。我注意到了任务控制中心的查理·霍博，那天他是指令舱通信员，我看到他在椅子上佝偻着身子。这是一个奇怪的景象，特别是对他来说。他通常是海军陆战队员的风格，所以懒散的工作状态是不寻常的。我半开玩笑地给他发了一封电子邮件，告诉他，他会出现在电视上，所以应该坐直。接着，我听到查理说："哥伦比亚号，这里是休斯敦，请检查通信状况。"长时间的停顿过去了。没有人回答。这不正常。

查理又说话了："哥伦比亚号，这里是休斯敦，请检查通信状况。哥伦比亚号，这里是休斯敦，请检查通信状况。"他转向了备用通信系统。"哥伦比亚号"仍然没有回应。我的心跳加快了。倒计时器开始倒数，一直到零。现在，"哥伦比亚号"应该已经着陆了，作为一架没有动力的滑翔机，它几乎没有什么可以迟到的理由。查理一遍又一遍地打同样的电话。我跳进车里，朝约翰逊航天中心走去，并用手机给哥哥打电话。我的电话把他吵醒了。那时，有报道称，航天飞机的碎片在休斯敦以北约 100 英里处坠落。马克和我讨论了降落伞的问题。利用在"挑战者号"航天飞机灾难发生后开发的逃生程序，乘组成员有存活下来的可能性。从那之后，每一个接受训练的航天飞机乘员，都会将一根逃生杆伸出舱口，用逃生杆滑过机翼，然后降落到安全的地方。当然，没有人在飞行中真正尝试过这个方法。马克和我希望这种方法能够奏效，但我们并不乐观。

NASA 很快就弄清楚是哪里出现问题了。航天飞机的外部燃料罐（有点像一个巨大的橙色热水瓶）上面覆盖着泡沫，用来帮助低温推进剂隔热，防止在其表面形成冰。几乎从航天飞机项目刚开始的时候，人们就已经发现，加速阶段的发射振动和随后的气压，将导致泡沫碎片从燃料罐上掉下来。工程师们无法完全解决这个问题。通常，只会有一小片泡沫从航天飞机上掉下来，泡沫层几乎不会损坏。但"哥伦比亚号"航天飞机发射的那一天，一块约公文包大小的泡沫已经掉落，隔热层被损坏，击中了轨道器左翼的前缘，这是一个特别糟糕的地方。科学家在现场进行了一次简短的讨论，讨论这次泡沫撞击是否会造成问题，有关的管理人员和工程师很快就得出结论说，这样是没有问题的。"哥伦比亚号"上的宇航员从未参与这些讨论。虽然他们知道这次泡沫脱落，但他们被告知，撞击的影响已经被分析过了，所以宇航员们完全没有关注这件事。

17 年前，"挑战者号"事故分析委员会将那场灾难归咎于对航天飞机安全性的自满情绪。NASA 的文化由此发生了巨大变化，但现在看来，这种自满情绪似乎又复发了。并非没有人对这个问题发出过警告：阿波罗时代的老兵约翰·扬是第一次航天飞机任务的指挥官，也是宇航员办公室的良心所在，他在我们周一早上的会议上站起来，试图说服人们，要相信泡沫会带来危险。我记得他清楚地说："我们必须采取行动，否则宇航员就会牺牲。"

我想起了我认识的那些在哥伦比亚大学工作的人。我认识戴夫·布朗的时间比我大多数同学都长，因为他在帕图森河的时间比我大多数同学都要久。他笑起来会露出大大的牙缝，随意的态度隐藏了他的巨大成就——他参加了一个精英项目，这个项目可以让外科医生成为海军飞行员。他帮助马克为 NASA 面试做准备，然后在我被征召的时候帮助我。他就是这样一个人。

劳雷尔·克拉克在成为宇航员之前是一名海军医生，在我们搬到休斯敦后不久，我们两家就变得亲密起来。她有一个儿子，名字叫伊恩，和萨曼莎一样大。劳雷尔经常在星期六带着萨曼莎和伊恩一起去动物园。劳雷尔和她的丈夫乔恩，是我们小圈子的一部分，他们也经常在马克家里聚会。劳雷尔喜欢葡萄酒，其他人也喜欢，我们一起度过了许多美好的夜晚。我们给她取了一个绰号"花"，因为她有着华丽的时尚感，热爱园艺。她家里有一片紫罗兰，在事故发生后的几周和几个月里，我们班上的每个人都陆续收到了一小盆紫罗兰，乔恩让我们用这种方式纪念她。我们大多数人把紫罗兰放在办公室的窗台上，丽莎·诺瓦克经常过来，如果我们养得不好的话，她会帮我们照顾紫罗兰。

海军飞行员威利·麦库尔和我曾在帕图森河短暂偶遇，之后，我们都被选为宇航员。当我刚刚开始试飞项目时，他已经完成了试飞之旅。我记得我第一次在新班级的名单上看到他的名字时，认为这是有史以来最好的宇航员名字。威利非常积极，非常聪明，真诚地关心他周围的人。

我并不了解其他宇航员，因为他们不是我们班的。里克·赫斯本德是一位指挥官，一位专注的家庭成员和空军飞行员；卡尔帕娜·乔拉是第一位进入太空的印度裔女性和航空航天工程师；迈克尔·安德森是一位面带微笑的空军飞行员；伊兰·拉蒙是一位以色列战斗机飞行员，在这次航天飞机任务中被选中代表他的国家。伊兰被认为是一个民族英雄，在 1981 年针对伊拉克核反应堆的危险空袭中，他是最年轻的飞行员。后来他成为以色列第一批 F-16 战斗机飞行员之一。宇航员们一共留下了 12 个孩子。

根据我的经验，当同事死于意外事故时，我们会反思死者是多么伟大的人。尽管如此，失去一群如此热情、慷慨、善良的人，7 个人，是一次特别重大的打击。我们就像失去了所有同事中最受尊敬和最受欢迎的 7 个人。

那天，哥哥和我决定去宇航员失事的地方。这对我们来说有点大胆，因为在宇航员办公室里，我们的级别不高。我们打电话给乔治·阿比，后来他担任了约翰逊航天中心主任，但在休斯敦仍然有很大的影响力。他建议我们打电话给哈里斯县的警官，他帮我们联系了埃林顿菲尔德的海岸警卫队。马克和一位宇航员同事上了一架直升机，很快就开始在得克萨斯州东部地区搜寻"哥伦比亚号"的残骸，以及我们的朋友和同事的遗体。

我留下来和一大群人一起，为宇航员的遗体和航天飞机碎片制订一个恢复计划，这样我们就可以重建事情发生的经过。"挑战者号"航天飞机灾难之后，NASA 从海底发现的碎片提供了物理证据，证明是哪里出了问题，而且就像"挑战者号"一样，我们会把飞船碎片搜集到佛罗里达州肯尼迪航天中心的机库里。那天晚上我回到家，莱斯利和我去哥哥家，和劳雷尔的丈夫乔恩以及 8 岁的伊恩在一起。他们刚从佛罗里达回来，在着陆基地等了那么长时间，毫无收获。我们看着他们，并试图安慰他们，这实在令人心碎。我们的同学朱莉·佩埃特当时正与马克和他的家人暂时住在一起，她和我试图给乔恩和伊恩灌输这样的想法——宇航员死的时候并不痛苦。当然，我们无法确切知道这一点，但是我们，还有劳雷尔悲痛欲绝的家人，都希望这是真的。后来，我们才知道，在航天飞机的压力壳被破坏之后，乘组成员有意识的时间可能只有不到 10 秒。他们甚至没有时间拉下头盔面罩。所以我们知道，减压过程一定发生得很快。在田野中找到了航天飞机上的一个控制面板后，调查人员推断，威利试图重新启动两个辅助动力装置。所以我们知道，他们至少感觉到有什么地方出了问题。

第二天，我开车向北行驶，帮助搜寻飞机残骸和人体遗骸。我和一个联邦调查局的证据反应小组合作，他们参与过纽约世贸中心遗骸的鉴定工作。他们与有能力区分人和动物遗骸的警犬一起工作。站在残骸坠落的树木丛生的地方，我想起了其他的飞机失事事件，这些事件杀死了我的朋友和同事。烧焦的气味，搜寻被击碎的飞机，以及一台漂亮的飞行机器的残骸，所有这些，都让我想起了《太空英雄》的开篇。在我飞行的这些年里，好多同事都去世了，这是我第一次作为事故恢复小组的一员，就像汤姆·沃尔夫书中的飞行员一样。我不相信汤姆曾亲眼看到过这样的残骸，但我现在可以确定，他描述得很完美。

关于这次搜寻的消息已经在约翰逊航天中心传开了，许多 NASA 的工作人员自愿提供帮助。但是从得克萨斯州中部到路易斯安那州，残骸落下的地区覆盖了数千平方英里，我们需要更多的人。全国各地的紧急救援人员，包括许多来自西部各州的美国本地消防员，立即来到这个地区，迅速建立了帐篷城，并自带补给。在得克萨斯州东部茂密的树林里，他们的奉献精神、组织能力和搜寻细节的能力，都给我留下了深刻的印象。他们找到了"哥伦比亚号"的数千片碎片，每一片碎片都能帮助我们找出是哪里出了问题。

在肯尼迪航天中心，工人们开始在机库的混凝土地板上组装航天飞机的轮廓。当第一次走进那个空间去看那些残骸的时候，我被那景象震撼了。事实上，宇宙飞船撞击大气层并燃烧起来，但这些碎片仍可以被识别和重新组装起来。我被分配到"哥伦比亚号"之后的下一班航天飞机上，看到原本属于我的航天飞机在混凝土地面上被损毁和烧毁，真是感慨万分。后来我才知道，NASA 曾经在威利·麦库尔和我谁将执行哈勃太空望远镜维修任务，谁来驾驶这艘命运多舛的"哥伦比亚号"这个问题上犹豫过。

由于碎片的散落面积非常大，航天飞机的碎片不可能全部靠步行去回收。几周后，我被派去指挥一次空中搜索，使用飞机和直升机来定位更大的部件。你可能会认为，即使从空中，人们也可以立即辨认出航天飞机的组成部分，但实际上，我们在调查旧车、浴缸、生锈的电器以及各种垃圾上浪费了很多时间。从远处看，这些似乎可能来自航天飞机。有传言说，在搜寻过程中，有人发现了被谋杀的受害者的尸体，搜寻者认为，这些地点看起来像是冰毒实验室，尽管我无法确定这些谣言是否属实。

在我们找到的"哥伦比亚号"残骸中，有些并没有损坏，这很奇怪。我发现，航天飞机上的佳能打印机正躺在森林里，而且没有被刮伤，这与我后来在空间站生活时使用的打印机型号是一样的。我们发现了科学实验的样本，这些样本仍然完好无损，科学家们仍然可以完成科研任务的一些研究目标。一个装满虫子的培养皿也在灾难中幸存下来。

每天，我都在外面寻找，救世军公益组织也在那里提供食物和咖啡，提供他们能够提供的任何帮助。从那以后，在圣诞节的时候，我就再也没有不往红壶里捐东西就去敲他们的铃铛了。

等待运输的时候，一些宇航员医生在当地的停尸房保护我们死去的同事的遗体。最后，我把劳雷尔的尸体从停尸房送到一架黑鹰直升机上，运到巴克斯代尔空军基地。当从直升机上下来的时候，我惊讶地看到，一位穿着全套制服的空军将军严肃地敬礼，身后全是军官和飞行员。当挂着美国国旗的棺材被抬进机库时，我被他们的尊敬之情感动了。后来，劳雷尔的遗体被转移到一架飞机上，送往特拉华州的多佛空军基地，在军方的停尸房接受法医尸检。

随着搜索的进行，第二个悲剧发生了：一架森林服务直升机在搜寻残骸时坠毁。两人死亡，三人受伤。随后的调查显示，飞行员飞出了作业范围，也许是为了到达一个难以到达的地方。没人说应该取消对残骸和遗骸的搜寻，但这次事件是对航空飞行固有风险的又一次警醒。

三名宇航员被埋葬在阿灵顿国家公墓，其他葬礼则在宇航员故乡所在的州举行。NASA雇用或借用飞机，将我们中间与失事宇航员最亲密的人送往阿灵顿和其他地方参加葬礼。今天本来是劳雷尔42岁的生日，是个热闹的日子，但现在，她被安放在两位"哥伦比亚号"宇航员旁安息。我见证了全部军中荣誉的盛况，当棺材的最后一部分落到地面上时，我完全理解我们所遭受的损失，并比以往任何时候都更加意识到太空旅行所冒的风险。我曾多次在飞机失事中失去过朋友和同事。当这个数字超过 30 人时，我就不再精确计算了，现在这个数字是 40 人。但我从来没有失去一个像劳雷尔·布莱尔·克拉克这样与我亲近的人。

我可以诚实地说，"哥伦比亚号"事故从来没有让我想过放弃。但同事们的死让我重新感觉到，我的女儿可能会在没有父亲陪伴的情况下长大，就像"哥伦比亚号"宇航员的孩子一样。在事故调查委员会对所发生的事情得出结论前，航天飞机计划暂停，所以，我在接下来的 6 个月里没有太多事情可做。最终我被任命为空间站整合分系统的主管，领导一群宇航员和工程师管理国际空间站的硬件和程序。（与我后来访问的扩建后的空间站相比，它现在仍然又小又简陋。）我正在尽我所能地学习，如何使空间站上的工作变得更高效。

2003 年 8 月，事故调查委员会提交了调查结果。它并没有像一些人担心的那样，要求完全终止航天飞机项目。但这种情况不会永远持续下去。该委员会建议，在 2010 年计划完成国际空间站建设后，应重新认证航天飞机项目，以便继续飞行。这个过程需要从头开始拆除和重建所有三艘航天飞机。重新认证过程将非常复杂和昂贵，以致 NASA 无法让国会为此提供资金，所以我们知道，航天飞机项目很可能会被取消。此外，NASA 希望将重点放在新的探索飞行器上（这就是现在的太空发射系统①和猎户座飞船②），如果同时要支持航天飞机和空间站，它就无法为新的探索飞行器提供足够的资金。因此，航天飞机

---

① 太空发射系统（Space Launch System），简称 SLS，一种从航天飞机演变而来的重型运载火箭，主要目的是延续星座计划及取代已经退役的航天飞机。——译者注
② 猎户座飞船（Orion）是 NASA 研制的新一代载人太空船。它是美国火星载人登陆计划的主要载体，于 2014 年 12 月 5 日完成首次无人飞行。——译者注

项目将面临终结。我同意 NASA 的这个决定，尽管我会想念航天飞机。

2003 年 10 月，莱斯利生下了我们的第二个孩子，夏洛特。她出生的过程比萨曼莎更加艰难。当夏洛特通过剖宫产降生时，她没有心跳，也没有呼吸。我仍然记得，她发青的小手臂从剖宫产的切口上垂下来，而此时，莱斯利的医生正在喊救命。我在处理紧急情况方面受过很多训练，有丰富经验，但手术室的情况让我很不安，我只能离开。哥哥和萨曼莎在等候室里，他们告诉我，当从手术室出来的时候，我的脸看起来像一张白纸。我和他们坐在一起，时间就像已经凝固，直到莱斯利的医生出来告诉我们，莱斯利和夏洛特现在都很好，而且好转已经有一段时间了。他警告我，因为夏洛特在出生期间有一段时间缺氧，长大后可能会有健康问题，包括可能患有脑瘫。他没有办法知道结果是什么，但他的职业责任，就是警告我这种可能性。但当我问他的个人观点时，他说："我不认为她真的会得脑瘫。我想她会没事的。"他是对的。

我们的飞行任务重新被列入 2006 年 9 月的日程表。不久之后，任务被推迟到 2007 年 6 月。这些改变让我有机会改造团队。我建议丽莎·诺瓦克早点乘坐航天飞机飞行，有两个原因：她的执着让我犹豫，如果她非要等着执行 STS-118 任务，那么她还要等近十年才能成为宇航员。我争论说，她应该参加第二次航天飞机飞行任务，这次任务会比我们那次早得多。幸运的是，这次任务由我的哥哥马克来完成。

与此同时，丽莎被调走了，斯科特·帕拉日斯基也被调到了下一次任务中，帕姆·梅尔罗伊担任他的指挥官。作为交换，我们调来了里克·马斯特拉基奥。在申请成为宇航员之前，里克曾担任过任务控制飞行管制员，在这个位置上，他设计了许多我们在飞行模拟器中实施的应急中止程序。我知道，这会使他在航天飞机发射升空和进入大气层时成为无价之宝，他可以胜任所有技术方面的工作。

身为宇航员，你要比大多数人更密切地监控你的健康状况。每年2月，也就是我生日的那个月，我都要做一次体检，2007年2月也不例外。体检结束后，我被告知，前列腺特异抗原水平略有提高。所有男性的血液中都含有一定量的这种酶，而且水平会自然变化，但水平升高可能是前列腺癌的一个指标。我的抗原水平并不是很高，而且我还很年轻，不太可能患这种癌症。因此，我决定等即将到来的任务结束后，再做进一步检查。

STS-118任务将为国际空间站提供一些关键部件：一个小型的桁架部分，一个外部的装载平台，一个新的控制力矩陀螺仪（这个装置允许空间站控制其姿态）。我们还将携带一个太空生活舱，里面装满了运往空间站的物资。返回时，它将带回科学样本、破碎的硬件和垃圾。在失去"哥伦比亚号"航天飞机后，随后的几次飞行任务都经受住了发射过程中隔热瓦碎片造成的隔热破坏，我们将执行空间站第6远征队的飞行任务。工程师每次检查损坏情况，重新确定避免这种情况的办法，但之后损坏又会再次发生。当然，我原本希望隔热瓦不会损坏，但我很高兴这个问题现在得到了认真对待，而且在我看来，我们正在尽我们所能地减少风险。

这次飞行的乘组成员已经确定：斯科奇、里克·马斯特拉基奥、芭芭拉·摩根、戴夫·威廉姆斯、特蕾西·考德威尔，以及处于训练后期的阿尔文·德鲁。

1985年，芭芭拉·摩根被任命为太空教师项目的决赛选手，那时她是艾奥瓦州的一名小学教师。当克里斯塔·麦考利夫被选中在"挑战者号"上教太空课时，芭芭拉被指定为她的替补。她与克里斯塔和"挑战者号"宇航员一起训练了整整一年，如果克里斯塔出于某种原因不能完成任务，她就要准备完成这项任务。在看到"挑战者号"和7个好朋友在佛罗里达州的天空中爆炸之后，很多人都离开了队伍，远离这场悲剧。但值得赞扬的是，芭芭拉自愿参加了计划进行的全国巡回演讲，访问全国各地的学校，宣传航天飞机和教育的重要性，而这本来计划由任务结束后的克里斯塔来完成。芭芭拉希望学生们能听到其他一些人的声音，这些人和克里斯塔一样梦想着在太空中飞行，并仍然对太空计划抱有信心。1998 年，芭芭拉正式加入宇航员队伍，她在许多岗位上工作过，这次是她第一次分配到太空飞行任务。当她在太空中飞行时，"挑战者号"航天飞机灾难已经过去了 21 年。

芭芭拉也是唯一在宇航员选拔委员会之外被选中的宇航员。出于这个原因，一些同事对她持怀疑态度。我决定持保留态度，直到我更加了解她，我很高兴我这么做了。简单地说，芭芭拉工作十分努力。她精通这项工作的方方面面，成了队中的一名重要成员，超出了我的期望。

戴夫·威廉姆斯是一名加拿大宇航员，以前曾是一名急诊医生。他对自己的威尔士血统深感自豪，他是第一个在首次航天飞机任务中用威尔士语做太空广播的人。戴夫完全不会惊慌失措。

这也是特蕾西·考德威尔执行的首次任务。29 岁那年，她从化学专业的博士中脱颖而出，被 NASA 选中。她看起来很年轻，所以许多宇航员同事都把她当小孩来对待，但她的表现是一流的。她很认真，非常注重细节，严肃认真，但也很有趣。我们执行任务的第 6 天，是特蕾西的 38 岁生日。

在这次飞行前三个月，阿尔文·德鲁才被分配到这次任务中。他先是在空军特种作战司令部工作，为空军作战驾驶直升机，接着他成为一名直升机试飞员。他不是那种容易发慌的人，也不会因为这么晚才被分配到这次飞行中而感到被抛弃，尽管这意味着他需要不断地努力追赶。

对我来说，作为指挥官进行飞行训练，是一个全新的挑战。我必须适应自己的角色定位，并对同事们负责，确保每个人都明白自己的工作。我必须认识到每个宇航员的优缺点，把他们团结在一起，并指导新人。由于乘组中有 3 人是首次飞行，全部 7 人在此之前总共只有 4 次飞行经验，因此，我们是航天飞机历史上最缺乏经验的机组。

发射前 10 天，我们进入隔离区，然后飞往佛罗里达州，在那里继续隔离了 4 天。NASA 有一个传统，即对新手进行恶作剧，一些宇航员比其他人更密切地关注这一传统。当宇航员来到发射台前停下时，我对特蕾西、芭芭拉和阿尔文说："嘿，你们记得带登机牌了吗？"当我们 4 个老宇航员从口袋里掏出之前打印好的登机牌时，他们 3 个人开始互相询问对方。

"别告诉我你没带登机牌！他们不会让你们上航天飞机的！"我坚持这样说。在最初的恐慌之后，这 3 个新手很快就明白了。

负责收尾的工作人员把我们绑在座位上，然后爬出航天飞机，关闭舱门，或是试图关闭舱门。航天飞机发射主管说，他们无法判断我们的舱门是否已经被正确关闭。

航天飞机的舱门以前也出现过问题。负责收尾的工作人员比任何人都更了解设备，他感觉舱门已经关好了，但我们可不想把命都押注在舱门上。他们关上舱门，又打开，接着又关上，又打开。我们都被紧紧地绑在座位上，看不见舱门，无法帮收尾的工作人员看一看。现在离我们的发射时间已经很近了。

最终，里克·马斯特拉基奥从飞行甲板的中心位置看到了舱门，他宣布舱门已经关闭了。但我们现在有了第 8 名宇航员。在舱门关闭时，一个负责收尾的工作人员和我们一起进入航天飞机，检查了所有螺栓（这些螺栓将舱门连接到周围的结构上），而舱门是关闭的。他确认螺栓工作正常，接着舱门再次打开，这样他就可以跳出去了。这是一个巧妙而实际的解决方案，但我没有想到过。

这一次，我已经知道发射的过程了，所以更觉得是享受，甚至可以稍微向窗外看一下了。距离我上次飞行，已经过去 8 年时间了，但发射时瞬间产生的巨大力量，我依然无法形容，地平线的移动速度比我想象得要快。我们安全地进入了轨道，像我上次的任务一样，我们成功实现了将火箭飞船转换成宇宙飞船的艰巨任务。

睡觉前，我收到了航天飞机飞行主管发来的一封电子邮件，他告诉我，有9块泡沫从外部的水槽中脱落，他们认为，其中3块泡沫击中了轨道舱底部的热保护系统。这有点类似"哥伦比亚号"的命运，尽管在"哥伦比亚号"上，被损坏的是更关键的、位于机翼前端的强化碳-碳复合材料。NASA认为，这没什么大不了的，泡沫碰撞通常是无害的，他们只是出于谨慎才告诉我的。

第二天，我们在机械臂上安装了一台激光扫描仪，用摄像机和激光扫描仪对航天飞机的底部进行了检查。我们没有得出任何实质性的结论。第三天，我们接近国际空间站，通过360度俯仰机动飞向空间站，这是一次后空翻，对准了航天飞机的隔热罩，这样乘组就可以捕捉到近距离的照片了。这些照片拍到了右侧起落架舱门附近航天飞机腹部的关键部位，停靠到空间站后，NASA决定用激光系统进行更细致的检查。通过这次检查，我们发现了一个大约3英寸乘以3英寸那么大的洞，这足够大了，一直从隔热瓦通到了底层。

当用激光扫描这个区域，并用相邻的相机观看图像时，我的第一反应是，哦，该死！这个洞看起来好像一直延伸到组成机身的铝合金了。那天晚上的晚些时候，地面给我发了一些展示损坏部分的照片。我把其中最有意义的照片打印了出来，在接下来的几天里，我一直把它们放在口袋里。

关于这种损害会对我们重返大气层产生何种影响，这个问题在地面引发了热烈的讨论。在这种情况下，我们并没有太多选择。我们可以试着用从未在飞行中被证明有效的一种特殊油灰来填补这个洞，或抓住机会，按原来的计划降落。我和工作人员讨论了这些选择，大部分是和斯科奇进行讨论，我对他的技术知识特别重视。我还和两位进行过太空行走的宇航员里克和戴夫谈过，因为如果我们决定实施修补方案，必须由他们来进行修理。我们得出的结论是，如果必要的话，他们可以修复损坏，但如果地面专家告诉我们可以安全返回的话，我们就相信地面专家所做的分析。新闻界则立即报道：宇航员处于危险中。

地面专家小组正在对损坏情况以及再入热量如何影响隔热瓦进行分析。他们用损坏的隔热瓦做了一个模型，并把它放进一个测试设备中，在设备中，气体可以被加热到非常高的温度，他们还使用连续的电弧模拟航天飞机再入地球大气层的效果。当了解到他们正在进行的分析时，我越来越相信，这些损坏不会给我们带来风险，我们应该保持原计划。另一些NASA专家则不同意，认为我们应该进行修复。我担心的是，修理时工作人员的一个工具或头盔上的一个小凸起，会使洞口变得更大，或产生一个新的洞，而且修理隔热瓦的材料和程序还从来没有得到过验证。除此之外，任何出舱的太空行走也都会带来固有的风险。

回地球那天，我们没有考虑这些风险。我们准备好轨道器及其系统，把自己绑在座位上，开始重返地球大气层。当航天飞机猛烈撞击大气层并产生热量时，我们看到，热等离子流经窗户，我们想象着航天飞机的隔热罩被重创。我们都知道，如果这个决定是错误的，将会发生什么。

"穿过热流高峰区。"斯科奇平静地说。这恰恰就是"哥伦比亚号"开始解体的时候。

"明白。"我回答。

如果航天飞机的隔热保护被烧穿的话，我们会知道的。大约20秒后，我们度过了那个点。

"看来我们躲过了一劫。"我说。我忍不住想起在"哥伦比亚号"事件中失去的朋友们，我确信，其他同事也如此。

现在，我们进入了地球大气层，当飞行速度降到声速以下时，我接管了自动驾驶仪的控制。这是我第一次在地球大气层中驾驶航天飞机，我知道，我们只有一次降落机会。

航天飞机比民航客机的俯冲角度大 7 倍，下降速度快 20 倍，我感受到了重力、眩晕和视觉症状的影响，这种症状叫眼球震颤，也就是视线上下晃动。当接近 2 000 英尺的高度时，我努力不去想这些身体上的损伤。

"2 000 英尺，下一个。"斯科奇说。

我的回答是"收到，准备起落架"，并要求他装备起落架系统。当穿过 2 000 英尺时，我开始慢慢地故意抬起航天飞机的前段，当转移到一个更平缓的内部滑翔道时，我开始更多地依赖于跑道边的光学辅助器材，而不是航天飞机上的仪器设备。

在 300 英尺的高空，我告诉斯科奇："放下起落架。"

作为回应，斯科奇按下了放下起落架的按钮。

"起落架已放下。"他说。

从放下起落架到着陆的时间只有 15 秒。在那短短的时间里，我试图精确地控制航天飞机，以便在正确的高度（26 英尺）越过跑道的起点，并以正确的速度（200 节）降落，下降速度低于每秒 2 英尺。那天，侧风很大，使这一切变得更具挑战性。航天飞机没有完全在中心线上降落，但停下来的时候，它已经完全在跑道中央了。我认为，大多数航天飞机的指挥官都可以在夜间降落到一艘船上，他们同时也是航空母舰上的飞行员——海军飞行员和海军陆战队员。在所有条件相同的情况下，航天飞机的降落过程比飞机降落到航母上更容易，这一点我们应该认同，虽然航天飞机的降落仍然是最难的飞行任务之一。当你在太空中感到疲惫、眩晕和脱水时，要实现完美着陆是很困难的。当然，要在全世界都关注着你的时候实现完美着陆也很困难。

从 STS-118 任务回来的几个月之后，我去华盛顿与国会议员们会面，和马克的未婚妻——国会女议员嘉贝丽一起出去吃饭。几年前的一个下午，我去机场接马克时，第一次在亚利桑那州遇到了嘉贝丽。她很友好、热情，而且她对自己作为亚利桑那州参议员的工作极其热情。在简短的会面之后，我对她印象深刻，以至我开玩笑说，我想知道她究竟在马克身上发现了什么。

吃饭时，我的电话响了，是宇航员办公室主任史蒂夫·林赛的电话号码。作为宇航员的未婚妻，嘉贝丽知道，当宇航员办公室主任在不寻常的时刻打电话时，你应该接电话。

"斯科特，我想给你安排一次长途飞行，空间站第 25 远征队和第 26 远征队。你会成为第 26 远征队的指挥官。"

在说话之前，我犹豫了一下。得到一个飞行任务总是令人兴奋的，但是在国际空间站待上五六个月，并不是我所希望的。

"老实说，我更愿意再次作为航天飞机的指挥官执行飞行任务，"我说，"这有可能吗？"

我对航天飞机了若指掌，而对"联盟号"飞船和国际空间站，我只学到了一些基本知识。至少可以说，"联盟号"飞船与航天飞机完全不同。我有时开玩笑说，"联盟号"飞船和航天飞机是相似的，因为他们都可以将人类带入太空——这就是它们所有的相同点了。"联盟号"飞船的操作手册和设备清单是用俄语写的，俄语是其第一语言。我还需要了解更多关于国际空间站的信息，在过去的几年里，国际空间站内外的设备都有了明显的增加。

我叹了口气。"发射日期是什么时候？"我问道。

"2010 年 10 月。"

"我明白。让我和莱斯利还有孩子们谈谈，然后我再回复你。"

离家五六个月，是一段很长的时间，特别是那时夏洛特还小。但是，我也知道，我会接受任何飞行任务。莱斯利和女儿们也都同意了，我说，这是我不能错过的一个机会，我会抓住这个机会。

在把注意力转向这项新任务之前，我必须做的事情之一，就是跟进检查我的高前列腺特异抗原。抗原水平并不是高得惊人，它已经从之前的水平降了下来，抗原水平的变化可能是身体有问题的一种表现。我拜访了休斯敦卫理公会医院的泌尿科医生布莱恩·迈尔斯，他给了我两个选择：等上 6 个月，看看我的前列腺特异抗原是否继续增加，这将给出我是否患有前列腺癌的更多信息；或者，他可以马上做个活组织切片检查。我问他活检的风险怎么样。

"活检部位的感染风险很低，而且，这是唯一的风险。不过，人们有时会尽可能拖延活检，因为这个过程很不舒服。"

"有多不舒服？"我问道。

迈尔斯医生停顿了一下，想着怎么解释。"就像通过直肠壁的小型电击一样。"他说。

"这听起来可不仅仅是不舒服，"我说，"但我们还是做吧。"

这个过程就像他说的那样令人不舒服，但是，我不想再等 6 个月才能确定自己是否患有癌症了。如果有，我想尽快处理好这件事。继续等待，可能会危及我执行下一次任务的机会，或影响国际空间站的时间表。

几天后，我得知自己患上了相对严重的前列腺癌。有些类型的前列腺癌生长非常缓慢，患者可以生活几十年而不受影响。我所患的这种病不会在一段时间内产生任何不良影响，但如果不加以治疗，它可能会在 20 年左右的时间后杀死我（确诊时我 43 岁）。

当你被告知患有癌症，尤其是一种具有攻击性的癌症时，你的大脑立刻会变得疯狂。我的胳膊疼，是不是肿瘤转移了？癌细胞扩散到我的大脑了吗？我认为这是一个正常的反应，即使对那些能获得顶级护理的人来说，也是如此。

我立刻被送去做全身CT（电子计算机断层扫描），没有迹象表明癌细胞扩散了，这让我很放心。

同事戴夫·威廉姆斯是我最先告知的人，他自己也做过前列腺癌手术。作为一名医生，他能提供好的建议。他和我一起参加过几次会议，与外科医生以及NASA的飞行外科医生讨论治疗方案。

同时，我给哥哥打电话，让他也去检查一下。由于我们是同卵双胞胎，有着几乎相同的基因，因此患病风险相似。马克接受检查后，发现他也患有同样类型的前列腺癌。

我决定进行一个耻骨后和机器人辅助前列腺根治性切除术，这个手术可以切除整个前列腺，让我尽快恢复。它也可能产生不良后果，如阳痿或小便失禁。我没有选择不那么激进的化疗，也没有选择激进的手术加化疗。要确定化疗是否已经成功地消除了癌症，可能需要两年时间，我不想等那么久才能再次飞行。更重要的是，宇航员在太空中暴露在辐射之下，外科医生会记录下我们每个人接收辐射量。如果可以避免的话，我不想超过我的终身辐射极限。机器人辅助手术是最有可能彻底消灭癌症，同时让我的职业风险最小化的选择。

2007年11月，我接受了手术。恢复需要很长时间，正如我的外科医生所说的那样，这并不容易。我带了一周的尿路导管，还在身体一侧导流了几周的淋巴液。一天晚上，一名外科医生来家里检查我的恢复情况，他认为可以拔出尿路导管了。他站在我的起居室里，用尽全力把它拔了出来，毫无预兆。在看到之前，我根本不知道那东西有三英尺长。看到它被从我身体里扯出来，我觉得自己就像威廉·华莱士在电影《勇敢的心》中被切除了内脏一样。

虽然身体总体上恢复了很长时间，但我还是积极地让自己重新获得了NASA的认可，并在一月重新开始训练。然而，由于担心宇航服的裆部会给我仍在愈合的伤口带来压力，回到我们进行太空行走训练的水池，我练习了更长的时间。迈尔斯医生和 NASA 的飞行外科医生技术高超，在适当的时候我恢复到了接近正常的状态。第二年，迈尔斯医生再次做手术时，我在手术室里，用戴着手套的手拿着马克的前列腺，然后将它送去做病理检查。哥哥的肿瘤和我的长在不同的方向，就像我们额头上相反的胎记那样。

2008 年初，我开始认真地为太空任务进行训练。我将和两个俄罗斯人，萨沙·卡乐里和奥列格·斯克里波奇卡，一起发射。在空间站上，还会再加入香农·沃克，道格·惠洛克和费奥多尔·尤尔奇欣等三位宇航员。在我执行任务的三个月里，香农、道格和费奥多尔将回到地球，由卡迪·科尔曼、意大利宇航员保罗·内斯波利和德米特里·孔德拉季耶夫接替。我经常去俄罗斯、日本和德国，与这几位宇航员在各自所属的航天机构一起训练。

与俄罗斯人在星城一起工作，我有很多经验，这是好事，因为这会减轻我的训练负担，但我仍然要在那里待很长时间。我学到了很多关于俄美文化差异的知识——俄罗斯人对陌生人的行为漠不关心，近乎冷漠，这对美国人来说是粗鲁的，但俄罗斯人一旦了解我，他们对我的态度就会变得温和而和蔼可亲。我和俄罗斯人的友谊达到了一定深度，但我和许多美国人要很多年才能达到这种深度。

德国科隆的欧洲宇航员中心的指导员来自欧洲各国。我发现，与这样一群不同的人一起工作是一件很有意思的事情，但训练文化本身，仍是纯粹的德国文化——这几乎是一个错误。有时，这会让像我这样不在乎如何制作香肠的人感到有点抓狂。我更喜欢被告知要做什么、怎么做，但知道细节反而会让大家担心。我在科隆训练了 4 周。我迷恋这里的建筑，尤其是圣彼得大教堂，这是一座建于 13 世纪的庞然大物，屹立在莱茵河畔。

与这些同事相比，我遇到的日本同事对陌生人表现出更加礼貌和恭敬的态度。但是，他们要用很长时间才能跨过这个礼貌的阶段，找到一些更熟悉的感觉。因为日本同事对每个人都很有礼貌，所以，我很难判断自己是否已经与他们建立了良好的工作关系。这让我很担心，因为我知道，我的直率常常会被误解，有些人会不高兴。

为了与日本航天局合作，我来到了筑波，这个拥有 20 万人口的城市，位于东京东北方向 50 英里处。我未来的队友道格·惠洛克以及 STS-118 任务乘组的特蕾西·考德威尔也加入了队伍。我自己在远征之前，曾做过特蕾西的替补。一天晚上，当走到附近一家餐馆时，我们经过一辆卡车，卡车的一边有英文标示"玛泉，祝你快乐"，标示下面印着一首奇怪的散文诗：

一开始，只有一辆车

长谷部，是一位 23 岁的创始人

一点点，带来了完全不同的车辆销售方法

1998 年，他实现了

创造出严谨的内部，但步伐轻松

游客不仅可以分享味道，还可以分享风格。

它被认为，想给许多人提供一个笑话

美味的甜点

这就是语言和"玛泉，祝你快乐"

这种情况现在也不会改变，但现在也念念不忘。

它根本不会改变，因为还有现在

移动销售领域的最高目标，是在业务范围内

在国家的各个地方。

这是我们的船，也是你们的家。

第一次看到这辆卡车时，我们停下来大声朗读"诗歌"，对它那几乎耸人听闻的口头英语近似乎迷。祝你开心的玛泉卡车，成了讲英语的游客访问筑波时必去的一个标志性景点，我们总是把它指给新来的人，看他们阅读，并试图理解它。有一天，我用手机拍了一张照片，给筑波宇航中心的一位教练展示了这张照片，他的英语水平很高。我给他读了短信，问他："这对你来说有意义吗？"

"当然，"他回答，"你有什么不明白的吗？"

这更增加了我们对冰激凌卡车的迷恋，以及它所象征的语言和文化差异。直到今天，许多年以后，当我和前同事聚在一起谈论过去的时光，特别是谈起在其他国家的训练时，总会有人在他或她的手机里找出一张照片，然后大声朗读起来："一开始，只有一辆车……"我们总会有笑声，有时还会因为大笑而哭泣。这首冰激凌卡车的诗，让我们想起了美国人在日本会"迷失在翻译"中，但它也提醒我们，为国际空间站远征而进行的那段紧张的训练，以及这些共同经历，让我们走到一起。

就像大多数婚姻一样，我的婚姻从新郎思考如何逃离婚礼开始，我和莱斯利并不幸福。莱斯利是一个好母亲，她一直照顾家里的大事小事，我因此可以在 NASA 自由地工作，包括经常出差旅行。萨曼莎出生后，我试图定期与她谈我们的关系和结束婚姻的可能性。但这些谈话从来都不顺利。在我们的谈话中，莱斯利总是说，如果我试图离开她，她会毁了我的事业，我将再也见不到我的孩子了。她居然用这种方式威胁我，我感到十分震惊和悲伤，但我也明白，一旦情绪过激，我们都将面临很大的风险。

我们决定，试试寻求咨询意见。起初我很不情愿，因为觉得这可能会影响到我在太空飞行的机会。在与 NASA 面谈的过程中，我被问到是否曾经寻求过心理咨询或精神治疗，我如实地说没有，我不希望这种情况被改变。宇航员们从来无法知道，我们为什么会有飞行任务，或者是什么原因，阻止了我们的飞行任务，因此，我们对避免负面关注或争议的本能，是根深蒂固的。但我还是同意了，因为觉得这可能会有帮助，而且莱斯利也想试一下。第一次咨询那天，我们正在接待处等候时，咨询办公室的门被打开了，出来了一位资深宇航员和他的妻子，他们俩都带着情绪激动时的冷酷表情。他和我都默默地认出了对方，虽然我想知道，在那里被人看到，是否会有不良后果，但我至少知道，对一个宇航员来说，为一段麻烦的婚姻寻求帮助，并不是什么人们闻所未闻的事。

咨询师当然帮不了什么忙，我们的婚姻也继续恶化。与此同时，每次莱斯利威胁我时，我就想放弃我们婚姻的结晶。夏洛特出生后，"孩子"变成了"孩子们"，放弃婚姻的代价更大了。所以，我们达成了一个半成熟的决定，由她照顾我们的孩子和家庭，我去追求我的事业。我出差去了很多地方，这样可以减少关系紧张和争吵的机会，我们都喜欢娱乐和有朋友在身边，所以即使我在家，我们也没什么吵架的机会。这样，我们继续生活了好几年。

2009年春天，我回到日本。我一直很期待这次旅行，但一到了那里，我的感觉很糟糕，天气也变得灰暗和阴沉。我得了重感冒，由于时差的关系，我感觉筋疲力尽，一直处于恶劣的情绪中。我拖着病体，整天去上课，参加训练课程。晚上，在我住的经济型小酒店的房间里，我昏倒了。就在那时，我意识到，尽管在筑波不开心，我还是不想回家找莱斯利。我宁愿在一次商务旅行中感到痛苦，也不愿回家。

回到美国的第二天，我就去看望了我的奶奶海伦。在我们还是孩子时，她家一直是我和马克的庇护所，现在她已经90多岁了，住在休斯敦的一个疗养院里。当我和她坐在一起，握着她羸弱的手时，我想到，她在我们小的时候，带我们去植物园唱歌，哄我们入睡，我想到，她在我们小的时候，是多么让我们感到安慰。那是 40 年前的事了，而现在，岁月剥夺了她的活力。当我像她这么老的时候，几十年后的未来，我会在哪里？如果能幸运地活下来，我还能回忆起什么样的生活呢？我怎样在地球上度过余生呢？

第二天，我从公司打电话给莱斯利，告诉她我会早点回家。回家后，我要求和她单独谈谈。在家里，我告诉她，作为我们孩子的母亲，我会永远尊重她。我会一直照顾我的女儿们，但是，我想离婚。

正如我所预料的，她重复了她的威胁，并提醒我，她有证据表明我不忠。

"我能理解你的愤怒，"我说，"但这就是我的决定。我希望你能向前看，做你该做的事情。"

为了女儿们着想，我希望能和平分手。萨曼莎现在 14 岁，正好是处理这种家庭剧变特别脆弱的年龄，夏洛特还只有 5 岁。我认为重要的是，要向女儿们表明，成年人可以冷静、合作、慷慨地解决问题，并强调儿童福利。但这不可能。

当萨曼莎和夏洛特从学校回到家时，我尽可能冷静地和她们说话，尽量让事情看起来亲切而积极，尽管她们可以从妈妈的脸上看出，事情根本不是这样。萨曼莎比夏洛特更难过，她已经长大了，她知道，这将是一个巨大的改变。我试图向她保证，我会尽我所能，保持她的生活稳定。夏洛特似乎对这次谈话不太感兴趣，从开始到结束，她一直都在玩一根橡皮筋——把它缠在手腕上，从手腕上解开。刘海遮住了她的眼睛。过了一会儿，莱斯利问她，是否有什么问题。

夏洛特抬起圆圆的小脸看着我。她看着我的眼睛，我试图读懂她的表情。然后，她拿出橡皮筋，只是简单地问："这是你的橡皮筋吗？"

这是夏洛特的典型作风。她试图把话题从那个让每个人都感到痛苦的话题上转移开来，而此时此刻，我非常关心我的女儿们，担心她们的世界即将分崩离析。夏洛特试图告诉我一些东西。

那天晚上，躺在床上时，我感到了几个月甚至几年来难得的平静。也许，我再也不会在太空中飞行了，但是，我会尝试过一种在我老的时候不会后悔的生活。

莱斯利带着孩子搬走了，兑现了她的威胁。但最终，我们的离婚并没有像我担心的那样影响我的事业。她还在为我结束我们的婚姻而生气。然而，当我开始和艾米蔻交往时，莱斯利对她却出奇地热情。不管她继续对我怀有怎样的敌意，她都没有让敌意波及艾米蔻，而在这种情况下，很多人可能都会这么做。

不久前，莱斯利在电话里向艾米蔻咨询夏洛特的一些旅行安排，当时，莱斯利对她说："我想让你知道，你一直都很容易与人相处。我的女儿们都很爱你，这让我也爱上了你。"艾米蔻是眼含泪水地挂上电话的。我的家人和她都经历过很多事情，这些善意的话，对她来说意味着全部。我认识一些人，在经历了一次艰难的离婚后，说他们希望自己从来没有和配偶结过婚，甚至希望自己从来没有遇见过他或她。老实说，我从未有过这种感觉。莱斯利一直是我生活中重要的一部分，虽然我希望我们能生活在更好的状态下，但我从来没有后悔过娶她的决定，我永远感激她为我生下了萨曼莎和夏洛特。

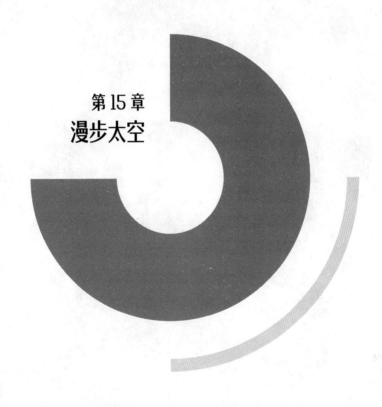

第 15 章
漫步太空

我梦见和谢尔一起去跳伞。我们上了飞机,当我站在舱门口时,谢尔没带降落伞就跳了出去。当他意识到自己的错误时,我看到他的脸色都变了,他慢慢地从我身边滑落,露出惊恐的神色。那时我还没有自己的降落伞,所以忙着找一个,这样我就可以在谢尔着陆前,跳出去抓住他。在飞机上,我在成堆的垃圾中疯狂寻找降落伞。过了一会儿,我知道一切都太迟了,但还是继续找着,直到我醒来。

我飘浮在美国的压差隔离室里,穿着 250 磅重的宇航服,空气慢慢被抽出。我看不到谢尔的脸,因为我们挤在一个汽车大小的紧凑空间里,角度很奇怪,他的头靠近我的脚。我已经穿了 4 个小时的宇航服了。谢尔穿着唯一一件超大号的宇航服,因为他穿不进大号宇航服。我穿的宇航服对我来说实在太小了,感觉就像把 10 磅的土豆塞进一个 5 磅的袋子。我全身已经又酸又累了。

"你还好吗,谢尔?"我直勾勾地盯着他的靴子问。

"很好。"谢尔说,然后迅速竖起大拇指,但我几乎看不到自己面罩底部的场景。任何一个正常人,一旦离开了压差隔离室的空气,就会感到不安和恐惧。但我和谢尔为此训练了很长一段时间,这是我们的第一次太空行走。我们做了充分的准备,并且对这些保护我们安全的设备和工作人员充满信心。

突然,一连串巨响在隔离室里回荡,这是我在训练中从未听到过的声音。

这就像是有人紧急地大声敲门。接着四周安静了下来。有什么不对劲吗？我们应该做些什么吗？我向地面工作人员提到这种声音，他们告诉我这很正常，当空气从气闸中被吸出时，就会发生这样的事情。但之前没有人想过应该在训练中告诉我们这件事，也许，他们只是忘了说。也许他们确实说过，但我忘记了。在约翰逊航天中心，我曾经穿上宇航服，被放进一个巨大的游泳池里，模拟进入国际空间站的情形。这样的事情我已经练习过很多次了。但是，在真正的太空里，还是很不一样的。在太空中，没有潜水安全员来帮我们解决问题。

当气闸处于接近真空状态的时候，我和谢尔就会对宇航服进行一系列检查，以确保它们不会漏水、漏气。在这个过程中，我们需要打开一系列的开关和滑动操纵杆，在戴手套以后，所有这些动作都极其困难。这有点像我们戴着一副棒球手套，却试图更换一辆车的轮胎。更糟糕的是，我们看不到控制器，所以必须使用手腕上的镜子，来看看自己在做什么（控制器上的标签都是倒着写的，因此我们可以看懂）。

我看了看接下来的程序，发现一旦气闸完全开放，我们每个人都要打开水阀，那样水就可以通过冷却系统，来控制我们身上的防护服的温度。但我们不能过早打开水阀，因为水还会冻结和冻裂线路。当气闸中的空气继续减少时，我想警告谢尔，水阀就在一个相似的开关旁边，是很容易被意外打开的。那个相似的开关是用来关闭闹铃，或在一个小小的液晶屏上滚动宇航服的状态信息的。但我告诉自己，在太空行走训练中，谢尔跟我一样出色。我不需要对他的工作细节指手画脚。

当气闸还没有完全处于真空状态时，谢尔说："休斯敦、斯科特——我刚刚碰到了水阀开关。"

我心里想，该死！但没有说出来。我深吸一口气，使自己平静下来。"你转了一圈？"我问道。我决定不要警告他的事情，他刚刚却做了。

"是的。"谢尔说。

我们这次太空行走的指令舱通信员是特蕾西·考德威尔·戴森，也是我第二次执行航天飞机任务时的乘组同事，这段时间她刚刚结了婚，跟随夫姓，得到了一个新的姓氏。"休斯敦收到，"特蕾西回答，"谢尔，你能告诉我们，你把它打开多久了吗？"

"不到半秒钟。"谢尔说。他听起来很沮丧。我们过去两周的所有工作日，都在为这次太空行走做准备——今天就花了几个小时了。我们不想重新开始这个准备过程，更不用说这套价值 1 200 万美元的宇航服有破损危险。

在地球上的宇航服专家讨论该怎么办时，我却为自己没有警告谢尔而恼怒。根据 NASA 的工作方式，我们意识到，一旦出现这种情况，他们很有可能不会允许我们继续做下去。专家们会认为，谢尔的安全无法保证。最重要的是我和谢尔安全地度过这一天。有很小的可能，NASA 会让我们继续做下去，那样的话我需要谢尔全心投入。

"以前也发生过这样的事情，"我告诉他，"这种情况以后还会发生的。"

"是啊。"谢尔回答，听起来很沮丧。

"别担心。"我说，我希望能和他进行眼神交流，看看他怎么样了。

"好的。"谢尔用平淡的语气回答，但他的表现与他的话完全不一致。宇航员们已经看到，他们的职业生涯永远会受到这类错误的影响。

"不会有事的。"我对他说，也对自己说道。

地面的宇航服专家仍在讨论是否可以继续进行太空行走，以及我们需要采取什么预防措施。与此同时，我们被告知可以打开舱门，在他们决定下一步行动方针前，享受一下目前的景色。我握住把手，意识到自己并不知道外面是白天还是黑夜。我打开了舱门。现在，我不得不同时把舱门朝我的胸口移动，并把它转向我的头部，这个动作很有挑战性，因为没有任何东西可以勾住我的脚。我把舱门拉向自己，和把自己拉向舱门是一样的效果。

我拉啊拉，拉了几分钟，终于打开了舱门。来自地球的反射光，以我所见过的最突然、最令人震惊的清晰度和亮度冲了进来。在地球上，我们通过大气层这个过滤器来观察一切，光线因此变得暗淡，但在这个空旷的太空里，太阳的光线灿烂而热烈。从地球上反射出来的明媚阳光让人无法抵挡。我立马从对一台机器设备产生的烦躁不安中抽离出来，敬畏地凝视着我所见过的最美的景色。

身着宇航服，我感觉自己像是在一艘小型宇宙飞船里，而不是穿着什么东西。我的上半身飘浮在坚硬的宇航服躯干里，头埋在头盔里。我听到风扇嗡嗡作响，把空气转移到宇航服里。头盔有一种微弱的化学气味，但并没有让人不舒服，也许，我们的面罩可以用来防止起雾。通过耳机，我能听到休斯敦和谢尔的声音，就在离我几英尺远的外太空，还有我的呼吸声的奇怪扩音。

这颗行星的表面，就在我下方 250 英里处，以每小时 17 500 英里的速度呼啸而过。地面工作人员大约讨论了 10 分钟，然后告诉我和谢尔，我们可以走出舱门了。出去以后，我们可以更好地移动，这样我才能检查谢尔的宇航服是否漏水了。在寒冷的太空中，漏出的水看起来就像是从宇航服背上喷出的雪花。如果看不到雪花，我们就可以继续进行下去。

我抓住头两侧的扶手，准备把自己拉到舱外。气闸舱的舱门朝向地球，这似乎是我们称之为"下"的方向。在地球上，我们在游泳池里训练时，舱门朝向地面，总是感觉地面在我们下方。尽管水池的浮力已经抵消了我的重力，但重力仍迫使我朝向地球的中心，我可以清晰地感知上下方向。为了这次太空行走，我们训练了几百个小时，我已经习惯了这种预先配置给我的想法。

不过，在舱门里走到一半时，我的视角就有了转变。突然，我有了一种爬起来的感觉，好像是从汽车的天窗里爬出来似的。大大的蓝色地球穹顶在我的头顶盘旋，就像科幻电影中附近的某个外星球一样，看起来好像可以撞到我们身上。有那么一会儿，我迷失了方向。我正在考虑去哪里找附着点，舱外有一个小小的圆环，可以用来钩住我的安全索，但我不知道去哪里找它。

就像所有训练有素的飞行员一样，我知道如何将乱七八糟的想法从脑海中驱除，因为这些想法并不能帮助我完成手头的任务。我把注意力集中在眼前的东西上——我的手套、扶手和空间站外面的小标签。通过之前无数小时的训练，我熟悉了这些东西，我忽略了头顶的地球以及它所带来的迷失感。我没时间去想它，所以我把它放在一边，开始工作。我从自己的微型工作站上取下安全索，这是一种夹在我的宇航服前面的高科技工具，我把它固定在气闸舱外面的一个环上，确保挂钩是闭合的。这就像在飞机着陆前放下起落架一样，固定安全索是你绝对不想搞砸的一件事情。

我在国际空间站执行最后一次长期任务时，两名俄罗斯宇航员奥列格·斯克里波奇卡和费奥多尔·尤尔奇欣一起进行了一次太空行走，在俄罗斯服务舱外安装了一些新设备。当回到舱内时，他们俩看起来吓坏了，尤其是奥列格。起初，我以为他是因为第一次出舱而感到害怕。但直到这次执行这个为期一年的任务，我才知道了那天发生的所有细节：在太空行走中，奥列格脱离了空间站并飘了出去。幸好他撞到了一根天线，这样他才得以跌跌撞撞地飘回空间站，他伸手紧紧抓住了扶手，得以幸存。我常常在想，如果知道他会无法挽回地飘离空间站，我们该怎么做。我们可能会把他家人的联系方式存在他宇航服的通信系统里，这样他就可以在因二氧化碳过量或缺氧而失去意识前，和家人说一声再见了。这可不是我想花大量时间思考的事，因为太空行走马上就要开始了。

美国产的宇航服都有一个简单的推进式喷气背包，可以让宇航员在太空中移动，以防安全索断裂或事情被我们搞砸了。但我们不想依赖它们，或者说实话，我们连试一试都不想。在训练中，我们练习使用喷气背包的唯一方法是虚拟现实模拟训练。训练时，宇航员有时会耗尽燃料或完全错过空间站。我清楚地意识到，如果我脱离了与空间站之间的连接，并且燃料耗尽，即使空间站与我的手套尖只有一英寸的距离，也和一英里远没什么区别，两者的结果将是一样的：我会死。

我确定安全索已经固定好以后，就把谢尔的安全索从我身上解下来，同样连接到空间站外面，我小心翼翼地对它进行再次检查，就像检查我自己的安全索一样。谢尔把我们工作所需要的设备包递给我，我把它们分别放在气闸外的圆形扶手上。一旦准备好了我们需要的一切，我就给谢尔让出出口。我们俩都在舱外时，做的第一件事，就是我们之间的"互相检查"，彼此从头到脚察看对方的宇航服，确保一切都井井有条。特蕾西从任务控制中心给我们讲解了这个问题，她告诉我如何逐步检查谢尔的 PLSS（便携式生命支持系统，也就是我们穿着的宇航服上的"背包"），看看有没有冰雪的痕迹。它看起来完全正常，没有雪花，我很高兴地向地面报告。我和谢尔都松了一口气，我们的太空行走将继续进行。（我们后来得知，地面上一些工程师想取消这次太空行走，但首席飞行主管否决了他们的意见。）我们互相检查对方的头盔灯、头盔摄像头、微型工作站、喷气背包手柄，确保所有东西都安装好了。谢尔的一个喷气背包手柄没有装好，而他正在离开气闸舱的路上，我的一个手柄也没有装好。装好之后，我们再一次检查安全索，我们以一种小心到不能更小心的态度对待安全索。穿上宇航服将近 5 个小时后，我们准备好开始工作了。

人类几乎在刚刚进入太空时，就决定爬出飞船。一部分原因是为了实现一个人独自飘浮在浩瀚宇宙中的幻想，除了一条连接他和飞船的安全索之外，什么都没有。而且，太空行走也是科学探索的必要条件。从一个航天器转移到另一个航天器的能力，探索行星体的表面或（特别是与国际空间站有关的）在航天器外部进行维护、修理或组装的能力——所有这些，对长期太空旅行都至关重要。

第一次太空行走，是在 1965 年由苏联宇航员阿列克谢·阿尔希波维奇·列昂诺夫进行的。他打开了上升号飞船的舱门，飘浮在一条安全索上，并向莫斯科报告说："地球绝对是圆的。"这可能会让世界各地认为地球是扁平的人感到沮丧。这是苏联太空计划的胜利时刻，但 12 分钟后，阿列克谢·阿克希波维奇发现自己无法通过舱门返回。由于故障或设计不良，他的宇航服已经膨胀到无法通过狭窄的舱门；他不得不将一些宝贵的空气从宇航服中释放出来，才能挣扎着回到飞船里。这样做使宇航服内的压力大大降低，他几乎要昏过去了。这对太空行走的历史来说，并不是一个好的开始。但从那时起，已经有 200 多人成功地穿着宇航服，飘浮在黑暗的太空中。

虽然太空行走的部分挑战现在变得更容易了，但它们仍然充满危险。就在几年前，宇航员卢卡·帕米塔诺在舱外时头盔开始充水，引起了对宇航员在太空中可能溺水的恐惧。太空行走比我们在轨道上的任何其他时间都要危险得多，因为这中间有那么多的变量，那么多的设备可能会失败，程序也会出错。在太空中，我们太脆弱了。

作为航天飞机的飞行员和指挥官，我还从来没有机会进行过太空行走。在那些宇航员花几百个小时进行太空行走所必需的训练时，我正在练习驾驶飞机和下达指令。在航天飞机时代的大部分时间里，我们这些被指定为飞行员的人知道，由于这种任务分工，我们将永远没有机会穿上宇航服飘浮在宇宙中。一艘航天飞机可以安全地带回一名失踪或受伤的任务专家，但如果飞行员或指挥官失踪，则会带来更多的问题。但现在，我们正处于另一个太空飞行时代，国际空间站的这次任务，给了我一个机会。

出舱需要大量的准备时间。我们尽可能提前计划将要做的事情，并按照一定顺序去做，以最大限度地减少问题，最大限度地提高效率和业绩。我们准备好宇航服，检查并复核所有可以让我们在真空中生存的装备，并整理和准备将要使用的工具——专为在失重环境下戴的笨拙手套而定制的工具。

早上 5 点半，我就起床了，一整天都赶在任务的时间轴之前完成工作。我穿上了一件尿布和在宇航服下身穿的液体制冷服，就像连接到宇航服的内置空调的长内衣。接着，我吃了一顿简单的早餐，前一天晚上，为了节省时间，我已经做好了早餐。然后到气闸舱开始穿衣服，目标是尽量早点离开气闸舱。我的人生哲学就是，对复杂的工作，如果你没有提前安排，就已经落后了。

我和谢尔吸了一小时的纯氧，以减少血液中的氮含量，这样我们才不会患上减压症。龟美也是这次太空行走的舱内工作人员，负责帮助我们穿戴宇航服，管理呼吸氧气的程序，控制气闸舱及其系统。他的任务可以列出一个有几百个步骤的清单，看起来可能很平凡，但他的工作对我和谢尔来说是至关重要的。宇航员是不可能在没有别人的帮助下穿脱宇航服的。哪怕龟美也犯了最小的错误——比如说，帮我把靴子穿错了——我可能会死得很惨。我的宇航服包括一个维持氧气流动的生命维持系统，呼出的二氧化碳会被清除掉，并让冷水流过覆盖身体的管道，这样身上才不至于过热。虽然是在失重的环境中，但这套衣服仍然有质量。它又僵硬又笨重，很难移动。

我钻到宇航服裤子里，龟美也帮我把上半身塞进去。我的肩膀几乎就要脱臼了，胳膊肘弯曲，我把胳膊伸进袖子里，把头伸进了颈环。龟美也把我的液体冷却服连在一起，然后把裤子密封好，每一件衣服之间的连接都至关重要。最后一步是戴上头盔。我的面罩上安装了菲涅尔透镜来矫正我的视力，所以我不用戴眼镜或隐形眼镜。因为眼镜可能会滑落，尤其是当我用力或出汗时，而且戴着头盔时，我也没有办法调整眼镜。隐形眼镜是一种选择，但他们不同意我戴。

穿好宇航服后，龟美也就把我们放进了气闸舱——先是我，然后是谢尔——让我们为之后的出舱保存能量。我们飘浮着，等待空气被从气闸中抽回到空间站。空气是一种宝贵的资源，所以我们不喜欢把它排到太空里。

特蕾西的声音打破了沉默："好了，伙计们，在斯科特的带领下，开始移动到你们各自的工作地点。"

她说"移动"的意思是，我们沿着空间站外面的轨道用手一点一点移动自己。在地球上，走路是用脚来完成的；在太空中，特别是在空间站外，移动则是用手来完成的。这就是我们的宇航服手套如此重要的原因之一。

"收到。"我告诉特蕾西。

我移动到自己的第一个工作地点，在空间站巨大桁架的右边，我会偶尔回头看看自己的安全索怎么样了，并确保它不会被任何东西勾住。起初，我觉得自己像是在地板上双手交替地爬行着。我立刻震惊于空间站外部的损伤，微流星体和太空碎片已经"攻击"了它15年，制造了很多小坑和擦痕，以及完全穿过扶手的洞，划出锯齿状的边缘。这有点令人担忧，特别是我和那些太空碎片之间只隔了几层宇航服。

人们在空间站外，显然是一种不符合自然规律的行为。我并非害怕，我想这证明了我们的训练成果，还可以看出能力的高低。如果花点时间思考一下自己在做什么，我可能会完全崩溃。当太阳出来的时候，我可以感觉到它的热度。45分钟后，太阳落下，我可以感觉到彻骨的寒冷。气温从270华氏度[①]降到负270华氏度只用了几分钟的时间。我们的手套上有加热器可以防止手指被冻僵，但我们的脚趾上就什么都没有了。(幸运的是，我的脚指甲几周之前痊愈了，没有任何妨碍，否则将更不舒服。)

---

① 1华氏度≈17.22摄氏度。——编者注

地球的色彩和辉煌向四面八方蔓延开来，令人吃惊。我已经无数次从航天器的窗口看到地球，但是，从宇宙飞船内部透过多层防弹玻璃看到的地球，与在飞船外面看到的地球相比，就像从车窗里看到的山峰与攀登时的山峰之间的区别一样。我的脸几乎被薄薄的塑料头盔压得喘不过气来，我的视野似乎向四面八方伸展开来。我看到了令人惊叹的蓝色、云朵的纹理、地球上各种各样的景观还有地平线上闪闪发光的大气层，这层纤弱的薄片使地球上的所有生命成为可能。在宇宙中，除了黑色的真空外，别无其他。我想对谢尔说点什么，但是我又想不出该说些什么。

我的第一个任务，是从主要的总线开关单元中拆除绝缘材料，这是一个巨大的断路器，可以将太阳能电池板中的电力分配到下游设备。完成这个工作通常需要进行太空行走，但我们正在尝试用机械臂来做更多的工作。这样一来，用主机械臂就可以将其拆除了。

谢尔的第一个任务，是为阿尔法磁谱仪铺上热毯。这是一个粒子物理实验，它发回的数据可能会改变我们对宇宙的理解，但如果想让它继续工作，就要保护它不受太阳的影响，以免过热。这台磁谱仪是 2011 年"奋进号"航天飞机最后一次飞行时送到空间站的，那次飞行是我哥哥指挥的。5 年前，我们谁都没有想到，我将会主导一次延长磁谱仪的寿命的太空行走。

最近几年，哈勃太空望远镜和其他仪器，如阿尔法磁谱仪，已经改变了我们对宇宙的认识。我们一直认为，我们可以观察到的恒星和其他物质——平均各有 1000 亿颗恒星的 2 000 亿个星系——构成了所有存在的物质。但现在我们知道，宇宙中只有不到 5% 的物质是可以被人们观察到的。寻找暗能量和暗物质（剩下的东西）是天体物理学的下一个挑战，阿尔法磁谱仪正在寻找它们。

对太空行走来说，从主要公共单元上拆卸和装载绝缘材料，是一项相对简单的任务。但是在失重环境下做这些工作，比你想象的要困难得多——就像你要往钉在天花板上的行李箱里装东西。即使是在太空中进行简单的工作，也需要集中精力，这与将一架F-14战斗机降落在航空母舰上，或航天飞机着陆时所需要的专注是相似的。但在这种情况下，我必须整天保持这种专注，而不是仅仅几分钟。

今天要记住的三件最重要的事情是：安全索、任务和时间表，我要时刻关注安全索，看它是否连接在空间站上。没有什么比我继续活下去更重要了。在这期间，我必须把注意力集中在手头的任务上，并恰当地完成它。从长远来看，我必须考虑太空行走的总体时间表，以便最大限度地利用宇航服里有限的资源和我们自身的能量。

当我清理完绝缘材料并把它塞进一个袋子里时，我得到了来自地面的祝贺，因为我的工作做得很出色。几个小时以来，我第一次深呼吸，尽我所能在僵硬的宇航服里伸展，环顾四周。这在平常正好是一个午餐休息的时机，但这并不在今天的日程上。我可以用头盔里的吸管喝点水，仅此而已。我正在享受美好的时光，而且仍然精力充沛。我对自己说，我们能完成这次太空行走。但随着时间的推移，我们发现这是一种错误的自信。

我的下一项任务，是维修机械臂的末端效应器——"手"。没有它，我们就无法捕捉以及将运送食物和其他必需品的来访航天器带到美国舱一侧。一旦我停下脚步，就会意识到自己有多么幸运：我没有像其他太空漫步者那样，面对国际空间站（就像谢尔现在这样），而是面向地球。工作时，我可以一直盯着脚下迷人的景色，而不是在这十分宝贵的自由时刻，转过身偷看一眼。我觉得自己像"泰坦尼克号"的莱昂纳多·迪卡普里奥，我是世界之王。

在为这次任务做准备时，我用同一种末端效应器的模型进行模拟练习，使用的工具也与在太空中要用的一样。而且练习时，我也戴了宇航服手套。但这些练习经验与太空中的实际操作还是大相径庭。现在，我、油枪和润滑油都飘浮在太空中，太阳每隔 90 分钟就会升起和落下，而地球正在我脚下旋转，庄严雄伟。我所使用的这种油枪设计精良，就像五金店买的油枪的高级版本，但尴尬的是，我要带着增压宇航服的肥大手套来用它。几个小时以来，我挥舞着这个笨重的手套，就像一个 5 岁小孩用手指抹油漆一样。油到处都是。小小的润滑油从枪上跳下来，好像他们有自己的意志去探索宇宙。一些润滑油向我飘来，这可能会造成严重的问题；如果润滑油落在头盔的面板上，我可能就看不到回去的路了。这项任务比原计划的时间要长得多。很快，我的双手就开始疼痛，开始觉得可能无法移动它们。在这次太空行走所有令人疲惫的事情中，操作手套所付出的努力，是迄今为止最糟糕的，它把我的指关节磨得很粗糙，还让我的肌肉过度疲劳，但我还有很多事情要做。我和龟美也一起工作，因为他能精确地操纵机械臂，以便把它放在我需要的地方。我把润滑油放在一个长线工具的末端，然后把它插入末端效应器黑暗的孔洞里。我看不到里面的东西，只能希望润滑油能涂抹在正确的地方，就像我盲目地感觉到的一样。

这个任务耗时太久了，我知道我完不成预定的其他任务了。谢尔也移动了很远，他铺设的电缆能让以后来访的飞船与我们对接。事实证明，这些电缆和我的油枪一样不好操作。我们已经工作了 6 个半小时，打算结束这一天的工作，回到气闸舱。尽管我们宇航服里的消耗品还可以再用几个小时，但我们必须为可能出现的意外留出应对的时间。

太空行走中面临的最困难的问题是：我和谢尔必须回到气闸舱。谢尔先走，他穿着笨重的宇航服穿过了舱门，没有被任何东西勾住。一进舱，他就系上了安全索。我解开他仍然连在空间站外部的安全索，然后把安全索系到自己身上。接着，解开我自己身上的安全索。我把腿放在头上，然后翻转到舱里，所以，我将面对舱门关闭它。

我俩都回到舱内时，我们都呼吸困难。关闭舱门——这绝对是高强度的——要比打开舱门难得多。因为太空行走的疲劳造成了能量损耗，我手上的力气已经完全耗尽了。

第一步是关闭外部保温盖，就像大多数暴露在强光下的设备一样，这个舱门已经被太阳严重损坏。这个土豆片形状的盖子已经不容易关上了，而且需要多种技巧，才能安全地关上它。随着舱盖的关闭，我们该重新连接空间站系统，通过空间站将氧气、水和电力输送到宇航服上，而不再消耗宇航服里的能量。这也不是一项简单的任务，但几分钟后，我们设法让它们恰当地连接起来。

尽管疲惫不堪，但我还是想办法把舱门安全地关闭并锁好。空气在我们周围嘶嘶作响，回到舱内的一系列工作，让我和谢尔的呼吸仍然很困难。我们大约等了15分钟，做了一些泄漏检查，确保当气闸舱的压力恢复到空间站压力水平时，舱门也已正确关闭。在等待时，我挣扎着把耳朵压在一个嵌入我头盔的垫子上，然后吹气（这个瓦尔萨瓦动作是为了模拟我们捂起鼻子的效果）。完成这个动作，需要的力量比我预想的更多，之后我发现，在这个过程中，我的眼睛里有些血管破裂了。

我们已经穿了11个小时的宇航服了。

在压耳朵过程中的某个时刻，我们失去了与地面之间的通讯。我们知道，这意味着至少有一段时间我们不用在NASA电视台露面了，而且可以说，我们喜欢这样。

"真他妈的疯了！"我说。

"是的，"谢尔也同意，"我累死了"

我们都知道，在9天之内，我们还要进行一次太空行走。

当舱门打开，我们看到了龟美也的笑脸，知道这一切快结束了。龟美也和奥列格仔细检查了我们的手套并拍了很多照片传送到地面上。手套是我们套装中最脆弱的部分，容易划伤和磨损，地面上的手套专家希望尽可能多地了解今天手套的情况。在宇航服仍处于加压状态时，任何漏洞都更容易看到。

准备脱下宇航服时，龟美也会先帮我们脱下头盔，这在某种程度上是一种解脱。但是，我们会失去更干净的空气：宇航服里的二氧化碳过滤器，比空间站上的西德拉做得好。在地球上，想脱下宇航服是很困难的，但是我们也有重力的优势，可以把我们的身体向下拉到地面上。但在太空中，我和宇航服在一起飘浮着，所以，我要龟美也抓住衣服的袖子，同时用他的腿用力拉着裤子向另一个方向拽。从坚硬的宇航服中挤出来时，让我想起了一匹正在分娩的马。

一旦脱离了宇航服，我立刻意识到穿上它是多么令人疲惫，更不用说我们还穿着它工作了一整天。我和谢尔去了多功能永久货舱，在那里，我们脱掉长长的内衣，处理用过的尿布和生物医学传感器。我们快速"淋浴"（用湿巾擦拭身上的汗，然后用毛巾擦干），然后在 14 小时内第一次吃东西。我打电话给艾米蔻，告诉她我的进展——虽然她从任务控制中心看到了整个过程，但我知道，她在等着听我的感受。比起这次任务的其他部分，她太担心这次太空行走了。

"嘿，"她一拿起电话，我就说，"我不知道该怎么形容。这真他妈的疯狂。"

"我为你感到骄傲，"她说，"看得我很紧张。"

"这对你来说很紧张吗？"我开玩笑说，虽然我明白她的意思。从休斯敦时间早上三点开始，她就一直在任务控制中心，直到我安全地回到空间站里面之后，她才开始吃东西，期间甚至没有上过厕所。

她说："这比看你发射更紧张。至少那时候，我有机会和你说再见。我知道，如果今天出了什么差错，那我就有 7 个月见不到你了。"

她告诉我，她特别激动，因为在我做了这么多年的宇航员之后，我终于有机会进行一次太空行走，她说，NASA 的每个人都感受到了这种热情。

"我累坏了，"我说，"我不确定我是否愿意再做一次。"我告诉她，这绝对是"第二种"乐趣，做完了才会感到很高兴。但我知道，在我们下一次太空行走之前，我已经准备好再次出发了。在挂断电话之前，我告诉她，我爱她。

那天晚上，我们到俄罗斯舱段参加了一个小小的庆祝活动。成功的太空行走是一个值得庆祝的事件，还有假期、生日、宇航员的到来和离开，这些都需要特殊的晚餐。但这次的活动很短暂，因为谢尔和我都累了。吃饭时，我们聊着这一天，什么方面进展顺利，什么方面让我们惊讶，什么方面下次再做可能会不这样做。我告诉谢尔，他的工作相当出色，因为我知道，他仍然在努力忘记那个错误的开关动作。他知道我不会无缘无故地表扬他，所以，我希望他能在这一天结束时感到自己做得很好。我再次告诉龟美也，作为这次任务的四号宇航员，他做得很好。我再次感谢俄罗斯同伴的帮助。在这样的日子里，很明显，这个团队可以真正团结在一起，这是我经历过的最艰难的一天后所得到的回报之一。

在我们互道晚安后，我滑进睡袋，关掉灯，试着睡觉。从明天开始，谢尔、龟美也和奥列格将在太空中度过 100 天。在准备第二次太空行走之前，谢尔和我将有一些时间的恢复。这次的工作将会更加复杂，而且对身体的要求更高。但现在，我可以休息了。今年最大的难关之一，现在已经过去了。

一天晚上，我打电话给我爸，问问他怎么样了。他告诉我，我的舅舅丹，也就是我妈的兄弟，去世了。他一生中大部分时间，都处于体质衰弱的状态，所以，他的离世并没有让我大吃一惊。但他离开得还是太早了，因为他只比我大 10 岁。我和马克 10 岁时，舅舅曾搬到我家的地下室住了一段时间。因为他比我妈更接近我们的年龄，所以，我的印象里他更像一个哥哥，而不是舅舅。我对爸爸说，死亡不会因为我在太空而等待我，就像生命一样。我没有机会和舅舅道别了，直到葬礼结束后很久才会回来。这一事实提醒我，我错过了一些永远无法弥补的东西。

几天后，当谢尔飘浮在美国实验室舱段时，我拦住他，问他能否抽出一分钟时间。我装出一副严肃的表情告诉他，我要和他谈谈。

"当然，怎么了？"谢尔以他特有的乐观语调回答我。这种阳光自信和正能量的人，可能会被认为是装出来的，但从与谢尔一起工作的这段时间里，我学到了很多东西。在这种充满挑战的环境下，他的态度完全是真实的。他确实充满正能量。我想，作为急诊科医生，他的这种特质非常有用，在长时间的太空飞行中也同样很宝贵。

"是关于下一次太空行走。"我用严肃的语气说。停顿了一下，好像在寻找合适的词语。

"是吗？"谢尔问，他开始出现了一丝忧虑。

"恐怕我不得不告诉你，你不会再当2号宇航员了。"在我们的第一次太空行走中，谢尔就是2号宇航员。而我比他更有经验，所以担任了首席宇航员，尽管这是我们两人的第一次太空行走。

谢尔脸上闪过一丝忧虑，紧接着就是真实的失望。

"好吧。"他答道，等着接下来的消息。

我觉得玩笑开够了。"谢尔，你将成为首席宇航员。"

这是个恶作剧，看到他意识到自己已经升职而露出的宽慰和兴奋，我还是觉得很有意思的。谢尔未来将完成更多的任务，而且可能会进行更多的太空行走，因此，他获得作为领导者的经验将是无价的。我完全相信他有能力履行这一职责，我也是这样告诉他的。我们还有很多准备工作要做。

11月3日，是地球上的美国中期选举日，所以，我打电话给家乡得克萨斯州哈里斯县的投票委员会，得到一个选举密码，我可以用它来打开一个他们早些时候发给我的 PDF 文件；我填写选票后并发回给他们。选票上没有政治候选人，只有公民投票。尽管如此，我还是以在太空中行使宪法授予我的权利为荣，我希望这可以告诉人们：投票是件很重要的事情（不方便投票，从来都不是不投票的好借口）。

我关注地球上的新闻，特别是政治新闻。而且看起来，明年的总统选举将会与众不同，就像我在太空俯瞰地球时发现的龙卷风一样，它将在未来几年重新塑造我们的政治格局。我密切关注两党的初选，尽管我不是一个爱操心的人，但我开始担心了。有时在睡觉前，我会透过穹顶舱的窗户，看看脚下的星球。下面到底发生了什么事？我喃喃自语。但是我必须把注意力集中在我能控制的事情上，而这些事情就在这里。

第 16 章
意外

俄罗斯人的医学检查系统与众不同，当乘坐他们的"联盟号"飞行时，我们必须遵守他们的规则。因此，在近期接受癌症治疗后，我新的飞行外科医生史蒂夫·吉尔莫才允许我乘坐"联盟号"飞船前往国际空间站。

俄罗斯对前列腺癌的外科手术和治疗方案并不像美国那么先进，因此，他们关于这种癌症的生存和康复的统计数据与美国大相径庭。俄罗斯医生高估了我由于手术而产生的负面影响，或癌症复发的可能性。他们特别担心，我可能突然发现自己不能在太空中小便，这将会让我极早地离开空间站，并且代价高昂。他们不想冒这个险。

史蒂夫努力让俄罗斯医生相信，我的手术是成功的，我能在太空中轻松地小便。由于他年轻的外表和乐观的性格，我们总是叫他"小伙子"或是"开心"。他在我的这个问题上花了一年多的时间。对 NASA 来说，用其他宇航员代替我会更容易办到，所以我很感激他们对我的支持。最后，俄罗斯航天局同意让我上飞船，他们认识到美国在这方面的专业知识和经验比俄罗斯丰富。但最终，他们仍然要求我在"联盟号"飞船上使用尿路插管。

2007 年底，我开始为自己的太空任务进行训练，将我们送到空间站的飞船计划于 2010 年 10 月发射。前往国际空间站的任务被分配给 6 名宇航员，我在空间站的时间里，将涉及第 25 远征队和第 26 远征队。2008 年，我开始和"联盟号"飞船指挥官萨沙·卡乐里和飞行工程师奥列格·斯克里波奇卡一起工作。萨沙是一个安静而严肃的人，乌黑的头发中夹杂着几根银丝。他是经验最丰富的宇航员之一，曾在"和平号"空间站上执行了3次长期飞行任务，在国际空间站上执行了一次任务，在太空中总共待了608天。他还有着许多老派的态度和传统，包括将一些小型的苏联国旗塞进个人物品里，带到"联盟号"上。他似乎很怀念过去，当然，这对我来说很奇怪，但我还是很喜欢他。奥列格正在准备他的第一次太空飞行。他勤奋好学，准备充分，各方面都努力以萨沙为榜样，而萨沙则像对待儿子或小弟弟一样对待他。

当然，这已经不是我第一次和俄罗斯人一起训练；我曾经在2001年作为国际空间站第5远征队的替补进行飞行训练，而且在这次飞行前也曾经担任过替补。到目前为止，我非常熟悉俄罗斯航天局如何处理类似的训练，比如NASA更喜欢进行飞行模拟训练，但他们不这样做，我国人更强调理论与实践的对比。如果NASA要训练一个宇航员如何邮寄包裹，他们会拿一个盒子，在盒子里放一个物体，并给你指明去邮局的路线，然后送你出发。俄罗斯人会在森林里开始讨论用来制造纸浆的树种，然后详细讨论制作盒子的历史。如果你还没有睡着的话，最终，你会得到有关包裹实际邮寄方式的相关信息。在我看来，这是他们培训系统的一部分——每个参与培训的人都要证明，他们可能要知道的一切。如果出了什么差错，那一定是宇航员的错。

在上"联盟号"前，我们必须通过口语考试，分为一到五级，就像整个俄罗斯教育系统的考试一样。我们在一大组评委面前参加期末考试，大约有20人给我们打分。我们还有许多观众。私下里，我把口语考试称为"公开石刑"。这个过程的一部分，是面对考试后的报告，其中宇航员要为他们认为应得的分数据理力争，尽量减少和避免任何错误。这种关于成绩的争论，就像是一项运动，而且似乎在一定程度上，评委们会根据我们如何辩护自己来进行评分。我从来不想争论，愿意接受评委给我的任何分数，因为我知道，最终，我会不顾一切地飞进太空。

我们的一些训练是在其他地方进行的。在那里我们学会了做各种事情，从修理空间站的设备，到开展许多分支学科的实验。有一天，在约翰逊航天中心，我参加了一个由一位材料学家主讲的课程，他正在教一群宇航员如何在空间站上使用一个新的设备——在失重环境下用于加热材料的炉子。当解释炉子的特性时，他给我们看了一个高尔夫球大小的样品，一种在炉子里"锻造"的材料，并反复表示这种材料"比钻石还硬"。我认为难以置信，并且问他是否能拿给我看看。他微笑着递给我。

"这真的比钻石还硬吗？"我问道。

他向我保证是这样的。

我把样品放在地板上，然后踮起脚跟，用询问的眼光看着那位科学家。

"踩吧。"他说。

我用鞋跟狠狠地踩下去，样品碎了，房间里到处都是碎片。显然，它并不比钻石硬。这件事，成为 NASA 某些人描述我时的一部分内容——他们说我对在空间站上开展的科学研究工作没有给予足够的尊重。的确，我不是一个科学家，科学研究也从来都不是我进入太空的主要动机。但是，即便科学不是使我成为一名宇航员的原因，我对追求科学知识仍怀有深深的敬意，我会认真对待这个问题。毕竟我认为，测试炉子的样本是用科学方法获取知识的一个例子。

另一个独特的俄罗斯航天实践，是为每位乘员制造独家定制的座位内衬。第一次担任替补乘组成员时，我去过俄国的星辰公司，这家公司负责制造"联盟号"飞船上的座椅和索科尔宇航服，还为军用飞机制造弹射座椅，以及宇航员太空行走时穿的宇航服。我和一位 NASA 的外科医生，还有一位专门从事医学翻译的助手，从莫斯科另一边的星城穿过莫斯科郊区好几英里，进入了星辰公司的设备间。在其他人的帮助下，我钻进一个像浴缸般的容器，接着，暖和的石膏倒在我的周围。石膏硬化后，我在别人的帮助下脱模，然后，看着一个像托尔斯泰那样留着胡须、饱经风霜的老工匠在那里工作。我看着他那双长长的、像雕塑家一样敏感的手指，刻掉多余的石膏，为我的背部和臀部制造一个完美的模型。

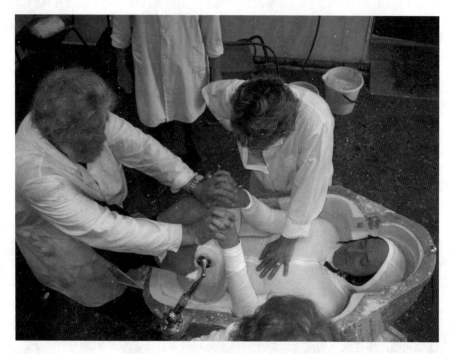

图 16-1　为我的"联盟号"座位内衬浇注石膏

几周后，我回到星辰公司，要求去检查新制造的座位内衬，然后是可怕的压力检查——一个半小时后，我穿着定制的宇航服，坐在定制的座位里，宇航服开始加压。我下肢的血液循环被切断了，这个姿势是一次非常痛苦的折磨。所有宇航员都害怕这个过程，但如果有人抱怨，他们会得到一个简单的回答："如果现在不能应付这种疼痛，在太空中你该怎么应对它呢？"我从来没有为此争论过，但这个论点是有漏洞的；在太空中，你可以应对那些不适的感觉，但你知道，那并不会影响性命。几周后，我又回到这里做压力测试，这次是在真空室里，这个仪式是为了给我们信心。这些活动就像俄罗斯太空计划中的许多传统一样，更像是一次成年礼，而不是工程必需的过程。在接下来的几年里，我还要再举行2次这种痛苦的仪式。

在预定发射日期前两周，我们到达拜科努尔。最后一天的早上，我们适应了一下，之后进行密封检查，通过玻璃窗，对我们所爱的人讲话。我们乘车去加加林发射台，其间在轮胎上撒尿，然后爬进飞船。为了让飞行器准备就绪，我们必须做的事情之一就是配置氧气系统，这是飞行工程师的职责所在。在发射倒计时快要结束时，我正在操作一个氧气阀门，突然听到一声巨大的爆炸声。我们猜测可能是压缩氧气泄漏进了飞船，这次猜对了。我立即关闭阀门，它在飞行过程中应该是关闭状态的。但一旦开启这个阀门，就会有大量氧气泄漏出来。

在朝向地面的方向，萨沙试图通过舱门上的阀门，让氧气进入我们上方的居住舱，然后通过一个通向外部的阀门，以此控制氧气含量。他把自己从座位上解开，这样他就可以坐起来，直接操作在他头顶上的阀门。我看着液晶显示屏上的读数，密切注意氧气部分的压力，而不是我们的总压力。我用心算，就能计算出飞船里将近有40%的氧气，许多材料容易被小火星点燃。

所有的宇航员都知道，"阿波罗一号"飞船的宇航员死于火灾，因为当时飞船里充满了纯氧，一星点小火花点燃了舱内的维可牢尼龙搭扣。此后，NASA不再这样使用高压氧，他们还重新设计了"阿波罗"飞船的舱门，以便向外打开，从此以后，NASA的载人火箭上的所有舱门都这样设计。但俄罗斯人并不是这样设计的。"联盟号"飞船上的舱门是向内打开的，所以如果有火灾，膨胀的热气会向舱门施加压力，困住我们，就像"阿波罗一号"的宇航员所遇到的一样。当萨沙挣扎着想摸到阀门时，他在座位上挣扎着，他皮带上的金属扣碰到了飞船内部裸露的金属扣上。我清楚地意识到，这里如今可不是一个好地方。

萨沙回到了他的座位上，看起来我们不会着火。我们讨论了所处的困境，我决定不再轻易表达我对易燃性风险的担忧。

"很遗憾，我们今天不能发射了。"我说。

"是的，"萨沙同意，"如果这样的话，我们将是 1969 年以来第一批点火启动后，又取消发射的乘组。"这是一个令人难以置信的数据，但现在航天飞机马上就要发射了，主发动机已经点燃。

控制中心的声音打断了我们："伙计们，开始你们的索科尔宇航服密封检查。"

什么？萨沙和我互相看着对方，他妈的，什么意思？我们现在距离发射还有 5 分钟。萨沙迅速地把自己绑在座位上。紧急逃生系统已经启动，如果有什么东西触发了它，火箭就会毫无预警地把我们从发射台上发射出去。如果萨沙在还没有绑好安全带的情况下发射，他很可能会被害死。我们扣好面罩，匆忙完成了泄漏检查程序。还有不到两分钟的时间，我们就准备出发了。我们坐在座位上，等待在地球上的最后几分钟。

"联盟号"飞船的发射体验与航天飞机不同——它的驾驶舱要比航天飞机的小得多，而且没那么先进，所以乘组可以做的事情就少了很多。尽管如此，它比航天飞机更加自动化。没有什么能比得上航天飞机固体火箭推进器的加速度，它可以将我们推离地球，瞬间升空时有 700 万磅的推力。但是，任何时候只要你从地球上飞出来，都是一件很严肃的事情。

一旦飞船入轨，我们就会被困在这个冰冷的罐子里，整整两天我们几乎无事可做，直到抵达空间站。随着航天器飞入又飞出通信范围，太阳每 90 分钟升起和落下一次，我们很快就忘记了正常的时间，反复地睡觉。这个居住舱狭窄而简陋，有一个暗黄色的尼龙搭扣，偶尔露出一点点金属框架或结构，但很快就被凝结物覆盖。我们甚至没有看到地球的美景，因为"联盟号"飞船不断旋转，以保持太阳能电池板面向太阳，给电池充电。我带了音乐播放器，但电池很快就没电了。大部分时间我都飘浮在居住舱里，感觉就像小时候在课后留校时那样，盯着时钟等待这一天的结束。当对接的日子到来时，我很兴奋，看着手表，才发现离我们出舱的那一刻还有18个小时，我心想，哦，该死。接下来的18个小时，我该怎么办？答案是：什么办法都没有。我只是飘浮在那里。我曾经说过，在太空中的任何一天，都是美好的一天，我相信这一点，但是，在"联盟号"上待得两天并不怎么好。

这也是艾米蔻第一次看到我进入太空。在我认识她之前，她已经见证了三次航天飞机的发射，包括我哥哥的一次发射。（艾米蔻记得在佛罗里达州的可可海滩的一个发布会上见过我，那时，我抱着满头金色卷发的婴儿夏洛特，她睡着了。）所以她并不是航天新手，但去拜科努尔看俄罗斯做事情的方式，还是不一样的。当然，看着飞船载着自己关心的人发射升空，感觉也是非常不同的。哥哥后来告诉我，我发射时，艾米蔻看哭了，一直到我安全地入轨。听到这个消息，我很惊讶，因为尽管我们在一起已经有一年多了，但我从来没有看到她哭过。当我问艾米蔻时，她说她也没想到自己会这么情绪化，但是，她为这次发射的完美而感到敬畏，为我的幸福而感动。她知道太空飞行对我意味着什么，她也知道我为此付出了多少努力。

几年后，我在拜科努尔的发射中心了解到那天发生的更多事情。有人在发射控制中心说，他们理解这种异常现象，而且有一个解决办法：将氧气阀门部分打开，然后在完全打开前，重新安装一个黏性的阀门，再关闭阀门。在发射前的几分钟里，官员们正在传递一张纸，他们要在纸上签字，表示他们还是决定要发射飞船，尽管氧气在泄漏，而萨沙在努力平衡舱内的压力。作为一个准备乘火箭上太空的宇航员，我发现这很麻烦。

当我飘浮在舱门，正式加入国际空间站第 25 远征队时，我很高兴能开始一段长期任务。从操作主管到现在，我已经走过漫长的道路，经历了第 5 次探险队的替补身份，到"哥伦比亚号"航天飞机事故，到我在航天飞机上的 STS-118 任务，再到前列腺癌，我的第二次替补训练，再到现在我担当主要任务，已经 10 年过去了。

飞船上有两个美国人和一个俄罗斯人：道格·惠洛克担任这次探险的指挥官，他离开时会把国际空间站的指挥权交给我。道格是国际空间站上一位伟大的指挥官。他采取了不干涉的领导方式，让每个人都能发现自己的优势。

另一位美国宇航员是香农·沃克。在这次任务前，我并不是很了解香农，但当我们在太空中相遇时，我惊讶地发现，她的头发没有用过染发剂，但在太空中已经变成了灰色。训练飞行时，香农坐在"联盟号"飞船的左侧座位上，这意味着她要对系统有足够的了解，以便在俄罗斯指挥官丧失指挥能力的紧急情况下接管系统。所以，她在俄罗斯的训练时间比我长得多。当登上国际空间站时，我对她作为宇航员的能力印象深刻。这是她的第一次飞行，所以当我到达时，一开始还把她看作一个新手，但没过多久我就意识到，她在太空的时间几乎是我的 10 倍，事实上我也需要她的帮助。在 NASA，我们谈论的"远征的行为表现"是一个宽泛的概念，指能够照顾自己，照顾他人，在需要时帮助他人，在必要时置身事外——这种软技能的组合很难定义，很难传授，缺乏这种技能会面临很大问题。而香农在这方面是大师级的人物。

俄罗斯宇航员费奥多尔·尤尔奇欣是一个笑容开朗的矮个子男人，他已经在空间站上了。在太空中，我和两个人合作过两次以上，费奥多尔是其中之一（另一个是奥尔·德鲁）。费奥多尔出生在格鲁吉亚，父母是希腊人，在一个由俄罗斯人组成的宇航员团体中，这是不同寻常的事情。他真的很喜欢摄影，喜欢拍地球的照片。更重要的是，不管同事们当时在做什么，他都喜欢他们向展示自己拍到的照片。国际空间站上的俄罗斯宇航员通常没有美国宇航员那样忙碌，有时候这种差异会表现为，在白天，他们可以自由地社交，在餐厅的桌子周围飘浮着，分享咖啡或零食，而我们则是一项任务接着一项任务。

在这次任务中，我了解到了访问空间站和生活在空间站之间的区别。在长时间的太空飞行中，你可以用不同的进度工作，也可以更舒服地走动，睡得更好，消化更好。随着我的第一次长期任务继续进行，最让我惊讶的是，我实际上不需要什么动力来移动，或保持静止。只要轻轻一按手指或脚趾，我就能穿过一个舱段，最终到达我想要的地方。

我来到空间站后，首先处理的任务之一，是修理一种叫作萨巴蒂尔的装置，它将二氧化碳中的氧气与西德拉收集的氧气结合起来，与生产氧气的组件中残留下来的氢气结合，来制造水。萨巴蒂尔是空间站近闭环回路的环境系统的重要组成部分。我的工作是用流量计和其他诊断工具调整系统，这是一项持续多日的烦琐任务。当时，我觉得自己处理得很好，但多年以后当我有了更多经验再回过头来反思，我才发现是香农帮我提前准备了所有的工具和零件，还在我看起来很挣扎的时候来看看我，当我感到沮丧时鼓励我。如果没有她的帮助，这项任务几乎不可能在任务初期就完成。

在第一次接任国际空间站指挥官之前，我在空间站上庆祝了第一个感恩节。第二天，香农、道格和费奥多尔离开去了地球，留下了萨沙、奥列格和我。

几周后，新宇航员来了。美国宇航员卡迪·科尔曼是一名空军退役上校，曾获得化学博士学位。一些认识我和卡迪的人认为，我们可能不会以同事的身份默契配合，或者我可能会杀了她，因为我们背景不同——战斗机飞行员

（我）和科学家（卡迪）。事实上，我和卡迪成了很好的朋友，她是一个伟大的宇航员，尽管我从来没能让她按时上床睡觉。有时，我会在工作日的凌晨三点起床，上厕所，发现她正在穹顶舱吹奏长笛。卡迪教会我怎样才能更好地感知自己的感受，以及感知与我们一起工作的人的感受。她还帮我看到了更频繁地接触公众的价值，让人们分享我们在太空中所做的事情带来的兴奋。这对我为期一年的任务非常有帮助。

意大利宇航员保罗·内斯波利，是新宇航员中的第三位成员，他是一位有幽默感的天才工程师。实际上，保罗的个子很高，并不适合乘坐"联盟号"飞船。所以，欧洲空间局不得不付钱给俄罗斯人修改座椅，设置成一个更陡峭的角度，以适合他进入飞船。

"联盟号"飞船的指挥官是德米特里，我和他都是国际空间站第5远征队的替补队员，10年前我和他一起进行了生存训练。这是他的第一次太空飞行。当德米特里和我被分配到同一个替补队伍时，他说他应该成为国际空间站的指挥官，因为他是"联盟号"飞船的指挥官，同时也是一名军官。虽然，萨沙·卡利里在太空中更有丰富经验，更有资格指挥国际空间站，但他不是一名军官。德米特里给管理层写了两封措辞强硬的信，说萨沙的表现不尽如人意，应该从宇航员中除名。这种令人难以置信的违反协议的行为，导致德米特里虽然拥有高超的技术能力，但很多年都没有被分配到飞行任务中。

我听说在太空飞行中，宇航员之间相处得并不好，但我从来没有亲身体验过，直到现在。有一天，我到俄罗斯舱段去问一些事情。德米特里正在努力修理一个用水制造氧气的装置。他让我帮他一下。这并不是什么怪事，但当他问我的时候，萨沙正在附近。萨沙主动提出可以帮忙，但德米特里假装没有听到他的话。他们在这种紧张关系中已经相处4个月了。我无法想象他们是怎么在一起工作、吃饭、睡觉的。由于缺乏沟通，他们的工作变得更加困难，可能会让他们付出生命的代价——在紧急情况下，甚至会危及我们的生命。

我在太空待了几个月后，媒体报道说，萨沙·卡乐里带来了伊朗政府送给他的《古兰经》。有传言说，他带来的《古兰经》是对最近美国"9·11"恐怖袭击周年纪念日时亵渎《古兰经》的象征性回应。国际空间站项目经理想知道这是不是真的。当首席宇航员问我这个问题时，我说，我不在乎宇航员们带来了什么书籍，我很惊讶 NASA 会对这些细节感兴趣。我说过，我不会询问任何人关于私人物品的事情，我认为那是他们的隐私。但不久之后，我直接从空间站项目经理那里听说：他们希望我弄清楚萨沙是否真的带了一本《古兰经》上了空间站。

通常情况下，对来自地面的请求，我只会拒绝一次。如果他们坚持下去，我会按照他们的方式去做，除非是安全问题。这比为了每一个小小的分歧而摊牌要容易得多，而且还可以保持我的理智和精力，除非真正需要摊牌。但在这种情况下，我仍然强烈地觉得，我不应该勉强同意。

第二天，我飘到了俄罗斯舱段，在俄罗斯气闸舱里发现了萨沙，他正在检查一件宇航服。

"嘿，萨沙，"我说，"我应该问你一些事情，但我个人并不在乎答案是什么。"

"好吧。"萨沙说。

"我被要求问你，你是不是带了一本《古兰经》来空间站。"

萨沙想了一会儿。"这不关你的事。"他愉快地说。

"明白了，"我回答，"放松点。"我又回到了美国舱段，把他的答案告诉我的管理层。这是我最后一次听说这件事。

2011 年 1 月 8 日，亚利桑那州图森市，阳光明媚，但在空间站上，天气和往常一样，我在修马桶。我把它拆开，并围起来，这样它们就不会飘走了。现在，在工作完成之前，我不能做任何其他事情。如果有必要的话，我们可以用俄罗斯舱段的厕所，但是它离我们很远，尤其是在午夜。而且，这会给他们的资源带来不必要的压力。厕所是我们最关注的设备之一——如果两个厕所都坏了，我们还可以用"联盟号"飞船上的厕所，但用不了多久。然后，我们就不得不弃飞船而去。如果这是在去火星的旅途中，我们的马桶坏了，而且无法修好它的话，我们就死定了。

我太投入工作了，以至没有注意到电视机信号已经切断了。每当空间站脱离我们的天线和通信卫星的视场范围时，我们就会失去信号，所以，我认为这没什么大不了的。接着，一个从地面打来的电话声响起。

地面的任务控制中心告诉我，宇航员办公室主任佩吉·惠特森要和我谈谈，她将5分钟内打给一个加密电话。我不知道为什么，但我知道肯定不会是好事。

5分钟是一个很长的时间，可以让我考虑地面可能发生了什么紧急情况。也许是奶奶去世了，也许是我的一个女儿受伤了。我没有空余的电视屏幕和电话，无法与地面的亲人之间建立任何联系——NASA故意切断了信号，以免我得知坏消息。

在参加这次任务前，我决定在紧急情况下，由马克充当我的代理人。他比任何人都了解我，我相信他能决定我应该听到什么，什么时候听，是否应该通过他或其他人，比如一个外科医生或另一名宇航员告诉我。他知道，在危机中，我希望尽快知道所有的信息。

佩吉来电话了。"我不知道该怎么跟你说，"她说，"所以我只想告诉你，你嫂子嘉贝丽被枪杀了。"

我惊呆了。这个消息真是太令人震惊了，简直是超现实主义。佩吉说她没有更多的信息，我告诉她，我想知道任何消息，她不应该为我着想而保守秘密。即使这些信息未经证实或不完整，我仍然想知道。

挂断电话后，我告诉卡迪和保罗发生了什么，然后告诉了俄罗斯宇航员。我试着向每个人保证，我会没事的，但也告诉他们，我需要一些时间，并把大部分时间花在打电话上。他们也感到震惊和不安，当然也给了我独立的空间。虽然，我不愿意把修马桶这项关键的工作交给卡迪和保罗，但别无选择，我只能相信他们。

第一次见到嘉贝丽时，我就很喜欢她，这些年来我也越来越喜欢她。她对待每个人都是一样的——她对遇到的每一个人都很感兴趣，不管他们是谁，从哪里来，或他们投票给什么政党。她想帮助她遇到的每一个人，她把自己完全奉献给女议员这个工作上，在国会代表亚利桑那州的人民。这就是为什么很难搞清楚究竟发生了什么事情。这种随机的暴力事件不应该发生在任何人身上，但这种事情发生在她身上，似乎特别可怕。

我给马克打了电话。我们谈话时，他正在匆忙收拾行李，准备尽快飞往图森。他告诉我，他接到了嘉贝丽的办公室主任皮娅·卡鲁斯的电话，得知发生了枪击事件。皮娅告诉他，嘉贝丽在一次公共活动中被枪击中了，受伤或被杀害的人数不明，还不确定嘉贝丽是否已经遇害。因此，他需要马上就去图森。马克说完，挂了电话，然后马上给皮娅打电话，让她把刚才说的话重复一遍。他妻子被枪击的事情实在太过令人震惊，但他并没有陷入沉思。他要听皮娅再说一遍，以确定那是真的。

马克和我商量好，他一到图森，我们就会再次联系。不久之后，任务控制中心打电话告诉我，美联社报道说，嘉贝丽已经遇害。

我立即试图再次打电话给马克，但他已经和我妈，还有他的两个女儿，一起在赶往图森的路上。我们的好朋友蒂尔曼·费尔蒂塔，把他的私人飞机借给了哥哥，这样他们就可以尽快赶到图森了。这就是蒂尔曼为他的朋友们做的事情，我一直很感激他那天的表现。我打电话给蒂尔曼，问他听到了什么。

"嘉贝丽没有死，"他说，"我不相信。"

"你怎么知道的？"我问道，"所有的新闻媒体都说她死了。"

"我不能肯定，但这没道理啊，"他说，"她去做手术了，她应该还在手术室里。"

我喜欢蒂尔曼的一点是，他立刻就能看穿那些胡说八道的流言。即使是面对一个完全超出他专业知识的学科，比如脑部手术，他也会质疑一切，而且他在大多数时候是对的。我从他的话中看出了希望。

接下来的几个小时，是我生命中最长的几个小时。我的心不断转到哥哥身上，他一定感觉到了什么，不知道他是否还能再见到他的妻子。我给艾米蔻和女儿们打了电话，把蒂尔曼告诉我的话重复给他们听：不管他们在电视上说了什么，嘉贝丽的死都说不通。马克在亚利桑那州着陆后不久，我给他打了电话。

"发生什么事了？"他接电话时，我问他，"他们都说嘉贝丽死了。"

"我知道，"他说，"我在飞机上得到消息。但我刚和医院谈过，那些是假的。她还活着。"

当你好几个小时都在想，你在意的那个人已经死了的时候，突然被告知她还活着的消息，这时候你所能感到的宽慰是无法形容的。我们知道，嘉贝丽还有一段漫长而艰难的路要走，但得知她还能呼吸，这是我们所希望听到的最好的消息。

那天，我又打了几十个电话，接下来又打给哥哥、艾米蔻、我的父母、我的女儿、朋友们。有时，我在想，我是不是打电话太多了，是不是在努力为他们做事的过程中，我变得越来越咄咄逼人。第一天，我得知另外13人在枪击中受伤，6人被杀，其中包括一个名叫克里斯蒂娜-泰勒·格林的9岁女孩，她对政治很感兴趣，她想见嘉贝丽。那天，我给马克和艾米蔻打了十几次电话。

第二天，我们与俄罗斯总统弗拉基米尔·普京进行了一次早已计划好的视频会议。我惊讶地发现，他跟我直接通话的时间很长。他告诉我，俄罗斯人民支持我的家庭，他会尽一切可能帮助我们。他看起来很真诚，我很感激。

周一，奥巴马总统宣布全国哀悼一天。同一天，我将在太空带领大家默哀片刻。我不是那么容易紧张的，但这个责任对我很重要。这将是我的家人第一次发表公开声明。随着时间的推移，我给在休斯敦控制中心工作的艾米蔻打了电话。我告诉她，我很不安，不知道默哀的时间究竟该有多长，出于某种原因，我把注意力集中在看似微不足道的那些问题上。

"你想多长就多长，"她向我保证，"只要你觉得没问题就行"。

她的保证帮了大忙。在约定的时间段，我飘在镜头前。虽然，我花费了大量心思准备这次的简短声明。但是我希望听起来好像我是在凭直觉说话，而不是在读一份准备好的声明，虽然我就是在读声明。

"今天上午，我想为图森枪击事件的受害者默哀，"我说，"首先，我想说几句话。我们在国际空间站上有一个独特的有利位置。向窗外望去时，我看到了一个非常美丽的星球，它看起来是那么的诱人与和平。不幸的是，它不是。"

"这些日子，我们不断被提醒，我们可以对彼此施加无法形容的暴力和破坏行为。不仅仅用我们的行为，还有我们不负责任的言辞。我们实际上比这要好。我们必须做得更好。国际空间站第26远征队和世界各地的飞行控制中心的工作人员希望，为所有的受害者默哀片刻，其中包括我的嫂子嘉贝丽·吉佛斯，一个关心他人、全心奉献的议员。请与我和国际空间站远征队的其他成员一起默哀片刻。"

我们这些有幸从太空俯视地球的人，有机会从更广阔的视角看待地球和分享地球。我比以往任何时候都更坚定地认为，我们必须做得更好。

我低下头，想到了嘉贝丽和其他枪击受害者。正如艾米蔻向我保证的那样，当这一刻结束时，我并没有感到很艰难。感谢休斯敦。接着，我们回去工作了整整一天。在空间站上，我们按照日常规定行事。但我知道，在地球上，有些事情永远不会一成不变。

哥哥被分配到航天飞机计划的倒数第二次飞行，是一个向国际空间站运送部件的任务。他原定于4月1日起飞，那时距离枪击事件发生还不到3个月。嘉贝丽的情况很稳定，但还有手术和治疗在等着她。他知道，如果他想要让位给其他人来指挥这项任务，他应该尽快做决定，这样新的指挥官就有时间加快任务进度。

目前，还不清楚NASA管理层是否会做出决定，或者他们是否允许马克自己做决定，这些不确定性增加了马克的压力。在枪击事件发生后的最初几天，他不确定如果由他决定，他会选择什么。他希望在嘉贝丽开始从灾难性伤痛中恢复过来的漫长过程中，陪在她身边，但他也觉得，有责任去完成他的使命。他和他的同事已经在一起训练了几个月，一个新的指挥官不会像马克一样熟悉这次任务和宇航员。我们在电话里谈了很多次，但最终，是嘉贝丽做出了这个决定。如果这次枪击使马克失去了最后一次太空飞行的机会，她会崩溃的。她催促他去太空。

作为宇航员，我们总是要为无法生还做好准备，马克现在不得不用一种新的方式，来考虑他对嘉贝丽的责任。在上一次太空飞行中，马克处理好了自己的事情，写了一封信，以便在他不能回来的情况下把信送给她。但是现在，他不仅仅是嘉贝丽的丈夫，也是她的主要照顾者、主要支持者。如果他突然消失了，那将是另一种形式的灾难。

在所有关于马克的使命和他可能牺牲的讨论中，我们不禁注意到了其中颇

在莫斯科郊外，加加林宇航员训练中心的"联盟号"飞船模拟器里，我在思考即将执行的为期一年的太空任务

在启程前往位于哈萨克斯坦拜科努尔航天发射场的几天前，我（左）和俄罗斯航天员米沙（中）、根纳季（右），在星城的列宁雕像前接受媒体采访

在发射前几天，我与根纳季和米沙合影。背景是哈萨克斯坦的"沙漠高地"

我们的"联盟号"飞船乘火车驶向历史悠久的拜科努尔航天发射场

俄罗斯东正教的乔布神父为"联盟号"飞船祈福，而它将把我们带往国际空间站

起飞前，我们与后勤工作人员共享在地球上的最后一次俄罗斯传统早餐。我的左边是根纳季，米沙在根纳季的左边

我和根纳季在聊天，等待对索科尔宇航服进行最后的压力检查

去发射台之前，乘组人员被隔离开。我们在与媒体交谈，我们的家人也在玻璃后面看着我们

我们走向一辆即将送我们去
发射台的大巴

在发射前，登上"联盟号"
飞船时，我们向朋友和地球
挥手道别

2015 年 3 月 28 日，"联盟号"飞船发射升空，飞向太空和国际空间站

在距离地球表面 250 英里的太空，我们用空间站的机械臂捕获了 SpaceX 的"龙飞船"，上面满载着提供给乘组人员的实验用品和物资补给

和我的队友安东·什卡普列罗夫（左）、萨曼莎·克里斯托弗雷蒂（中）和特里·维尔茨（右）一起，在国际空间站为萨曼莎庆祝生日

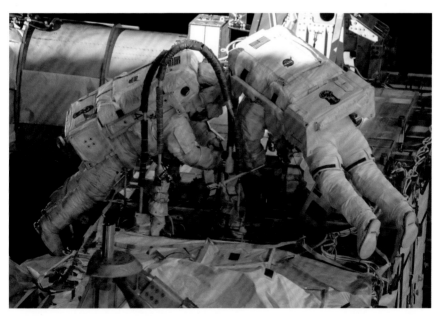

我和谢尔·林德格伦一起在国际空间站外工作。在第二次太空行走时，我们将停靠点的桁架式氨冷却系统恢复到初始配置，这一过程持续了 7 小时 48 分钟

在国际空间站的穹顶舱中，我欣赏着巴哈马群岛周围的蓝色大海，我的脚挡住了视野

在俄罗斯服务舱中，米沙和根纳季帮我进行流体加载实验

我在做欺骗性杂技表演：水果是日本的 HTV 货运飞船送到国际空间站的

国际空间站穹顶舱内的宁静时光

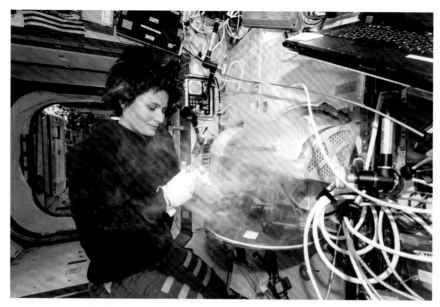

萨曼莎将她的科学样本保存在日本舱段一台零下 98 华氏度的冷藏箱中

我们有时会看到令人难以置信的极光

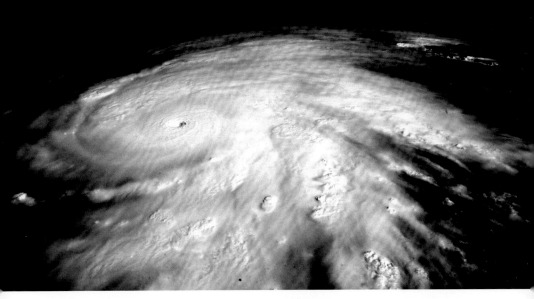

2015 年 10 月 23 日，帕特里夏飓风逼近墨西哥西海岸，这是有人类资料记录以来最强的飓风

在美国实验室舱中，谢尔展示了生活在零重力环境中的乐趣

我最喜欢的地方之一，纽约

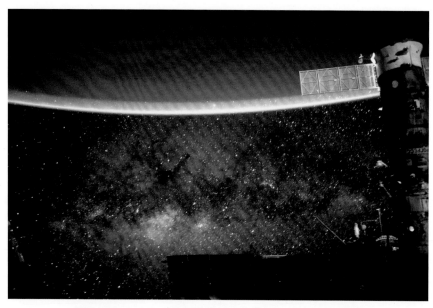

除了地球之外，我最喜欢欣赏的风景之一，银河系

印度次大陆的污染遇到了喜马拉雅山脉的阻挡

国际空间站上的日出

降落伞打开后，我们安全飘落到了地球上，我们在国际空间站的日子结束了

2016 年 3 月 2 日，我们的"联盟号"飞船返回地球

人们帮我走出返回舱，我有点得意忘形

哥哥马克和在太空生活一年之后的我。对两个出生在新泽西州的孩子来说，我们俩还算不错

具讽刺意味。作为宇航员，马克和我一直面临着太空飞行的风险。但我们却没人想过，是嘉贝丽，而不是马克，差点为工作献出了生命。

今年二月，"发现号"航天飞机①起飞，与空间站对接。有趣的是，看到乘组成员登上航天飞机，就像我在那之前做飞行员时那样，像超人一样水平向前飞行，而不是像经验丰富的长途太空旅行者那样以更直立的姿势飞行。那些新来的家伙无论到哪里，都会撞到墙上的东西，把设备踢下来。他们抵达空间站的第二天，我去了"发现号"，这是我第一次太空飞行时乘坐过的航天飞机。我记得上一次来空间站，任务结束的那天晚上，也就是 1999 年 12 月 28 日，我从空间站爬了出来。这似乎已经是上辈子的事了。

环顾中甲板，我很怀念在那里度过的时光。剩下的三艘航天飞机非常相似，特别是"发现号"和"奋进号"，它们在"哥伦比亚号"组装完成后都进行过类似的升级，但它们之间还是存在差异。当我几年前在"奋进号"上飞行时，它看上去还是新的，尽管它已经服役了 16 年。"发现号"服役了 27 年，它是服役时间最长的航天飞机。"发现号"是国际空间站第 31 远征队和航天飞机最后一次太空飞行任务的主力。但在我看来，它不像已经逝去了的黄金时期，而是一部经典之作，仿佛是一辆精致的老爷车。

我飘到飞行甲板上，飞行员埃里克·伯伊正绑在他的座位上，浏览检查清单。他向我打招呼，继续他的工作。

"嘿，埃里克，你介意我到你的座位上坐一会儿吗？我只想知道那是什么感觉。"

埃里克是个聪明人。"你的第一次太空飞行是在'发现号'上，对吗？"

---

① "发现号"航天飞机是美国第三艘实际飞行的航天飞机，重量约 7.7 万千克，首次飞行时间为 1984 年 8 月 30 日，共飞行 39 次。——译者注

他问道，然后微笑着飘开了。

我飘浮到座位上，把自己绑在椅子上，观察着我之前的办公场所。我查看了多年前我负责的许多复杂系统，以及控制这些系统的开关、按钮和断路器的质量。我知道，如果有机会的话，现在我就能让它飞起来。我记得，我坐在这个座位上，在太空中度过了太多的时间。以前的自己看起来比现在更年轻，更缺乏经验。我几乎不知道，未来还有什么在等着我。

"发现号"飞行任务的宇航员曾进行了几次太空行走，其中一次涉及一个名为"瓶中信"的日本项目。这不是一个实验，而仅仅是一个玻璃瓶，奥尔·德鲁在太空行走的某个位置打开一个玻璃瓶，"把太空装进瓶子"。返回地球后，玻璃瓶将在日本各地的博物馆展出，以提高孩子们对太空旅行的兴趣（就我个人而言，我对孩子们对空瓶子的兴奋程度表示怀疑）。太空行走结束后，瓶子又回到了空间站，日本控制中心想知道我是否"塞住"了瓶子（我应该把瓶盖封上，以确保它不会意外打开）。我当时忙着做一些事情，但他们一直缠着我，直到我终于登录了太空对地通信频道，我说："瓶子里的信息在'发现号'里，我打开它就是为了确保里面什么都没有。"地面安静了很长时间。然后我说："开个玩笑而已。"

在"发现号"及其乘组返回地球后不久，它的发动机将被拆除，并送到华盛顿特区的史密森国家航空航天博物馆，进行永久展览。"发现号"航天飞机离开地球的次数比历史上任何一个航天器都要多，我期望它能长期保持这个纪录。

2011年3月16日，萨沙、奥列格和我被安排返回地球。我从来没有乘"联盟号"飞船返回地球过，很好奇那会是什么感觉。由于一些我还没有弄清楚的奇怪原因，人们并没有像谈论航天飞机那样，谈论"联盟号"飞船降落的经历。部分原因可能是，"联盟号"上的宇航员并不是以前飞机上的试飞员，所以对飞行员驾驶航天器可能没有强烈的兴趣和好奇心，这一情况直到最近才有了改变。不同的人给我一系列不同的印象——有人说返回的感觉很可怕，有人说那很好，而且实际上会很有趣，就像迪士尼乐园里的蟾蜍先生的《狂野之旅》。

那天，大家都很关心天气，因为着陆点会有暴风雪。我们的返回舱撞击着哈萨克斯坦沙漠草原坚硬的冰冻表面，四处弹跳，倾斜倒地，然后被降落伞拖了 100 码。我从来没有经历过以多次翻车结束的车祸，但我回想那天在"联盟号"飞船上降落的感觉，与这种车祸很像，震动十分剧烈。但是我发现，这实在令人兴奋。

最终，救援部队紧紧抓住降落伞，在我们继续向前滑行前将其击落。不久之后，舱门打开了，暴风雪吹进了返回舱，这是我 6 个月以来闻到的第一股清新空气，令人难以置信的清新。这是一种我永远不会忘记的感觉。

回到地球后的几天，我和艾米蔻去了 TIRR 赫尔曼纪念医院看望嘉贝丽，她在那里接受治疗。一开始，我很惊讶，她看起来变化很大。她坐在轮椅上，戴着头盔以保护头部，她的一块头骨被移除了，使她的脑部变得肿胀。她的头发很短，因为做脑部手术剃掉了头发，她的脸也看起来不一样了。我费了好大劲儿才适应了发生在她身上的巨大变化。当听说她被枪击中时，我知道这意味着什么。但当看到我那活泼的嫂子现在已经完全不同了，则完全是另一回事。她不仅身体发生了变化，而且也无法像以前那样说话。有时，嘉贝丽会看着你的脸，好像她有什么要说的，当我们都看着她时，她停顿了一下之后，简单地说："鸡。"然后，她对自己翻个白眼，那其实不是她想说的话！她又试了一次。

"鸡。"

我能看出嘉贝丽是多么沮丧，她曾经向成千上万的人发表演讲，这些演讲激发了他们的灵感，赢得了他们的选票。马克解释说，她患上了失语症，这种沟通障碍让她很难说话。幸运的是她的智力，以及最重要的是，她的个性，并没有受到影响。她理解我们对她说的每一句话，但是，把自己的想法变成文字，对她来说还很难。

我们在医院一起吃了晚餐，通过这次拜访，我可以看到嘉贝丽的温暖和她的幽默感。后来，我和艾米蔻谈到嘉贝丽的表现，考虑到嘉贝丽最近受伤的情况，她觉得嘉贝丽看起来很棒。艾米蔻提醒我，她妹妹花了多久才在一场车祸中造成创伤性脑损伤后，重新走路、说话、恢复自己的个性。艾米蔻不希望过于乐观，但她从经验中得知，在身体状况很差的情况下，人们依然可以取得巨大的进步。嘉贝丽仍然是嘉贝丽，这让她很有希望康复。

"我能在现在的嘉贝丽中看到过去的嘉贝丽，"艾米蔻这样说，我觉得她是对的。

不到两个月之后，我站在肯尼迪发射中心的屋顶上，看着"奋进号"航天飞机为最后一次飞行做准备，马克是它的指挥官。嘉贝丽以前去过航天飞机发射场，当然，我去过更多的地方。观看发射的这种经历让人永远不会忘记。大地开始颤抖，空气中充满了发动机的力量，火箭的火焰在天空中燃烧出灼热的橙色。看到一个像高楼那么大的物体，以超声速的速度直入云霄，它一直在移动。当你认识并关心的人在飞船上时，它就会变得更有意义。那天，云层很低，"奋进号"穿过云层，把它们照亮成橙色，然后消失了。8分钟后，它开始环绕地球运行。

当马克决定要完成这项任务时，嘉贝丽设定了一个目标，那就是飞到佛罗里达送他远征。这对嘉贝丽来说，是一项非常雄心勃勃的计划，但她做到了。对于嘉贝丽来说，她的这个成就可以与发射航天飞机的成就相提并论。她似乎在挑战中茁壮成长起来，可以去做更艰难的事情了。

不久之后，"奋进号"退役了，履行了当年"哥伦比亚号"事故调查委员会制定的条款。看到它消失，我很难过。航天飞机可以做很多事，包括作为重型货运飞行器、太空科学实验室、轨道卫星服务站，它的作用是独一无二的，这是我学会驾驶，并学会去爱的航天器。我怀疑，在我的有生之年，是否还能看到类似的东西。

2012 年，NASA 得知，俄罗斯将派一名宇航员去空间站生活一年。他们是为了后勤供给方面的原因，而不是科学实验。但是，一旦俄罗斯确定这么做，NASA 就不得不解释，为什么没有一名美国宇航员去接受同样的挑战，或者，NASA 也应该宣布一项为期一年的任务。为了他们的荣誉，NASA 选择了后者。

太空生活一年的任务宣布后，NASA 必须选择宇航员来完成这项任务。起初，我不确定自己是否愿意这样做。我清楚地记得在空间站上生活 159 天的感觉有多长。我在大海中的航空母舰上待了 6 个月，那是很长的一段时间，但在太空中生活 6 个月的时间更长。在太空中待上两倍长的时间，不仅仅会感觉到两倍的事件长度，我认为这可能是指数级增长。我知道，我会想念艾米蔻和我的女儿们，以及在地球上的生活。我也知道当我离开时，如果我爱的人发生了不幸会有什么感觉，因为我已经经历过了。我父亲年纪大了，健康状况也不好。

但是，我已经考虑了很长一段时间，以前，我总是对任何挑战说没问题。这个为期一年的任务，是我有机会做的最艰难的事情，经过反复思考，我是接受这个挑战的人。

许多宇航员也表示感兴趣。毕竟，太空飞行的机会并不是每天都有的。需要考虑的要求很多：要求我们以前有过一次长时间的太空飞行经验，我们必须经过认证才能进行太空行走，我们必须可以被指定为指挥官，我们必须具备医学资格，而且，我们必须能在那一年离开地球。经过这样精细的筛选，最后只有两个人符合条件：我的宇航员同学杰夫·威廉姆斯，还有我。

差不多与此同时，NASA 也在寻找一位新的首席宇航员，因为现任首席宇航员佩吉·惠特森为了自己能参加为期一年的任务，而提出辞职。我报名申请首席宇航员。在面试中，有人问，我是愿意担任宇航员办公室主任，还是愿意在太空飞行一年。我毫不犹豫地说："宇航员办公室主任。"我原以为还有其他机会再次进入太空，但也许不会再有机会成为首席宇航员。我的偏向性可能会得到考虑，但领导层的决定则与此不同。几周后，我才知道，自己将在太空中飞行一年。

在被委派的 24 小时后，我被告知，经过进一步评估后我的医学资格被取消了，将由杰夫进行太空飞行。因为在上一次任务中，我的眼睛受了一些伤害，NASA 不想冒险再次把我送上太空。6 个月后，有害影响可能会出人意料地加速，对我的视力造成永久性的伤害。我认为这种风险被夸大了，我很失望，但也只能听天由命。

那天晚上回到家，我告诉了艾米蔻，我的医学检查不合格。她并没有像我预料的那样会很失望，她看起来很困惑。

"所以，他们会派一个已经进行了两次长途飞行，却没有遭受视力损伤的人？"她问道。

"是的。"我说。

"但是，如果这次任务的目的，更多是要了解在长期任务中，你的身体发生了什么，"她问道，"为什么会派一个明明已经知道对他们计划研究的东西没有反应的人呢？"

这是一个很好的观点。

"我认识你这么久了,"她说,"我从来没有见过你这么容易就接受了拒绝。"

那天晚上,在艾米蔻睡着之后,我查看了 NASA 的医疗记录,一堆两英尺高的纸张,记录了好几年的数据。在长途飞行中,我的视力受到了损害,但并不怎么严重,在我回到地球时,尽管还是有一些结构性的改变,但已经恢复到了正常水平。艾米蔻是对的:从像我这样的人身上,人类可以学到更多关于视力变化的知识,而不是从那些已经证明对这个问题有免疫力的人身上学到更多。我决定把官司提交给管理层。令我惊讶的是,他们听后改变了决定。

当我为宣布米沙和我是将在空间站上生活一年的发布会做准备时,我问了一个关于基因研究的问题,在我看来这个问题毫无冒犯之意。我提到了一些我们之前没有讨论过的事情:这一年中,马克将会被精心照看起来。事实证明,我提到的这件事产生了巨大的影响。因为 NASA 是我的雇主,他们要求我提供基因信息是违法的。但一旦我提出这个建议,研究太空飞行的遗传效应,可能就会改变这项研究。双胞胎研究后来成为在空间站上开展的一个重要科研领域。很多人都认为,我是被选中来执行这个任务的,因为我有一个完全相同的双胞胎兄弟,但那只是偶然的。

这项为期一年的任务于 2012 年 11 月宣布,米沙和我担任乘组成员。

直到我出发前的几个月,离开地球一年的想法才开始觉得特别生动。2015 年 1 月 20 日,应奥巴马总统的邀请,我出席了国情咨文演讲。他打算在演讲中提到我为期一年的任务。我与国会议员、参谋长联席会议、内阁以及最高法院的成员们,一起坐在众议院会议厅里,感到非常荣幸。我穿着 NASA 的蓝色夹克,穿着衬衫和领带,坐在走廊里。总统描述了为期一年的太空任务的目标,那就是解决到达火星的问题,并亲自把我叫出去。

"祝你好运，指挥官！"他说，"一定要在 Instagram 上分享！我们以你为荣。"

聚集在一起的国会成员站起来鼓掌喝彩。我站起来，尴尬地点了下头，挥了挥手。看到政府官员团结在一起，即使只是身体上站在一起，也很感人，而且亲身体验 NASA 经常享有的两党共同支持，我感觉很棒。

我坐在艾伦·格罗斯旁边，他在古巴的监狱里被关了 5 年。他建议，在太空时，我应该做加法，数数我在那里的日子，而不是做减法，去计算我离开的天数。这样做会更容易。我就是这么做的。

第 17 章
完全被驯化的太空生物

我梦见回到了地球，被允许返回海军，驾驶 F-18 战斗机降落在航空母舰上。我很开心，因为我以为自己再也不能像那样飞行了。我回到自己原来的中队，世界著名的"呕吐犬"中队，原来的那些家伙都还在那里，从我离开时就没变过。即使我有了上尉军衔，我仍然被允许像一个初级军官一样生活，这真是太棒了。我有太多的飞行经验了，所以所有事情对我来说都很容易，特别是在航空母舰上着陆。

到 11 月就是我做前列腺癌手术的第 9 年了，我反复思考了这样一个事实：自从被诊断出患有癌症并接受治疗，我已经在太空生活了一年多。我不认为自己是一个"癌症幸存者"——我更像是一个前列腺发生了癌变，但已经被切除和处理了的人。但是，如果我的经历对其他人，特别是对孩子们有意义，可以作为他们仍然可以取得伟大成就的一个例子，那么我还是会很开心的。

我和谢尔再一次用几天时间准备我们的宇航服和设备，检查程序，与当地专家开会。这次太空行走有两个目标：一个是重新设计冷却系统，使其恢复原来的配置，这样就可以保留一个备用散热器供将来使用。另一个目标是恢复冷却系统的氨水供应（空间站使用高浓度的氨来冷却电子设备）。这些任务可能听起来并不令人兴奋，而且在很多方面确实如此。然而，关于我们如何让空间站保持冷却的故事——这个飞过太空的一大块金属被未经遮挡的太阳烤了 45

分钟，而其巨大的太阳能电池阵列可以用来发电——是一个工程上的成功，也对未来的太空飞行具有重要意义。今天，谢尔和我将要做的工作是让空间站的冷却系统持续运行，这只是这个所有故事中的一小部分，就像宇航员多年来在空间站已经进行了数百次太空行走，他们的每一次工作都会为空间站的建设贡献宝贵的经验。

我们第二次太空行走刚开始的时候，与第一次很像：早起，快速吃早餐，预先呼吸氧气，穿戴整齐。今天，我决定戴上眼镜，因为我发现面罩上的菲涅尔透镜，不如我在空间站外第一次冒险时所希望的那样好用。有一次，我正在用的工具绳缠在了一起，我却看不清这个结，也就解不开它。幸运的是，那个绳结奇迹般地自己解开了。戴眼镜会给宇航员带来风险，因为如果眼镜滑落，我戴着头盔就没办法处理了，所以我准备把它们绑在头上，为应对这一问题做好准备。我是光头，所以我非常适合用这个方法。我很后悔没有适应戴隐形眼镜。

我戴上通信帽，在头盔盖上之前最后一次挠了挠发痒的地方。我和谢尔进入气闸舱。这一次，我知道我们都不会提前打开水阀，而且我也知道我不必费力去打开或关上舱门——这是首席太空行走者的工作。

我们今天的工作地点在桁架的尽头，距离气闸舱150英尺。这离我们很远，所以我们要用两倍安全索的长度才能到达那里。当我们开始在舱外行走，用两手交替沿滑轨移动时，我再次注意到微流星体和空间碎片对空间站外部造成了多大的破坏。看到金属扶手上像弹孔一样的凹坑，我再次感到震惊，这真是太不可思议了。

在地面上负责我们今天太空行走任务的4号工作人员，是一位我认识了15年的资深宇航员，梅根·麦克阿瑟。在被选中时，她是最年轻的宇航员之一，当时只有28岁，即便在压力下，她也能始终保持冷静和自信。今天，她正和我们一起讨论工作，在她的帮助下，我和谢尔带着工具走到了工作地点。

我们的第一项任务是一个双人配合的工作：从金属盒子里拿出一个盖子，然后拧开一个螺栓，打开氨水流动的阀门。我和谢尔的配合越来越默契，就好像我们可以读懂对方的心思，而且感觉梅根就在那里与我们同步进行，我们以一种不可思议的高效率一起工作。当我们的面罩几乎相互挤压时，我和谢尔不由自主地偶尔目光接触，这时，我感到他和我想的是同一件事。即使我不迷信，我也不希望因为说了"进展顺利"或"事情变得很简单"，而给我们带来厄运。我们只需坚持下去，直到完成为止。

当拿回盒子上的盖子时，我和谢尔分开工作了一段时间，分别完成不同的任务。他继续重新配置氨水管道，我则在空间站桁架背面的排气管道上工作。两项任务都很困难，我们都完全沉浸在工作中。这可不是你在奶奶家的水槽下面发现的那种氨水，而是一种比它的浓度高上百倍、有更强致命性的氨水。如果这种氨水进入空间站，我们几分钟内就会死掉。氨水泄漏是我们预防的紧急情况之一。因此，我们在同一时间维修冷却系统和氨水管道尤其重要，这样才能在第一时间恢复正常。而且我们必须确保我们的宇航服不会沾上一点氨水。

正如在第一次太空行走中学到的，我发现在空间站外工作的重点是要绝对小心。每次我调整安全索，在微型工作站上移动一个工具，甚至只是移动一下，我都必须集中注意力，确保在正确的时间，以正确的方式，做正确的事情，再次检查自己是否被缠绕在安全索上，是否脱离了空间站结构，以及工具是否丢失。

几小时后，我又回到了 CETA 车上（CETA 是乘员和设备移动辅助装置），它有点像铁路上曾经使用的旧式手摇车。这一设计使我们可以在空间站的桁架上上下下移动大型设备。当我们计划这次太空行走时，我曾经提出过这样一个问题：这次任务——把 CETA 车上的刹车杆绑起来，这样就没有人会意外锁住刹车了——真的有必要做吗。这比我们重新配置氨水系统的意义小得多，而且会让我离谢尔很远。如果他遇到任何麻烦，就像在我的梦中，我们去跳伞，他却没有带降落伞，那样隔着这样远的距离我是没法帮他的。但我们的首席飞行主管坚持认为，我们可以同时完成这两项任务。

看着写在手腕上的提示，我埋头完成了关于刹车杆的任务。我主要靠自己完成的工作，而梅根的注意力则集中在谢尔的工作上，因为他的任务更复杂。当我工作时，我能听到谢尔在与氨水接口斗争的声音。这个任务需要你用尽全力，即使像他这样强壮的人，也是如此。而且这个任务也很复杂，需要20个以上的步骤。而谢尔还要时刻保持警惕，以防氨水喷到他的宇航服上。每次听到他要挣扎着才能完成一个步骤，我都会问自己，为什么在我应该帮他时，却还留在CETA车上工作。

我完成了自己的工作，再最后看了一眼确保一切看起来都对了，然后我回到桁架末端帮助谢尔。我要几分钟的时间才能一点一点移动到他那里。我仔细检查了他的衣服，看看有没有黄色的氨点。我看到有些地方看起来很可疑，但当我靠近看时，发现是衣服的纤维在变色，可以排除是氨水导致的。我很高兴这次决定戴上了眼镜，它既没有滑落，也没有起雾，也有可能是我根本没法看出区别来。我们准备排出氨水——谢尔打开一个阀门，并很快把它清理干净。高压氨从空间站的后面流出，就像一团巨大的雪花。当我们观察时，阳光照亮了巨大的羽状物，氨水粒子在黑暗的太空背景中闪闪发光。这是一个意想不到的美丽景象，我们在那里飘了一分钟，全身心地沉醉在这美景中。

当氨水似乎已经排完时，梅根指示我们分开——谢尔留在这里清理排气工具，而我则返回到太阳能电池阵列的连接处，去移除和装配我之前安装的一个氨合成器。太阳能电池阵列的连接处沿同一方向旋转，每90分钟转360度，以保持太阳能电池阵列始终指向太阳，同时向下游传输电力。整个过程中，梅根一直不和我保持通话，我则与其中一处连接做斗争。

"嘿，梅根。我后面背着包裹，白色的带子应该是可见的还是不可见的？"我问道。

"是的，"梅根回答道，"前面的白色带子应该是可见的。"

工作了几分钟之后，我把它装配成了它原本应有的样子。

"好了，"我说，"前面的白色带子是可见的了。"

"好的，斯科特，我可以看到前面的白色带子了——检查制动按钮是否已经启动。"

"制动按钮已经启动。"

当我再次听到梅根的声音时，她的语调有一丝微妙的差异。

"这里请你们停一下，我要告诉你们我们这边的进展。"

她没有说明暂停的原因，但谢尔和我知道：在任务控制中心，梅根刚刚得到了一些消息，飞行主管们必须迅速做出决定，可能是什么事情让我们陷入危险之中。她没有让我们久等。

"好吧。从动量管理的角度来看，目前我们正在接近姿态控制失控（LOAC）的状态。"她说。她的意思是控制力矩陀螺仪出问题了，它控制着空间站的姿态，即我们在空中的方向，但现在已被排出的氨气充满了。很快我们就会失去对方向的控制。随即，我们也会很快失去与地面的联系。这是一个非常危险的情况，正如我们所预料的那样。

梅根继续说道："所以，我们要谢尔做的，就是停止现在的工作，向散热器方向移动。你要重新安置散热器。"

我们如果不能正确地固定好散热器，就不得不把它放回原来的位置。

"收到。"谢尔清晰地回答。

"谢尔你可能已经从时间的进度判断出了我们要做的事，"梅根说，"最后，我们想让你清理通风工具。而斯科特，你继续修理跳伞的设备。但是，今天我们不打算再让你们把散热器盖上，这个工作太耗时了。"

我们都认同她的话。陀螺仪的这种情况，严重到足以改变我们的计划。即使在最好的情况下，只要我们听到接近装配陀螺仪时，这一刻也会变成最糟糕的时刻。空间站不会像狂欢节一样失去控制，但是，失去与梅根和所有专家的联系，从来都不是一件好事。如果我们两个人在空间站外，通信中断会给本来就很危险的局面带来新的危险。在我们为这次太空行走做的所有准备工作中，我们从未讨论过由于氨气泄漏而造成姿态控制失控的可能性。

休斯敦中心正在讨论将姿态控制权交给俄罗斯舱段。俄罗斯的推进器可以用推进剂来控制我们的姿态，虽然这个过程并不那么优雅。而且控制权交接过程并不是一蹴而就的，我们可能会在此期间失去与地面的联系。除此之外，俄罗斯推进器使用自燃火箭推进剂，这种推进剂具有剧毒，是已明确的致癌物质。一旦肼或四氧化二氮进入宇航服，我们就会把这些化学物质带回空间站。

但姿态控制很重要。如果我们不能与地面对话，我们就会失去在休斯敦、莫斯科和世界各地指挥中心成千上万人的专业知识，他们了解这些系统的方方面面，可以保障我们在这里的安全。我们的宇航服、空间站内的生命维持系统、"联盟号"飞船，这些设备是为了让我们安全返回地球而存在的，科学实验是我们来到这里的首要原因，通信系统是我们与这些专家之间唯一的联系，也是我们与地球之间的唯一联系。我们别无选择，只能冒这个险。

我想到，谢尔和我是多么的孤独。地面人员想帮助我们，但我们可能听不到他们的声音。我们在空间站里的同事会尽一切努力来确保我们的安全，但他们无法靠近我们。谢尔和我只能彼此依靠，我们的生命掌握在自己手中。

按照指示，我们重新扩展备用散热器，而不是花时间把它放下来并安装一个保温罩。在未来的太空行走把它们收回之前，这种配置是安全的。我们出舱已经接近 7 小时了，正计划返回气闸舱，但我们还有很长的路要走，还有很多事情要做。我们开始清理工作地点，整理工具袋和微型工作站，确保不会留下任何东西。一旦全部物品都打包好并检查完毕，我们就开始了一个艰难的过程，一点一点地回到我们开始的地方。

再次听到梅根在我的耳机里的声音时，我们已经快回到气闸舱了。

"斯科特，如果你不介意的话，我们需要你回到排气阀，确保它们的配置是正确的。因为地面专家们看到了一些他们不太满意的数据。"

这是一个简单的要求，但是，梅根的语气传达了很多信息——她想让我知道这种行为并非必要，我可以说不，也不会引起任何问题。这项任务可以很轻松地留给下个月将要离开地球的宇航员。她知道，我们已经在空间站外待了很长时间，已经筋疲力尽了。我的身体疼痛，脚很冷，指关节磨掉了皮。（一些宇航员甚至因为太空行走带来的巨大压力，而失去了指甲。）我一直在出汗和脱水。在安全回到空间站之前，我们还有很多事情要做，特别是现在和一会儿有什么意外的话。

但我马上回答她，尽量使自己的声音充满活力，但实际上我并不觉得是这样。"当然，没问题。"我说。

我一整天都在说服自己，自己真的感觉很好，我还有足够的精力。我和谢尔的生命都取决于我们是否有能力超越极限。我已经有效地说服了自己，我也说服了地面团队。

我再次回到桁架的背面检查排气阀。天黑了，开始变冷了。我不会浪费精力去调整我宇航服上的冷却开关，即使那只是个简单的手势，也会伤害到我的手。我宁愿冻死。

黑暗中，我转过身来，倒立着。我只能看到眼前的东西，就像潜水员在浑水中潜水一样，这让人完全迷失了方向。黑暗中，一切看起来都很陌生。（俄罗斯人的太空行走方式和美国人的方式之间的一个区别是，俄罗斯人会在黑暗中停止工作，宇航员只是紧紧抓住空间站的一侧休息，等待太阳再次升起。从某种意义上讲，这样做更安全，他们这样做可能不太容易犯错，也不容易疲倦，但他们也因此需要花费双倍的资源，进行双倍的太空行走，因为他们在空间站外只工作了一半的时间。)

我开始朝着一个自认为是正确的方向前进，接着意识到这是错的，但我不知道是倒着的，还是向上的。我读了一些写在扶手上的英里标记和数字，希望这能告诉我，我在哪里。

"这里在黑暗中看起来很不一样。"我告诉梅根。

"收到。"她说。

"我离飞船尾部还不够远吗？"我问道，"让我回到安全索上。"我想，我一旦找到拴安全索的地方，就能找到方向了。

"我们正在努力为你催促太阳，"梅根开玩笑说，"但是还要再等 5 分钟。"

我朝着自认为是地球的方向看去，希望能在黑暗中瞥见 250 英里之下的一些城市灯光，从而找到方向。如果我知道地球的方向，我就能知道我在桁架上的位置。但我环顾四周时，看到的都是黑色的。也许我正看着地球，但没有看到任何光线，因为我们正在飞越广阔的太平洋，或许我只是在看向太空。

我回到拴着安全索的地方，但是当到达那里时，我想起来是谢尔连着安全索的，不是我，所以我对这个地方不熟悉。我又迷失了方向。飘浮了一会儿，我的心情有点沮丧，想着接下来该做什么。

"斯科特，你能看到多功能永久货舱吗？"

我看不到，但不想放弃。我看到一根安全索，我想这是谢尔的。如果是的话，我也许能发现自己在哪里。

"斯科特，"梅根说，"我们现在就把你送回去，我们不需要你去排气阀了，所以你只要回到原来的位置，然后回到气闸舱就行了。"她用一种乐观的语气，好像这是一个好消息，但是她知道，听到他们放弃我，会让我更沮丧。

最终，我瞥见了上面的灯光。起初我不确定它是什么，因为在我之上是我所认为的黑暗的太空。但是，当灯光聚焦时，我看到的是城市的灯光——来自中东、迪拜和阿布扎比的明确无误的灯光，沿着波斯湾伸展开来，与黑暗的海水、沙漠、沙滩连在一起。

灯光使我重新辨明方向——我把下方当成了上方——我感觉到了内部陀螺仪的奇怪感觉正在恢复。突然间，我清楚地知道自己在哪里，要去哪里。

"现在我看到了多功能永久货舱，所以我觉得很接近了，"我告诉她，"我可以去查看排气阀。如果你们不介意的话，我更愿意这么做。"

对方停顿了一下。我知道梅根正在和飞行主管商量，是让我继续下去还是让我回去。

"好的，斯科特，我们将会指导你。我们很高兴你能这样做。"

"好的。我想我现在状态很好。"

当我到达工作地时，太阳终于开始在地平线上闪耀，而梅根则告诉我如何配置氨水箱上的排气阀。完成之后，梅根就让我们回到气闸舱。

我打算自称"麦哲伦"来开个玩笑，这是我们在海军中为迷路者取的一个绰号。但他们可能并不理解这个玩笑，而且麦哲伦在回家之前就被杀害了。

我回到气闸舱，这次是我先爬进去，把安全索固定好，这样谢尔才能跟上。他在我身后站着。当他挣扎着关上舱门时，我试着把提供氧气和有冷却作用的管道连接到我的衣服上。但是，我的手太累了，笨手笨脚的。我的眼镜是固定的，所以我只能通过镜片的底部边缘，窥视安全索和宇航服之间的连接，而这种视觉的变形，让我看不清物体。我挣扎了 10 分钟，这时，谢尔已经把他自己挪到一个能看到我的连接点并帮助我。我们一起工作，把它连接起来。

这就是为什么我们会成双成对进行太空行走的原因。

谢尔关上舱门，空气在我们周围嘶嘶作响。谢尔的宇航服中的二氧化碳显示浓度很高，所以，当气闸舱重新完成压力平衡时，龟美也和谢尔盖赶紧把谢尔的头盔摘下来。透过面罩，我可以看出他的状态很好，在点头和说话。龟美也将在 10 分钟内摘下我的头盔。谢尔和我紧贴在对面的墙壁上，彼此面对，被固定在保护我们宇航服的架子上。我们穿着这些宇航服已经快 11 个小时了。当我飘浮在那里，等着脱下头盔时，谢尔和我不需要说话——我们只需要分享一个眼神，就像你们在一条熟悉的街道上一起骑车，你会给人一个同样的表情。如果谈论这个和那个，你们可能一瞬间就会被迎面而来的车碾过。我们意识到，自己已经分享了经验，并且都知道，这就是我们能力的极限，再做下去可能会杀死我们。

当龟美也把头盔从我头上拿开时，我和谢尔终于可以在没有塑料阻挡的情况下见面了。我们仍然觉得没必要说话。

谢尔向我点头致意，露出一个疲惫的微笑。他脸色苍白，浑身是汗，被灯光笼罩着。

几小时后，我和谢尔经过美国实验室舱段。"不会再有什么复赛了。"我说，引用洛奇的话。

"我也不想要了。"谢尔笑着大声说。

我们还不知道，但是，我们中只有一个人完成了太空行走。

几天后，我醒来后发现，美国众议院科学、太空和技术委员会为我和谢尔安排了一次公共活动。我们没有得到任何通知也没做任何准备，但我们本来应该得到通知并为这次重要的活动做好准备的，因为我这天的计划从开始就已经安排好了，所以我没时间准备这次活动。更糟糕的是，当我和谢尔一起与地面连线时，我们发现正在参加一场委员会的听证会，我们的参与被视为证词。令我愤怒的是，公共事务办公室没有告诉我，我将在负责监督 NASA 和确定其资金来源的委员会面前作证。但我必须隐藏自己的怒火，假装我已经有所准备。

谢尔和我回答了我们在空间站里做什么——我们介绍了正在参与的生物医学实验，并谈到了生菜种植。一位代表指出，我们与俄罗斯人正处于一种"艰难的地缘政治局势"，他想知道，我们是否与俄罗斯同事分享我们的所有数据。

我解释说，国际合作就是空间站的力量源泉。"今年夏天，我作为空间站上唯一的美国人，与两位俄罗斯人在一起待了 6 个星期，"我告诉他，"如果我遇到了什么困难，要靠他们才能救我的命。我们之间的关系很好，我认为这个项目的国际性是它的亮点之一。"

委员会的一位代表，布莱恩·巴宾博士，恰好是一名牙医，而约翰逊航天中心就在他负责的国会议员选区内。他对我们的口腔健康很好奇，我们向他保证，我们经常刷牙，并使用牙线。最后一个问题是关于火星的，一位来自科罗拉多州的代表指出，几颗行星将在 2033 年排成一列，这有利于深空探测器的轨道设计。"你们觉得这样做可行吗？"他问道。

我告诉他，我个人认为这是可行的，而到达火星面临的最大难题就是资金。他明白我的意思，不需要我再详细解释——如果他的委员会给了 NASA 资金，我们就能做到。"我认为，这是一次值得投资的旅行，"我说，"我认为，我们从航天投资中得到的东西，包括有形的和无形的，火星对我们来说是一个伟大的目标。我确信这是可以实现的。"

几周后，当警报响起时，我们正在吃早餐。尽管我在空间站时听到过多次错误警报，但这个声音仍然吸引了我们所有的注意力。我们只用了几分钟时间，就追踪到了来自欧洲舱段的警报。在那里，一个用旋转孵化器开展的生物实验释放了较多的一氧化碳。我们关闭了这个实验，并确认空间站其他地方的一氧化碳水平没有升高。我们对这个实验进行了抽样检查，看看是否有燃烧的迹象。确实有，这会引发一场真正的火灾。

我一直觉得警报是个奇怪的娱乐方式，但不包括在半夜把我吵醒的警报，那时我很讨厌它。警报是一个很好的提醒，提醒着我们生活中的危险，也让我们有机会回顾和实践我们对危险事物的反应。在这种情况下，火灾报警器确实揭示了工作过程中的一个错误，后来，我们修正了这个错误。

12 月 6 日，"天鹅座"货运飞船成功发射。这是首次采用加压舱的新型飞船，可以多承载 25% 的货物。这艘飞船被命名为"德克·斯雷顿 2 号"，取名于之前"水星号"上的一名宇航员（"德克·斯雷顿·西尼亚斯一号"在去年发射时爆炸）。除定期供应食品、衣物、氧气和其他消耗品外，"天鹅座"飞船还携带了实验设备和物资供应，以支持生物学、物理学、医学和地球科学的研究。它还携带了微型卫星部署设备和从国际空间站部署的第一颗微型卫星。而且，对我来说更重要的是，飞船上有一件哥哥送来的大猩猩套装，用来代替 SpaceX 飞船上丢失的那件。今年早些时候，发生了很多灾难。因此，当"天鹅座"安全入轨时，我们不再认为成功入轨是理所当然的。这次释放一颗自由飞行卫星的机会，本来应该轮到我的，但我决定让谢尔来做，这意味着我放弃了最后一次释放卫星的机会，这是我在太空中少数几件从未做过的事情之一。

几天后，也就是 12 月 11 日，我们聚到一起，向谢尔、龟美也和奥列格道别。我记得，他们 5 个月前来到这里时，感觉像是上辈子的事了。谢尔和龟美也，那时像无助的小鸟一样飞来，现在却以雄鹰的姿态离开。他们现在已经是经验丰富的太空飞行员，可以轻松地在空间站周围移动、修理各种硬件、在多个学科进行科学实验，以及在不需要我帮助下处理任何事情。在某种程度上，我知道宇航员在一次长期任务中学习和提高了多少，这是我在这里难得的一个优势。但是，完整目睹这一过程又是另一回事。我跟他们说再见，我知道，自己还要再待三个月。我会想念他们的。

尤里·马林年科、蒂姆·科普拉和蒂姆·皮克乘坐的"联盟号"飞船于12月15日上午11时从拜科努尔发射升空，经过6个半小时的飞行后，成功对接。我从穹顶舱看着球状的黑白相间的"联盟号"靠近我们，它的太阳能电池板，像昆虫的翅膀一样伸展开来，这种景象我从来没有真正适应过。飞船开始看起来非常小，就像是一个玩具，一个它自身等比例缩小的模型。当太阳光从表面反射出来时，它看起来像是在燃烧。但随后，它变得越来越大，慢慢地显示自己是一个全尺寸的航天器。

当看着飞船靠近时，我开始觉得有些不对劲儿，它的角度或速度，或两者兼而有之。"联盟号"离停靠站太远了。就在离空间站只有几米远的地方，"联盟号"停下来，向我们的方向喷射制动推进剂，以保持它的位置。这不正常。

在穹顶舱的窗户上，"联盟号"上的推进器正在喷射未燃烧的推进剂，所以我赶紧关上了百叶窗。这些推进剂的珠子在窗户和百叶窗之间反弹，真是一个奇怪而又令人担忧的景象。我冲到属于俄罗斯的服务舱，从谢尔盖和米沙那里了解到发生了什么。

"他们的自动对接系统失败了。"谢尔盖告诉我。没人知道为什么。"联盟号"的指挥官尤里接管了手动控制程序，用了几分钟重新调整对接口后，成功地对接了飞船，比预定时间晚了9分钟。这是一个很好的例子来证明为什么我们要为那些不太可能发生的事情训练这么多内容的必要性。自动化系统通常情况下是可靠的，但是，如果有人没有做好接替自动系统的准备，失败会让他们付出生命的代价。

经过又一次密封检查，这个检查似乎总是比它应该用的时间要长——这次是几个小时，我们打开舱门，欢迎三名新的宇航员登陆空间站。与往常一样，他们的第一天是一个完整的一天。在整个过程中，我意识到，这是我最后一次将新宇航员引入空间站，我产生了一种奇怪的悲伤感，一种怀念之情。

我不太了解尤里，尽管他是历史上最有经验的太空旅行者之一。他因为出色的技术而享有盛誉，而这次成功实施紧急手动对接，会再度增加他的声誉。他在太空中飞行过 5 次，包括在"和平号"空间站上执行过一次长期任务，一次航天飞机飞行任务，以及以前在国际空间站执行的三次长期飞行任务，在太空中总共待了 641 天。他也是唯一在太空中结婚的人，2003 年，在他的首次国际空间站任务中，他和新娘叶卡捷琳娜通过视频通信交换誓言，而她的朋友和家人则聚集在休斯敦的家中。（以我对尤里的了解，我确信他对这个想法并不是很感兴趣，但他还是同意了）2008 年，在他的第 4 次太空飞行时，尤里驾驶的"联盟号"飞船降落在离预定着陆点很远的地方，当地的哈萨克农民来到热气腾腾的飞船旁，并不知道那是什么。当他和两个女宇航员佩吉·惠特森和易素伊从飞船里出来时，哈萨克人把他误认为是一个带着自己的女人来到这里的外星神明。如果救援部队没有抵达的话，我怀疑农民们会推选他为自己的领导人。

在 2000 年加入 NASA 之前，蒂姆·科普拉是一名陆军飞行员和工程师。他上过西点军校，是一名陆军上校。他还拥有多个硕士学位，其中一个专业是佐治亚理工学院航空航天工业，一个是陆军战争学院的战略研究专业，还有一个是哥伦比亚大学和伦敦商学院联合项目的商业管理专业。他当宇航员已经 15 年了，但这只是他第二次进入太空。2009 年，他在国际空间站执行了一次不寻常的短期任务——仅仅一个多月。2011 年，他被安排在航天飞机上执行第二次任务，但在发射前几周，他从自行车上摔下来，摔坏了髋骨。

蒂姆·皮克曾是英国一名直升机试飞员，后来，他成为欧洲空间局选中的英国第一位正式宇航员。这是他的首次太空之旅，也是这次任务的宇航员中唯一的新手。对英国来说，蒂姆就像是他们的尤里·加加林和艾伦·谢泼德的结合。这是一个很高的荣誉，但随着任务的开展，我将会发现，他做得比人们期待的更好。

蒂姆·皮克登上空间站后做的第一件事，就是打开随身携带的一袋子食物，挑了一个三明治（英式英语中的"培根肉饼"），然后吃掉，每个方向都飘浮着诱人的培根碎片。蒂姆并没有意识到，我们其他人并没有这种来自欧洲空间局的三明治。我们已经几个月没有吃到可口的三明治了（对我来说，已经9个月了），所以，看着他吃这个三明治是一种非常特殊的折磨。当他注意到我们盯着他的三明治时，蒂姆让米沙和我咬了一口。之后，我们看着他吃完，像两只狗在盯着牛排流口水。

像往常一样，两位蒂姆在空间站上的表现。就像刚学走路的孩子一样笨拙和蹒跚。有时，当我想帮助他们中的一位到他想去的地方，或者想让他们中的一位快速离开时，我发现最简单的方法，就是抓住他的肩膀或臀部，然后在太空中移动，就像我移动一块笨重的货物一样。他们俩似乎都不介意。

第二天，我在每日计划会议上听说我们遇到了一个问题。我们的移动式运输机被卡住了——它被连在了我和谢尔一起进行第二次太空行走时使用的CETA车上。飞行控制人员已经开始将其移动到桁架中心附近的另一个工作点，这样，机械臂就可以在下周新的"进步号"飞船到来之前，进行一些维护活动。但它很快就被卡在一个地方，使来访航天器无法对接。当听到这些时，我的心都沉了下去。我马上就知道出了什么问题：当在设备转移辅助推车上工作时，我一定是不小心锁住了刹车，同时把刹车操纵杆绑住了。

"我想，我知道是谁搞砸了。"我告诉休斯敦。

后来，我和地面的飞行主管通了电话，告诉她我几乎确定是刹车操纵杆的问题。

另一端暂停了一下。"你有多确定？"她问道。

"非常确定。"我说。我知道我的回答意味着什么：我将不得不在"进步号"货运飞船停靠前，进行一次计划外的太空行走，而且"进步号"还有一周就要发射升空。无论是在太空中还是在地球上，我们的准备时间都非常短。

对我来说马上承认错误很重要，我不会找任何借口。但我对自己说，当无法集中精力时，不应该要求我先去完成这项任务。用推车工作是后来才想起来的，当你在太空中时，想不起来这些。

如果其他一些设备配置错误，我们可能会等到下一次预定的太空行走来修复它，即使要等几个月。但是，移动式运输机现在被卡在工作点之间，而且不安全，因为它无法承受"进步号"飞船进入停靠点时产生的压力。除了使来访航天器无法停靠外，被卡住的运输机还会阻止我们移动空间站，以躲避太空碎片；阻止推进器点火，无法减少陀螺上的动量；还会妨碍我们用机械臂做其他任何事情。我开始做好可能要第三次出舱的心理准备。我把这个消息告诉了俄罗斯宇航员，他们说，他们会以任何必要的方式帮助我。第二天，NASA 正式决定，我们将尝试在紧急太空行走中修复移动式运输机车。

在理想情况下为太空行走做准备就已经够困难的了；要在短时间内，和那些仍在适应这种奇怪环境的同事一起进行太空行走就更困难了。虽然蒂姆·科普拉是一位经验丰富的宇航员，但他在这里只待了几天，还在适应太空生活。但他必须穿上宇航服，和我一起到空间站外去冒险。蒂姆·皮克仍然在适应太空中最基本的生活，比如吃饭和睡觉，所以只能作为 4 号宇航员。他们两人的工作都没有什么犯错的余地。

我给艾米蔻发了一封电子邮件，告诉她我可能下周还要出舱，因为我是个笨蛋，竟然把刹车锁上了，我对自己很失望。她很同情我，除了谢尔之外，她比任何人都清楚，在生理和心理上，之前的两次太空行走是什么感觉。我还提到，蒂姆·科普拉有一个奇怪的习惯，就是重复我的话。如果我说，"我想知道今天有没有足球比赛"，蒂姆就会像我从来没有说过一样，重复一遍："我想知道今天有没有足球比赛。"我对蒂姆说，"自从我来到这里，我的小腿肌肉已经急剧萎缩了"，他立刻回答说："我的小腿也急剧萎缩了。"

"但是，蒂姆，"我说，"你才刚到这里。"

"是的，但是我的小腿真的很小。"他说。

在地面上和蒂姆一起工作时，我从来没有注意过他的这个习惯，我很少被同事惹恼——实际上这么长时间我都没有为任何人生气，我认为，这证明了我真的很宽容。艾米蔻认为，当我在这里待了这么久时，也许蒂姆对加入我这个队伍感到不安全。我同意，并告诉她我也想知道，是不是只有我一个人这么想。

在接下来的几天里，俄罗斯宇航员把垃圾装进了"进步号"货运飞船，这些垃圾很快就会在大气层中燃烧殆尽。飞船上还有一些多余的空间，他们问我们想不想把我们的垃圾放在飞船上。与太空中的许多事物一样——氧气、水、食物——垃圾处理能力也是一种资源，我们两国像交易货币一样交易这种资源。我给了俄罗斯宇航员一些我们的大垃圾袋，但没有告诉休斯敦指挥中心。报告给休斯敦，只会给地面工作人员增添大量的工作来使我们获得与俄罗斯宇航员交易的许可。而且，我们也很可能不会获得这种许可。我一整年都这样干，当俄罗斯人有多余空间的时候，我就把垃圾从空间站里偷出来交给他们。而且当他们需要时我们也尽可能地帮助他们。（当我们给"天鹅座"装货时，我们连一袋垃圾都没有，而休斯敦预计我们至少有 10 袋，这引起了休斯敦的质疑。在问了很多问题之后，我最终告诉他们："垃圾仙女一定是半夜来过。"

没有人再提起那些垃圾，这让我松了一口气。）12 月 19 日，我在俄罗斯的服务舱上观察到，谢尔盖和尤里监视着"进步号"飞船从他们的显示屏上离开，因为它几乎不知不觉地缩小了。与"联盟号"飞船一样，如果出现故障，他们可以手动接管"进步号"，但一切都按计划进行。如今，"进步号"飞船已经离开了，我们有空间可以接纳几天后就会发射的新的"进步号"。我意识到，下一次，也就是两个半月后再有什么东西从空间站离开，那就会是我了。

早上，我收到一封来自地面的电子邮件，要求我提交一份可以观看我着陆过程的客人名单。部分人将被允许来到休斯敦的任务控制中心，从大屏幕上观看我们的"联盟号"飞船在哈萨克斯坦着陆。我开始列一个清单：艾米蔻、萨曼莎和夏洛特；我的父亲、马克和嘉贝丽；嘉贝丽的办公室主任皮娅；艾米蔻的儿子，柯宾和特里斯坦；我的朋友蒂尔曼、托德、罗伯特、格里和艾伦；莎拉·布莱曼。我想象着指挥中心的观众区，玻璃后面的座椅，我的朋友和家人聚在那里，看着我们的飞船从大气层穿过，（我们希望）安全地降落在哈萨克斯坦的沙漠上。

我突然意识到，列出这个清单是我为返回地球所做准备中的第一件事。从现在开始，我会做更多的准备——扔东西、收拾东西、列出更多的清单，思考我的下一步生活会是什么样子。我有更多的时间去看太空，但是从今天开始，我的一小部分思考是关于我在地球上的未来。

剩下的时间还不到三个月，当我离开时，两个蒂姆和尤里还会在这里。随着最后的日斯越来越近，我的剩余时间似乎延长了，就像太妃糖一样。我已经走过了 3/4 的旅程——从现在开始，我离终点越来越近。然而，当允许自己去思考时，我记得前三个月，我的第一批队友离开时的感觉，感觉好像我已经在这里待了很久，那是很久以前的事了。我几乎不记得特里、萨曼莎和安东的样子，他们的习惯是什么，他们的声音听起来像什么，还有萨曼莎的嗡嗡声。就像很久以前离开的老朋友一样，他们现在已经成为遥远的记忆。

在雨中奔跑，开车，坐在外面，闻着新鲜的青草，和艾米蔻一起放松，拥抱我的孩子，决定穿什么——这些行为很难有任何特殊性。我已经想不起他们是什么感觉。我是一个完全适应了环境的太空生物，我回归地球的日子，似乎并不比刚开始时更接近。我还是会在这里，在同样的小空间里待上几个月。

不久后的一天，我回复了一些电子邮件，接到了一个在 4 月的会议上发言的邀请。当打开日历时，我意识到我正在安排回到地球后的第一个活动。

12 月 21 日，星期一，我起得很早，穿上尿布，第三次穿上液体制冷服。蒂姆·科普拉和我开始呼吸纯氧，一小时后，蒂姆·皮克帮我们穿上宇航服。这次太空行走将比以前的更短——我们将拿回 CETA 车和移动运输机，然后再做一些在某个时间点需要完成的任务（称为提前任务），以便最充分地利用太空行走的时间和资源。作为 4 号宇航员，蒂姆·皮克的工作非常出色，他浏览了检查清单，让我们做好准备（在谢尔盖的帮助下），之前我很担心他是否准备接受这个角色，因为他只在这里待了 6 天。但他工作效率高，自信满满，很快我们就进入了气闸舱，进行了密封检查。

我又穿上了代表首席宇航员的红色条纹的宇航服。当气闸舱完全减压时，蒂姆·科普拉和我，将我们的宇航服改为电池动力，太空行走正式开始。这是蒂姆的第二次太空行走，但他的第一次太空行走是在 2009 年，离现在已经有一段时间了。在空间站外完成了我们的相互检查后，我就移动到 CETA 车。当我到达推车那里时，试着把它沿着桁架移动，果然，它被卡住了。我松开刹车把手，然后自由地向两个方向移动它。地面工作人员表示很满意。

我们只用了 45 分钟就完成了主要目标，这使我感觉很奇怪。我们完成了我和谢尔上次在这里时不得不遗留的一些任务——主要是将电缆移动到可以连接未来硬件的地方。3 小时 15 分钟后，我们回到空间站内部，虽然，我远远没有感到早期太空行走结束时的精疲力竭，但仍然感到倦怠和痛苦。我的疲劳水平更像是我们在休斯敦中心的游泳池训练后的感觉。虽然容易多了，但还是很难。

回到空间站之后，我和艾米蔻在电话中聊了一会儿，然后查看我的电子邮件。有一封邮件来自谢尔，他告诉我，他看了 NASA 电视台播放的太空行走，他想象自己在休斯敦，看着黎明前的清晨，坐在椅子上，重力把他固定在那里。"你们这些家伙把它压垮了！"他在邮件里写道。他问我们做了什么，我们的经历如何，以及与刚来空间站而独特、热情的人共事感觉如何。在我的回答中，我告诉他，这只是我和他那次较短的太空行走时间的一半，只需要大约 1/5 的时间。我告诉他，要么时间和感知的努力是指数级变化的，要么是他和我曾经做过的是特别艰难的太空行走。

"地球怎么样？"我准备结束交谈了，"开始忘记太空是什么样子了吗？圣诞快乐！"

在接下来的任务中，我偶尔会向窗外望去，看到我和谢尔在第二次太空行走中工作过的桁架的尽头。它看起来很遥远，比家更远，这让我产生了奇怪的怀旧之情，就像我拜访新泽西的老邻居的感觉。我在这儿度过了很长的时间，有着强烈的感情，这里是一个既熟悉又遥远的地方，现在已是遥不可及。

第18章
疲劳孤单的新年

我梦见了戴维·彼得雷乌斯将军，他试图警告我一些事情。一些在这次飞行中我会遇到的麻烦。接着，我降落在阿曼附近印度洋的一艘美国航空母舰上。我们听说有飓风来袭，风速达到每小时 200 英里，不久之后，飓风就不知从哪里冒出来，掀翻了航空母舰。然后，宇航员们开始反抗军官。

今天是圣诞夜，这是我在太空的第三个圣诞夜。这个数字，不是任何人都会羡慕的数字，尤其是有孩子的父母：庆祝家庭团聚的节日可能是最难离开的时候。最重要的是，过去的两周已经让我们精疲力竭了。老的宇航员离开，新的宇航员到达，我帮新人适应环境，准备并执行我的紧急太空行走——这些事情的要求都很高，而且任务一个接一个。我已经连续工作了将近两周，没有一天休息，所以，过圣诞节的时候我的心情并不好。

不管是不是假期，今天只是日程表上的另一个工作日，当抗阻锻炼装置坏了时，工作变得更困难。修理这个运动装置比想象中更紧迫，因为锻炼对我们的幸福来说，就像氧气和食物一样重要。在缺席一次锻炼后，我们可以感觉到身体的物理变化，就像我们的肌肉在萎缩，这种感觉不太好。蒂姆·科普拉和我花了将近半天的时间来修理这台机器，破损的减震器是罪魁祸首。正因为如此，我们要到晚上 8 点才能结束工作，那时，我已经错过了我的两次锻炼时间，这只会让我的心情更糟糕。

去国际空间站俄罗斯舱段吃晚饭前，我打电话给艾米蔻。我觉得，这几天有些事情在困扰着她，我开始觉得，我做了什么让她不开心的事。也许，我花了很长时间才弄明白这个问题，因为我似乎不太可能在太空中惹她生气。

我打电话给她时，她正在超市排队。这不是一个深入谈话的理想场所，但我们没有太多的时间进行通信，所以只能这样将就了。

"我感到你可能有什么烦心事，"我说，"我做了什么让你不高兴了吗？"

她想了一会儿，然后长长地叹了口气，听起来筋疲力尽。

"我觉得当你回来的时候，我们必须重新谈谈。"她说。

我想，当然了，我们必须重新谈谈，我已经离开了一年。"那是什么意思？"我问道，"你觉得我们断了联系吗？"

艾米蔻解释说，圣诞假期的时候很难过，因为她不仅没见到我，也没见到我的女儿们。她肩负着沉重的责任，照顾我的父亲和她的儿子，打理我们的房子，还有许多我不能帮她的事情。她已经很严苛的工作带给她的压力也越来越大，因为她的社交媒体管理职位已经被免去了。上司已经明确表示，她不能在工作时间帮我管理社交媒体——当我在推特上有超过 100 万的"粉丝"，在其他社交媒体平台上，也有差不多的"粉丝"时，这是一项适得其反的规定。她只能用自己的时间或年假，来进行关于我的采访，甚至她要走到宇航员办公室，把要放到我的包裹里的物品送过去。她所有的努力和牺牲，完全没有得到她的管理层的认可。（相比之下，我在宇航员办公室的同事们一直支持艾米蔻作为我的伴侣，对此我很感激。）

所有这些压力已经对艾米蔻造成了负面影响，而且她对我隐瞒了这一点。她喜欢在我的社交媒体活动中与我一起工作，并对我的成功感到自豪，但最近我们的谈话都围绕着我需要她为我做的事情，而不是其他的事情。有时，她会觉得自己是我的同事，而不是我的伴侣。更糟糕的是她告诉我，她不再记得我的样子和气味，也不再记得和我面对面想处时的感觉。她说，她渴望真实的人类接触。然后，卫星通信断掉了，我在通话中途失去了与她的联系。

我独自一人在乘员宿舍里飘浮了几分钟，因为我知道，很长时间她都不会再接我的电话了。我对我们的关系充满信心，而且我们在一起的 6 年里，艾米蔻一直是忠诚和诚实的。但是，听到"重新联系"和"真实的人类接触"这两个词，我的感觉很糟糕。艾米蔻很有魅力，她可以毫无疑问地满足她在地球上与人类接触的欲望。我不是那种会嫉妒的人，嫉妒也不是我的真实感受。这更像是我让自己的想象力在环绕地球的同时，尽情释放，但我的身体却离艾米蔻太远太远，这让现实的情况慢慢沉淀下去。她想要的东西很简单，但我不能给她。

我走向俄罗斯舱段，脸上带着假笑。俄罗斯人庆祝圣诞节的时间与我们不同，因为东正教的圣诞节在 1 月 7 日。尽管如此，他们还是乐意为我们其他人举办一场节日聚餐。我发现负责我们食物的营养学家们，并没有费心去做一顿特别的节日大餐，所以我的平安夜晚餐只是盐水火鸡冷盘。然而，"天鹅座"飞船确实带来了一些意大利硬香肠，还有一些俄罗斯"进步号"飞船昨天带来的黑色鱼子酱、新鲜洋葱和苹果。大家说了很多祝酒词。我们听圣诞音乐和我最近上传的酷玩乐队的新专辑，每个人都很喜欢。我们为自己在太空中的特权地位干杯，我们是多么幸运能来到太空，它对我们意义非凡。我们为自己在地球上的家人和朋友干杯。我们互相敬酒，敬全人类中仅有的 6 个不在地球上过圣诞节的人。

一个半小时后，我接到了和孩子们约好的视频电话。萨曼莎从休斯敦去了弗吉尼亚海滩，和她的母亲、妹妹一起度假，我很高兴看到我的女儿们在一起。她们似乎很高兴见到我，尽管她们看起来也很不舒服。在我看来，这个公寓看起来不是很有圣诞气氛，我希望女儿们的假期比我好。

后来，我又给艾米蔻打了电话，她对我说了一些她以前从未告诉过我的事情——因为我不断努力让自己今年的太空生活看起来很容易，所以看起来就好像我不想她，也不需要她。我们都为自己的坚强而感到骄傲，我们让困难的事情看起来很容易。但是，我把这种压力留给自己的同时也把她拒之门外。我告诉艾米蔻，让这件事看起来容易，是我能说服自己的唯一方法，但事实上这并不容易。我最近想明白了一些事情：艾米蔻只有我一个人可以思念，她生活的其他方面几乎没有改变。而我会想她，但也想我的女儿们、我的哥哥和父亲、我的朋友、我的家、淋浴、食物、天气和地球上的一切。有时，我对她的思念，会因为我对其他事物的思念而变得模糊，我能理解，这会让她觉得自己比我更孤独。她是对的。

我没有太多的睡眠时间，早上我在睡袋中醒来，开始新的一天。当我在新泽西州长大的时候，圣诞节的早晨，我和哥哥常常在天还没有完全亮起来之前就跳起来，穿着内衣跑到客厅，去找我们的礼物。我的女儿们小时候也这样做。今天晚些时候，我会做一些公共活动，我会被问到在太空中度过圣诞节是什么样的。我会回答说，在这个特殊的时刻来到这里，给了我一个机会来反思这个假期，以及我们能看到我们这个星球的景色是多么幸运。我会说，我怀念离开我爱的人的日子。现在，我只是飘浮在这里，而我的同事还在睡觉，一台发光的电脑在我面前，风扇在我的头边嗡嗡大叫。

随着长期任务即将结束，约翰逊航天中心的训练员开始慢慢加强我们的抗阻运动练习，以便使我们的身体适应重新回到重力状态的压力。我记得之前的任务，我并不喜欢这些运动，尽管我明白这是有必要的，但我也担心自己会受伤。如果我受了重伤，不能运动，那么当我回到地球时，重力会让我的生活变得更加困难。第二天下午，当我正在做负重深蹲时，我感到腿后部出现灼热的疼痛。不用多久，我就意识到我撕裂了一块腿部肌肉。疼痛并没有消失，现在我也没办法解决。

我的飞行外科医生史蒂夫给我开了肌肉松弛剂劳拉西泮。我们储存了一些药品——包括劳拉西泮和许多其他药品——与我们的其他医疗器械一起,放在实验室舱地板上的一个袋子里。这个包里有各种各样的药物:止疼药、抗生素、抗精神病药物,这些都是你在医院急诊室能找到的。受管制的药物上有药品管理局的警告标签,只有在医生的同意下才能使用。NASA为一切做好了准备——我们甚至还带了一个早孕测试和一个运尸袋。

第二天早上,我给艾米蔻发了一封电子邮件,是一张日出的照片。因为我们在空间站使用的是格林尼治标准时间,所以我和艾米蔻有5个小时的时差,我知道她醒来的时候,这封邮件正在等着她。我告诉她,这张照片不是为了放在社交媒体上,而是为了她拍的。后来她告诉我,这正是她所希望的那种虚拟拥抱。我不能让她轻松一些,但至少可以让她知道我在想她。

下午,当蒂姆·科普拉飘浮着寻找食物时,我正在准备午餐。

"这鸡汤真的很好喝。"我对他说。

"鸡汤真的很好喝。"他说,好像我刚才从来没有说过一样。

"是的。我还要来点烤牛肉。"我说。我们吃饭的时候一起看了几分钟CNN。

过了一会儿,我说:"你知道吗,仔细想一想,我不喜欢这汤。"

"是的,我也不喜欢。"蒂姆说。在我们吃完饭后,我们回到各自的任务。我过了几分钟才意识到,我刚才并没有因为蒂姆重复我说的话而生气。当我们失去卫星信号和CNN的报道时,我也不会感到困扰。当一小块褐色的烤肉酱汁在我大腿的裤子上盘旋时,我甚至不会感到困扰。现在,我比之前几个月,也许是一年,对周围的环境感到更加满足和平静。

那天晚上,我告诉艾米蔻肌肉松弛剂这种奇怪的效果。

"你压力很大,"她指出,"这种药物会影响到这一点。"

我告诉她，我的飞行外科医生提到，这种药有时是用来治疗情绪和焦虑症的。"我还没有感到压力太大。"我告诉她。事实上，在考虑了所有事情后，我都觉得自己很正常。但是我想，我只是在这里感到很不舒服。我必须放下压力，这样才能专注于我要做的事情，但是当压力总是存在的时候，它会以意想不到的方式表现出来——比如被同事惹恼了。我还必须记住，自己已经在高浓度的二氧化碳中生活了将近一年，这会导致易怒。无论如何，感觉更好是一件好事，我试着享受药物积极的副作用。

那天晚上，我在睡袋里读了几页沙克尔顿的书。1914年圣诞节，探险队的第一位军官在他的日记中写道："又一个圣诞节到此结束。我想知道我们的下一个圣诞节将会怎样，以及在什么情况下度过。温度零下30摄氏度。"他无法想象自己下一个圣诞节将怎样如何度过——在"忍耐号"轮船被冰块压碎后，他们在冰上露营，只有极少的食物。尽管他们经受了那么多磨难，但他们发现自己很享受自力更生的乐趣。"在某些方面，他们已经更加了解自己，"作家阿尔弗雷德·兰辛写道，"在这个充满冰雪和空虚的孤独世界里，他们至少获得了有限的满足感。他们经受了考验，自力更生。"

在空间站，平安夜是一个比圣诞节更重要的节日，因为所有国家都在同一天庆祝这个节日。我们聚在俄罗斯舱段参加庆祝活动。大家都有东西吃，有人祝酒，一直到晚上。我们暂时把灯关掉，试试我们能否看到地球上的任何烟花——在我之前的长期飞行中，我们能看到微小的彩色光斑，但今年我们什么都没有看到。能在太空中度过我的第二个新年夜仍然是一种特权，我很开心我仍能对我在哪里和我将要做什么心怀感激。第二天早上，我早早就起床了，打电话给我在美国的朋友和家人，祝他们2016年快乐——那是我回家的一年。

第 19 章
我要回地球了

我梦到艾米蔻和我的一些宇航员同事突然来到空间站。他们是坐公共汽车来的，这在梦里是可行的。我去美国实验室舱段清理了一下，发现我爸爸留下的香烟在冒烟。香烟开始飘浮在散落的纸张上。我大声呼喊所有人撤离，我留了下来，用一根浇花的软管扑灭大火，我惊讶地发现，墙上还有我们放在那里的卷盘和其他设备。但它并没有很好地发挥作用，因为空间站是用干木头做的。火苗一直蔓延到周围，我一直奋斗着直到醒来。

明天是图森枪击案的 5 周年纪念日，这次枪击事件伤害了嘉贝丽。这一天让我想起当嘉贝丽被枪击中时，我在做什么。我当时在修厕所，现在同一个厕所也以同样的方式坏掉了。

虽然这很奇怪，但我们已经知道这一天即将到来。抽水马桶已经超出使用寿命数百天了，我开始把它看作是一个挑战，我们要一直使用它，直到地面建议我应该更换时。我应该听取他们的意见，因为如果它发生灾难性的破损，将会导致大量的尿液与预处理过的硫酸混合在一起，我必须清理 4 升左右的污渍。

5 年前，当家人最需要我的时候，我正在离家人 250 英里的地方飞行。从那以后，发生了如此多的变化，然而，当我们为枪击受害者默哀片刻时，我仍然在同一个地方，做着同样的事。

今天，2016 年 1 月 15 日，是国际空间站上的一个伟大的日子，因为太空行走正在进行，而我没有去。我会永远感到高兴的是，我有机会体验飘浮在空间站外的激动。我和宇宙只隔着一层宇航服。但是，至少现在，我不介意坐在这里看着蒂姆·皮克成为第一位进行太空行走的英国正式宇航员，这也是一件激动人心的事。

今天我是 4 号宇航员。我确保两个蒂姆都能正确地穿上他们的衣服，检查他们的工具和宇航服的功能，并操作气闸舱。两个蒂姆正在更换 9 月份失灵的电源调节器，同时安装了一些新的电缆。在蒂姆·科普拉的二氧化碳传感器出现故障前，他们成功地完成了这些任务和其他一些任务。这本身并没什么大不了的，因为他可以根据自己的症状，自行监测二氧化碳浓度，但不久之后，他发现头盔里有水泡。如果泡泡很小，我们可能会推测这只是一滴已经破裂的汗水，但是水泡很大。蒂姆还报告说，当他把头靠在头盔上的吸收垫上时，会发出嘎嘎的声音，这表明他头盔里的水比泡泡还多。

两个蒂姆只在外面待了 4 个小时，他们的待办事项清单上还剩下一些事情没处理，但头盔里的漏水意味着现在该回到舱内了。蒂姆·皮克将清理工作场所，因为蒂姆·科普拉马上将回到气闸舱。我们希望让他们迅速回到空间站内部，但匆忙会增加出问题的可能性。所以，我们有条不紊地，一个接一个地完成这些程序，以确保我们没有把任何事情搞砸。我想起了一句曾经听到的说法，这句话是海豹突击队员说的："慢是高效的。高效的才是快速的。慢就是快。"当我把他们带进舱内的时候，先把科普拉的头盔摘下来。他看起来很好，只是有点湿。然后，我们把皮克的头盔摘下来。他们看起来都很疲惫，但都没有谢尔和我在前两次太空行走后的疲惫表情。我们在舱外的时间几乎是他们的两倍。

几天后，节点 3 舱段的二氧化碳去除装置又坏了。通常情况下，当它坏了的时候，地面可以重新启动并运行起来，一整天我都希望它们能成功。我一直大胆地希望自己能回到地球，而不用再次维修二氧化碳去除装置，所以当地面告诉我们，蒂姆·科普拉和我将不得不把它拆开，用几天时间修理它，让它运转起来时，我怀着沉重的心情接受了任务。

第二天，蒂姆和我把这台机器从架子上拖出来，移到节点2舱段，把它固定在工作台上拆开。这一天，我们解决部分问题。当我和特里·维尔茨把这台机器拆开时，发现这是一次为期数天的维修操作。给它缠上绷带后，我们都感到疲惫和沮丧。今天，我从一开始就发现，修复工作比以前好多了。但这仍然是一个非常复杂和具有挑战性的工作——只要想移动500磅重的物体，就会造成麻烦，因为它可能会损坏舱口密封、敏感设备或者身体部位。但是我对这台机器已经有了太多的经验，以至我现在可以用令人难以置信的自信和效率来解决这个问题。现在，如果我愿意的话，我可以为这该死的东西写一本修理手册。我感觉自己就像心脏病专家那样了解人类的心脏。

通过使用我以前修理时遇到过的技巧，我们节省了时间，只用了特里和我四月份完成这项工作所需时间的一小部分。我忍不住要对此感到骄傲。我也忍不住热切地希望，再也不用把这个东西拆开了。

那天晚些时候，我在日本舱段工作，突然发现有一个饮料袋塞在一件设备后面。我把它取出来，发现上面写着DP的首字母。这里没有人的名字首字母是DP，已经有很长时间了。它一定是唐纳德·佩蒂特的，2012年他最后一次来到这里。我把袋子保存起来，等到唐纳德做指令舱通信员时，我把袋子放在摄像机前问他："这是你的饮料袋吗？"

唐纳德对这种荒谬的情况嗤之以鼻。但是，他知道，正如所有空间站宇航员都明白，物品在这里很容易丢。在家里，你永远不会把一杯水弄丢，然后三年都找不到，但是在这里，尽管我们很小心，但还是很容易就会弄丢饮料或其他东西。这里有太多的东西，它们都飘起来了。

几天后，我拍了一张休斯敦和墨西哥湾沿岸的美丽夜晚。当我把它送给艾米蔻时，使用了"家"这个词，我惊讶地发现，我开始重新设置身体内部的指南针。我开始允许自己期待回到地球。在这一年的大部分时间里，我都没能沉浸在这种想法中，但是现在，渴望回家的感觉还是很好的，因为我知道，我很快就会回到那里。

　　在一月末，我们看到了空间站上的第二个主要植物项目。8月种植生菜相对来说比较容易——在欧洲舱段的生长灯下建立营养"枕头"，按照时间表给植物浇水，看着叶子像预期的那样发芽，轻松收获。现在我正在种植一种开花植物——百日菊。我们预计这会变得更加困难，因为这些植物更加精致，更不容易养好。这个顺序是故意这样设置的——我们将利用从更简单、要求更少的物种中学到的经验，来培育更挑剔的物种。种植百日菊被证明比我们预想的还要困难。它们经常看起来长得不太好，我怀疑，空间站和地面之间的沟通滞后是罪魁祸首。我拍下这些植物的照片，然后发给地球上的科学家，他们在看了一遍并互相咨询之后，给我发送指令，告诉我该做什么——通常是"浇水"或"不给它们浇水"。但是通信的滞后，意味着当我得到指示时，事情已经在向一个方向或另一个方向走得太远了。当被告知不要浇水时，这些小植物已经长时间被水浸泡，叶子和根部长出了霉菌。当浇水的指令传达给我时，它们已经脱水，濒临死亡。在空间站养一种生物并看着它挣扎却而不能适当地照顾好它，令我感到很沮丧。有一次，我在社交媒体上发布了一张百日菊的照片，一些人批评了我的植物学技能。"你不是马克·沃特尼①。"一个自作聪明的人评论道，他指的是在火星上被困的宇航员。现在我告诉地面指挥人员，我想决定什么时候浇花。这似乎是一个小小的决定，但对 NASA 来说，这是一个巨大的改变。

---

① 马克·沃特尼是电影《火星救援》中男主角的名字，在一次事故后，他独自留在火星上，种植土豆以维持生计，并等待来自地面的救援。——译者注

现在，我不得不用双手触摸植物和它们生长的培养基，这将是协议的一个重大变化。地面专家看起来很害怕，在我触摸植物时，如果它们上面有霉菌，就会感染我。一开始，人们对我的提议的可行性表示怀疑，但我确信如果我不能自行照顾这些植物，就像一个地球上的园丁做的那样，它们就会死去。那么在设计和启动这个实验的过程中人们所付出的所有的努力和金钱都会付之东流，这更让人沮丧。一些参与这个决定的人怀疑我是否会每天检查植物，因为相比简单地按照指示行事，这需要花费更多的时间和注意力。但最终，我得偿所愿了。

我很难描述看着鲜花从死亡边缘回来的感觉。当我还是个孩子时，我和外祖父、外祖母一起在植物园里看到的花朵，也许是因为和他们在一起的那些周末都是平静的休息日，我把鲜花和外祖母，还有她的爱联系起来。我想起了劳雷尔死后，我放在办公室里的紫罗兰。一旦百日菊变成了我的个人工作项目，那么对我来说，它们能够生长良好就变得非常重要。我要尽可能经常检查它们。一个周五，我把其中一些花带到俄罗斯舱段，把它们放在桌子上，作为餐桌的装饰品。

"斯科特，"谢尔盖说，脸上露出迷惑的表情，"你为什么种这些花？"

"它们是百日菊。"我澄清道。

"你为什么种这些百日菊？"

我解释说，我们正在努力有朝一日能够种植西红柿，这是我们正在进行的一项实验，以进一步增进我们对长时间太空飞行的知识。如果一名宇航员要去火星，他们会想要新鲜的食物，而且，他们不会像我们在空间站那样获得物资补给。如果我们可以种植生菜，也许我们可以种植百日菊。如果我们可以种植百日菊，也许我们可以种西红柿，而西红柿将为前往火星的旅行者提供真正有价值的营养。

谢尔盖摇了摇头。"种西红柿是一种浪费。如果你想种些可以吃的东西，你应该种土豆。你可以靠土豆为生。"俄罗斯人的实际和简单的观点有其优点。

当我在社交媒体上发布健康的百日菊的第一张照片时，引起了人们巨大的兴趣——600万留言。看到人们热情地回应我所关心的事情，这是令人欣慰的。这也强化了我的想法，也就是如果我们能将太空中的事情，以人们能够理解的方式呈现给他们，那么他们就会对这些事情产生兴趣。

对我来说，百日菊的成功是一个很好的例子，说明如果我们去火星的话，宇航员必须能自主工作。我对花卉的关心，远远超出了我的预期，部分原因是我一直在思念生物的美丽和脆弱，但最有可能的原因是，我的植物学技能让我在推特上大受嘲讽所以我需要证明自己的能力。

一月下旬，我第一次穿上大猩猩套装，把头和身体塞进了那身带有塑料气味的大猩猩套装里。我已经决定了太空大猩猩的第一次冒险是什么：我会躲在蒂姆·科普拉的乘员宿舍里，等待他的到来。当他开门时，我突然出来，把他吓得屁滚尿流。然后，我飘浮到俄罗斯舱段，向宇航员们展示，他们都哈哈大笑。太空大猩猩已经开始传播快乐了。

我觉得，穿着大猩猩套装飘到控制中心的镜头前，而不事先告诉他们会很有趣。在一个平静的周二下午，当事情并不是太多时，我开始行动。我穿上大猩猩套装，然后在美国实验室舱段的摄像机前飘移，直到我知道有人在屏幕上看到我。艾米蔻在 NASA 的电视上看到了，但地面上没有人说什么。太让我失望了。

我一直在思考，如何利用太空大猩猩来吸引孩子们的注意力。如果能吸引他们的注意力，让他们开怀大笑，也许他们会有兴趣听我谈论太空和科学、技术、工程和数学的价值。蒂姆·皮克同意帮助我，与我合拍了一个短片，在视频中，他正在拆卸一些货物，结果却发现一只偷渡大猩猩。这只猩猩随着本尼·希尔的歌曲《喋喋不休的萨克斯》，在美国实验室舱段四处追他。这段视频像病毒一样传播开来，给我们在空间站上做的事情带来了新的关注。

1月28日，我为30年前失踪的"挑战者号"航天飞机默哀片刻。在美国实验室舱段，两个蒂姆和我聚在一起，在那里，我说了几句纪念宇航员的话，并提到，他们的精神在我们当前的太空成就中继续存在。我低下头片刻，又忍不住想起了那个寒冷的早晨，我和我的大学室友乔治，看着航天飞机在他的小电视上一遍又一遍的爆炸。30年了，好像过了一辈子。我无法想象自己现在在哪里。我记得乔治问我还想不想去太空了，去比以前更远的地方。

几天后，我的一位俄罗斯同事来到美国舱段，向我展示他已经裂开了的牙齿。这是一个附着在植入物上的人造冠，就像他嘴里的一个小金属钉子。在乘坐"联盟号"飞船返回着陆时，牙齿会震动，所以可以理解，他担心这颗没有保障的牙齿会撞到喉咙，或在返回时丢了；他也不希望降落的时候没有它，因为我们在回到地球时会被拍很多照片。我拿出牙套，用纱布彻底擦干牙齿和牙柱，混合一些牙科黏合剂，把牙齿粘回了他的嘴里。我的同事露出了满意的微笑。一个指挥官永远都有新工作。

一个星期天的早晨，我飘浮到俄罗斯舱段，在他们吃早餐时向他们问好。

"斯科特！"米沙带着顽皮的笑容对我喊道，"你知道今天是什么日子吗？"

"是的，"我回答，"今天是我的生日，2月21日。"上一次我在休斯敦的家里庆祝时，我才50岁。今天我52岁了。

"生日快乐，斯科特，但并不只是这样！我们只剩下9天了！"

我一整年都没有倒数剩余的天数了。我很惊讶这个个位数的来临，所以我的策略似乎奏效了。9 天一点也不长。

"斯科特,"米沙用激动的声音说,"我们成功了!"

"米沙,"我回答,"我们别无选择!"

谢尔盖、米沙和我将一起参加"联盟号"飞船的一些训练课程,这样我们就可以准备降落了。米沙,作为 1 号飞行工程师,需要重新进行训练,为谢尔盖作后援;这是一段很长的时间。

我们开始收拾行李,准备离开。我必须搞清楚从"联盟号"飞船带回去什么——一个不超过一磅重的小包裹,包括给艾米蔻、萨曼莎和夏洛特的黄金吊坠,还有给我的宇航员秘书布鲁克·希思曼,我的调度员詹妮弗·詹姆斯,以及我的俄罗斯教练埃琳娜·汉森的礼物。更多的东西可以在晚春的时候,用 SpaceX 的飞船带回。我需要彻底打扫我的乘员宿舍,这样下一个人住进来时就会焕然一新。由于所有物品都可以在太空中飘浮,因此,我要清理墙壁、天花板和地板。我不得不把这个小房间拆开,把通风口吸干,这特别恶心,因为它们落了一年的灰。我还为我的继任者杰夫·威廉姆斯藏了一只塑料蟑螂。

艾米蔻告诉我,她让人来检查游泳池和热水浴缸的情况——在我的任务期间,游泳池加热器坏了,她没有注意到,直到她开始为了我的回归,把一切都安排好了之后才发现。她知道,我一直在想跳进泳池。她让我给她一份清单,上面写着我回来时想要她准备的东西。列这份清单让我更想家:床单、淋浴、游泳池和后院的热水浴缸。我用了整整一年的时间,尽量不要让自己渴望回家,现在我故意让自己想家。这种感觉很奇怪。

我给她发了一个清单:

主题:我在家想要的东西

佳得乐（老派的绿色饮料）

狗鲨头 60 分钟印度淡啤酒

还有 6 瓶装的米勒高品质生活啤酒（记得我说过我渴望这个）

绿色无籽葡萄

草莓

沙拉

解百纳红葡萄酒

奶油香的霞多丽白葡萄酒

瓶装水

通常，当我在太空中接受采访和记者活动时，我会被问到想念地球的哪些方面。在任何情况下，我总能找到一些有意义的答案：我提到了下雨，和家人在一起，在家里放松。这些都是真实的。但是，今天，我时时刻刻都意识到，我忽略了那些我没有想到的各种随机事物。

我想念烹饪。我怀念切开新鲜食物的感觉。当你第一次切开它们时，蔬菜就会散发出这种味道。我想念没洗过的水果皮的味道，想念在超市里看到新鲜的农产品堆积如山。我想念超市，那些色彩鲜艳的货架和光滑的地板瓷砖，还有那些在过道里闲逛的陌生人。我想念人们。我怀念遇见新朋友，了解他们，了解与我不同的生活，听到别人经历过但我没经历过的事情。我怀念孩子们玩耍的声音，不管他们说什么语言，听起来都是一样的。我想念别人在另一个房间里说笑的声音。我怀念房间。当人们在古老的建筑物里走来走去时，我会想念门、门框和木地板的吱吱声。我怀念坐在沙发上，坐在椅子上，坐在酒吧的凳子上的感觉。我怀念一整天在对抗地心引力后休息的感觉。我怀念那些沙沙作响的纸张，那些书页的翻页声。我怀念用玻璃杯喝酒的日子。我怀念把东西放在桌子上，让它们待在那里。我想念我背上突然刮来的寒风，太阳照在我脸上的温暖。我想念洗澡。我想念各种形式的自来水：洗脸、洗手。我怀念睡在床上的感觉——床单的感觉，被子的重量，枕头的曲线。我怀念一天中不同时间云彩的颜色，以及地球上日出和日落的变化。

当回到地球时，我也会想念这个地方。这是一种奇怪的感觉，这种提前怀旧的感觉，对我每天仍在经历的事情，以及现在经常让我烦恼的事情的怀旧之情。我知道，在这个长达一年的任务中，我会怀念和我一起在太空飞行的14个人的友谊和同志情谊。我会想念从穹顶舱中看到的地球。我知道，我会怀念自力更生的感觉，那种威胁生命的挑战可能会来临，我会站起来迎接危险，我做的每一件事都是重要的，每一天都可能是我的最后一天。

收拾行李离开太空是很奇怪的。垃圾桶里有很多东西，它们会被放进"天鹅座"货运飞船，这个月的晚些时候，这艘飞船会在大气中燃烧。我扔掉了很多没穿过的衣服——我对自己的挑战是尽可能少地穿衣服，这是一个成功，还有一行李袋的 T 恤、运动衫、内衣、袜子和裤子可以证明。

周末，我会抽时间拍一些人们让我带的东西——T 恤衫、带有标志的帽子、照片、艺术品和珠宝。我把它们都收集起来，带到穹顶舱。当打开百叶窗时，我瞥见了黄褐色的沙子，我立刻从颜色和质地上知道我们在地球上方的位置：摩加迪沙以北的索马里平原。从某种意义上说，我对这个星球如此熟悉的感觉让我非常满意。换句话说，这让我觉得我在这里已经待得太久了。

我把自己带来的物品一个接一个地拿出来，然后把它们放在地球的背景上，拍下照片。这并不难，也不费时，但这种事我从来没有想过去做，而且这种事情可能一直往后拖……直到现在。

还有一件事情我想做，但还没有找到合适的时间。我一直在思考把我带到这里的整个人生轨迹，我总是在想，年轻时读《太空英雄》对我意味着什么。我确信，如果我没读过那本书，就不会做那些事情了——如果汤姆·沃尔夫没有写的话。在一个安静的周六下午，我打电话给汤姆·沃尔夫，以示感谢。听到我的消息，他听起来真的很惊讶。我告诉他我们正在经过印度洋，我们的速度有多快，我们的通信系统如何工作。我们谈读书，谈纽约，以及回来后我打算做什么（跳进我的游泳池）。当我回到地球时，我们约好一起吃午饭，这也是我最期待的事情之一。

2016 年 2 月 29 日，我将国际空间站的指挥权移交给蒂姆·科帕拉。明天我将离开空间站，返回地球。

第 20 章
就像坐上云霄飞车后
发生车祸

我梦见我和哥哥一起进行太空行走。起初我们穿着正常的衣服出去，因为如果是短时间的话，你可以这样做。然后，我们穿上宇航服，他穿上了一件美国宇航服，我穿上了一件俄罗斯的奥兰宇航服。我喜欢奥兰宇航服，但我担心自己没有受过这方面的训练。我们从气闸舱里出来，发现空间站外覆盖着积雪，就像冬日仙境。

我们 6 个人聚在俄罗斯舱段，在"联盟号"飞船的舱门前摆拍出另一张尴尬的照片。当回去的时间到来时，谢尔盖、米沙和我都拥抱了两个蒂姆和尤里，然后说再见。当我们飘浮在舱门时，他们拍下了我们的照片。从我自己的大量经验中知道，从空间站那边说再见，是一种奇怪的感觉，因为你知道，当你的朋友回到地球时，你将留在太空中。在这么小的空间里，我们在一起度过了那么多时间，现在我们之间的一扇门已经关上了，再也打不开了。

就在谢尔盖关闭我们身后的舱门之前，米沙转过身去，最后一次摸到了空间站的墙壁。他轻轻拍了一下，就像你拍马背的样子。我知道，他在想他可能不会再来了，他怀念这个对他意义重大的地方。

如果进入太空的过程是暴力和不舒服的，那么重返太空的过程就更是如此。在"联盟号"飞船里降落，是我今年最危险的时刻之一，它将是我的身体感觉最疲惫的时刻之一。地球的大气层对从太空进入的物体有天然的抵抗力。

在高速轨道运动时，任何物体都会与空气产生摩擦——有足够的摩擦力，大多数物体都会在高温中燃烧。这是一个通常对我们有利的事实，因为它保护地球免受许多流星体和太空碎片的破坏，否则这些碎片会意外降落。当我们用垃圾填满访问空间站的航天器，然后把它们放在大气层中燃烧，我们利用到了这个特点。但这也使得从太空返回地球变得非常困难和危险。我们三个人必须在大气层中存活下来，这一过程会产生高达 3000 度的温度和高达 4g[①] 的负加速度。大气层似乎是专门设计来杀死我们的，但"联盟号"飞船和我们所经历的程序，都是为了让我们活下去。

返回地球大约需要三个半小时，我们必须成功地完成许多步骤。在离开空间站之后，我们将启动发动机，以正确的速度和角度，轻松地进入大气层的上层，开始降落。如果我们进入大气层的角度太陡，可能会降落得太快，我们会因过高的热量或过大的负加速度而死。如果角度太缓的话，我们就会跳出大气层的表面，就像扔在静止的湖面上的石片一样，只是后来再次进入大气层时飞飞航的角度会更陡，可能带来灾难性的后果。假设我们让飞船偏离轨道的燃烧按计划进行，大气层将完成减缓我们飞行速度的大部分工作，而隔热保护将（我们希望）保持温度不至于杀死我们，降落伞将（我们希望）在 10 公里高度时减缓我们的下降速度。然后，软着陆火箭将（我们希望）在我们落地前的几秒钟内，进一步减慢我们的降落速度。许多事情都需要完美地发生，否则我们将会死去。

谢尔盖已经花了几天的时间，来装载我们将要带到"联盟号"上的货物，包括小包裹的个人物品，以及供人类研究用的水样、血液和唾液。我们在"联盟号"飞船的居住舱里还带了一些垃圾，我把大猩猩套装也塞了进来，因为我

---

① g 是重力加速度，表示一千克物体在某处受到的重力大小。——编者注

不想为未来太空猩猩的滑稽动作负责。飞船里的大部分存储空间，都装满了我们希望永远不要用到的东西：无线电、指南针、弯刀和寒冷天气的生存装备，以防我们偏离航线，必须等待救援部队的到来。

因为我们的心血管系统一直以来都没受到地心引力的作用，所以它们已经变得很虚弱，在返回地球时会出现低血压症状。如果要抵消这种影响，我们要做的一件事，就是在回到地球前进行流体加载，即摄入水和盐离子来增加血液量。俄罗斯人和美国人对什么是最好的流体加载方式有着不同的看法。NASA给了我们一系列的选择，包括鸡汤、盐和水的混合物，还有一种专门为宇航员开发的补水饮料 Astro-Ade。俄罗斯人更喜欢盐和少量液体，部分原因是他们不喜欢在返回地球时使用尿布。我已经知道在我以前的飞行中什么会对我起作用，所以我坚持喝下大量的水并穿上了尿布。

我挣扎着穿上自己的索科尔宇航服，这比在哈萨克斯坦的拜科努尔航天中心更难穿，因为在那里，地心引力可以让东西保持不动，当时我还请了一些技术人员来帮我。我们在根纳季离开前收拾"联盟号"时，曾经穿过这套衣服，几天前我又穿上了自己的宇航服——除此之外，它已经在"联盟号"的居住舱里耐心地等了我一年。当我把头从环里伸出来，我试着回忆起我穿上这套衣服，准备发射的那一天。那天，我早餐吃了新鲜的食物，洗了个澡，看到了我的家人。那天，我还看到了很多其他人，到处都是人，总共有几百人，有些是我从未见过的陌生人，以后也不会再见到了。这是现在看起来最奇怪的部分。那天发生的一切，对我来说似乎都很遥远，就像我曾经看了一部关于别人的电影。

我正准备爬进飞船回家，打算再次把自己塞进那个狭小的空间。我们一个接一个地飘浮进"联盟号"的中心区域——返回舱。首先，米沙高大的身躯先挤进去，然后关上他身后的舱门，以便挣扎进左边的座位。米沙再次打开舱门，这样我就可以飘起来了；然后我挤过舱门，我希望宇航服上的任何一个硬件都不会刮伤舱门上的密封件。我先坐进中间的座位，再次关上舱门，然后笨拙地移动到右边的座位上。我钻进去之后，再次打开舱门，谢尔盖坐在中间的座位上。我们坐在那里，双膝紧贴胸前。

我们现在所处的座位内衬是定制的，十分贴合我们的身体，这些内衬现在比它们在发射日的作用更重要。我们将在不到 30 分钟内，从每小时 1.75 万英里变成零，而且这些座位，连同"联盟号"飞船的其他部分，必须像设计它的初衷那样，来让我们在与自然力量的战斗中赢得胜利。我们尽可能使用五点固定装置把自己绑起来，这说起来容易做起来难，因为皮带在我们周围飘浮，任何微小的力量都会把我们推离座位。我们很难被紧紧地固定住，但是一旦我们冲向地球，减速的力量就会把我们压倒在座位上，使我们更容易完全勒紧带子。

莫斯科任务控制中心发出指令，打开了从"联盟号"到国际空间站的钩子，不久之后，弹簧力柱塞将我们推离空间站。这两个过程是如此的温和，以至我们感觉不到或听不到它们。虽然我们还在轨道上运行，但是正以每秒几英寸的速度远离空间站。一旦到达安全距离，我们就使用"联盟号"推进器将我们推向离国际空间站更远的地方。

现在还有更长时间的等待。我们不怎么说话。这种挤压的姿势给我的膝盖造成了剧烈的疼痛，就像它一直以来的那样，而且这里很暖和。一个冷却风扇在我们的宇航服里散发出空气，发出一种低沉的舒适的呼呼声，但这还不够。我记得，我坐在另一艘"联盟号"飞船的右边，对米沙说，我们没有风扇噪声的生活已经结束了。那似乎是很久以前的事了。现在，我已经不记得安静是什么感觉了，我渴望再次体验。

我发现保持清醒很难。我不知道，我是从今天开始的，还是这一整年都很累。有时候，你不会感到一次经历多么令人疲惫，直到它结束，你允许自己不再忽视它。我看着谢尔盖和米沙，他们的眼睛已经闭上了。我也闭了眼。太阳升起来了；45 分钟后，太阳落山了。

当我们得到地面指令，该进行脱离轨道的点火操作了，我们立马就完全清醒过来了。把这部分工作做好是很重要的。谢尔盖和米沙完美地完成了点火，一个 4.5 分钟的制动发动机的燃烧，这使"联盟号"以每小时 300 英里的速度减速。在我们撞击地球大气层之前，我们正处于时长 25 分钟的自由落体中。

当宇航员舱，即我们坐的那个小小的圆锥形的返回舱，与"联盟号"的其他部分分离时，我们屏住了呼吸。三个舱被拆开。居住舱和仪表舱的碎片飞过窗户，其中一些撞击到我们的航天器的侧面。我们三人中没人提到这一点，但我们都知道，1971 年正是在"联盟号"飞船降落时，三名宇航员失去了生命。宇航员舱与轨道舱之间的一个阀门在分离过程中打开，使宇航员舱减压，造成宇航员窒息。米沙、谢尔盖和我都穿着防护服，在发生类似事故的情况下它可以保护我们，但是在下降的这一刻，我们仍然很高兴忘掉这件事。

我们感到重力开始回归，先是缓慢地，然后是加倍的。很快，一切都变得异常沉重，太沉重了——我们的清单、手臂、头。我感觉我的手表在手腕上很重，当重力压住我的气管时，呼吸变得越来越困难。返回舱被加热，燃烧的隔热板在烧焦的黑色窗户旁飞过。

我们听到大气层浓厚的空气掠过返回舱时，发出了风声，这是降落伞即将打开的信号。这只是全自动化返回地球过程中的一部分，我们专注于监视器，等待指示灯显示降落伞的工作。不会太久的，在我们感觉到降落伞被猛然拉动前，也许只有一两秒钟，但我们还是看着监视器。现在，所有的一切都取决于降落伞，这种降落伞是莫斯科郊外的一个老式工厂生产的，由老工人采用从苏联太空计划中继承下来的质量标准制造出来。毕竟，我今年经历了漫长的日子，艰苦的太空漫步，度过了错误的生日和庆祝活动，还有个人和职业奋斗，这一切都取决于那个降落伞。我们正以声速坠落。我们下降，等待，观望。

降落伞猛地拽住了我们，它在空中疯狂地翻滚并冲击着我们的舱体。我听说过这种经历，就像火车事故后面紧跟着车祸，接着从自行车上摔下来。我自己把它描述为在火中穿过尼亚加拉大瀑布的感觉。在错误的思维框架下，这是很可怕的，而且我听说，那些经历过"联盟号"降落的人已经被吓坏了。但是我喜欢。这就像激素突然飙升一样。

米沙的清单从安全索上松开，飞到我的头上。我伸出左手，在空中抓住它。我们三个惊奇地看着对方。

"左手超级碗接球！"我大喊道，然后很快意识到谢尔盖和米沙可能不清楚超级碗是什么。这不仅是陶醉于我的运动能力的时刻；它也是一个很好的迹象，"联盟号"飞船的运动一定不要像它看起来的那样疯狂——很多人认为我们的前庭系统对重力反应过度。

在经历了所有的跌落之后，我们却异常平静。稍后，我将看到一张"联盟号"飞船在白色和橙色的降落伞下的照片，背景是一片蓬松的云层。隔热板被抛开了，窗户上烧着的东西也被扯掉了。当我们看着地面越来越近的时候，阳光从我肘部的窗户射进来。

从救援部队在附近直升机上的位置开始，他们在通信系统中进行倒数，直到着陆。

"张开嘴巴。"一个人用俄语提醒我们。如果我们不把舌头从牙齿上移开，我们可能会因为撞击而咬掉它们。当我们距离地面只有5米时，火箭就会点火，进行"软着陆"（这就是它的名字，但我从经验中知道，这种着陆并不软）。我感觉到脊椎撞到了地球，产生了一道坚硬的裂缝。我的头撞到了座位上，感觉像是一场车祸。我们下来了。我们已经着陆了，舱口朝上，而不是一边，这是很罕见的。我们会比平时多等几分钟，同时救援人员带着梯子，把我们从燃烧的返回舱里救出来。

当舱口打开时，"联盟号"飞船中充满了丰富的空气和凛冽的冬天的气味。闻起来好棒啊。我们击拳庆贺。

在谢尔盖和米沙从舱里出来之后，我惊讶地发现，我可以解开自己的皮带，把自己从座位上拉出来，然后到达头顶的舱口，尽管事实上，地心引力就像一股碾压着我的力量。我记得刚从 STS-103 航次回来后仅仅 8 天，我感觉自己有 1 000 磅重。现在，在救援部队的一点帮助下，我把自己从返回舱里拉了出来，坐在舱口的边缘，看着周围的风景。看到这么多人，可能有几百人，真令人吃惊。一次看到不止几个人，这种感觉是难以形容的奇怪，而且这种景象是无法抗拒的。我在空中挥舞着拳头。我呼吸着，空气中弥漫着一种奇妙的甜味，一种烧焦的"联盟号"和金银花的混合味道。俄罗斯航天局坚持要求救援人员帮助我们从返回舱下来，把我们放在附近的营地椅子上，让医生和护士检查。当我们和他们一起旅行时，我们遵守俄罗斯人的规则，但我希望他们能让我离开着陆区。我觉得我能做到。我的飞行外科医生史蒂夫·吉尔莫在那里，我想起了他的医疗和友谊对我意味着什么。我注意到了首席宇航员克里斯·卡西迪和我的朋友乔尔·蒙塔尔班诺，他是国际空间站的项目主管。在谢尔盖和米沙附近，我认出了谢尔盖的父亲，他是一位前宇航员，还有瓦列里·科祖。在远处，我看到了救援部队，其中一些人是我在 2000 年冬季生存训练期间，第一次在俄罗斯遇到的，他们的奉献精神是我所欣赏和依赖的。我注意到米沙微笑着向他们挥手，他肯定在想他的父亲，他曾经也是宇航员。

克里斯递给我一部卫星电话。我拨通了艾米蔻的手机——我知道她会和萨曼莎（夏洛特在弗吉尼亚海滩的家中观看）、哥哥，以及我的朋友们一起在休斯敦的任务控制中心的巨大屏幕上观看现场直播。

"怎么样？"艾米蔻问道。

"真老土，"我说，"但是很管用。"

我告诉她，我感觉很好。如果我是第一批到达火星表面的乘组，在经过一年的旅程之后，刚刚降落到火星表面，那么，我觉得自己能够完成需要完成的任务。我的任务中最重要的问题之一，就是一个简单的是或不是：你能在火星上工作吗？我不想建立一个栖息地或徒步10英里，但我知道我可以在紧急情况下照顾好自己和其他人，那感觉就像是一场胜利。

我告诉艾米蔻我很快就会见到她，这是一年来的第一次，这次是真的。

后记　我在地球上的生活

回到地球之后，我经常会被问到，在太空的一年里我学到了什么。我想有时候，人们想听一些深刻的科学发现和观点，或者是一些让我和科学家感到震撼的事情，就像在我执行太空任务的巅峰时刻，宇宙射线穿过我的大脑一样。但我讲不出这样的东西。我准备的内容，大部分都是关于我执行的太空飞行任务。在我写这篇文章的时候，相关数据还在分析中，科学家们对他们目前所看到的现象感到兴奋。从今年开始，根据我和我哥基因差异的分析，可能会打开发现新知识的大门，这不仅事关太空飞行对人类身体的影响，也事关我们在地球上是怎样老去的。我和另一位航天员米沙所做的流体变化研究，对改善长期任务中航天员的健康问题很有帮助。在这次任务中，我的视力似乎没有进一步退化，对我眼部的研究，可能有助于揭开宇航员视力受损之谜，也有助于我们更多地了解眼睛的解剖结构和发病过程。

在过去一年中，我们完成了 400 项实验，在未来数年和数十年内，相关研究结果和科学论文将不断涌现。米沙和我只是两个样本——我们希望看到更多的宇航员，在太空中停留更长的时间，然后，才能对我们所经历的工作得出结论。我确实觉得，自己似乎有所发现——只是这些发现，还不能完全脱离我在别的太空任务、别的人生阶段、别的挑战和别的课程中学到的东西。

就像我进行科学实验一样，我认为，我至少学会了执行长期任务面临的实际问题。这也是国际空间站上的航天员一直在做的事情——我们不仅是在解决问题，努力让太空飞行变得更好，而且我们还在研究如何让人类的未来变得更好。因此，即使是我做出的最小决定，或者是与地面进行的沟通，都是针对资源管理方面的更大的问题。我在任务中面临更大的困难，最显著的是空气中的二氧化碳管理和西德拉设备的维护，这将对未来的空间站任务和未来的太空飞行器产生更大的影响。NASA 已经同意，将二氧化碳排放量控制在较低水平。更好的二氧化碳去除装置正在研发中。有朝一日，它将取代西德拉，为未来的太空旅行者提供更好的生活，我对此深怀感激。

就我个人而言，我明白了没有什么能像水一样，让人感觉如此美妙。当飞机降落在休斯敦的那个晚上，我终于可以回家了，我做了一件一直说要做的事情：我穿着飞行服，走进前门，走出后门，跳进了游泳池。一年来，第一次将身体浸入水中的感觉，是无法描述的。我再也不会认为，水对我们来说是理所当然的了。米沙说，他也有同样的感觉。

1999 年以来，我要么参加航天飞行任务，要么进行几乎不间断的飞行训练。未来，我将不再以这种方式规划我的生活，对我将是一种调整。我有机会反思我所学到的东西。

我学会了我能在十分糟糕的情况下保持冷静。当我还是个孩子的时候，我就明白这一点，但如今，这一点肯定得到了强化。

我学会了更好地区分轻重缓急。这并不意味着忘记感觉，而是意味着专注于我能掌控的事情，忽略那些我无法掌控的事情。

回顾我母亲成为一名警察的经历，我明白一个道理：只有积跬步，才能至千里。

我明白了，和别人坐在一起吃饭是多么重要。在太空中的时候，有一天，我在电视上看到人们坐在一起吃饭。这个场景，让我产生了一种难以名状的向往。我突然渴望，和家人一起坐在桌旁，就像屏幕上的人一样，地心引力让刚做好的饭摆在桌面上，让我们能坐在座位上。这样，我们就可以一边休息，一边享受美食。我让我的女朋友艾米蔻买张餐桌，她买了，还给我发了张照片。飞机着陆两天后，我坐在这张新桌的一头，桌上是我的朋友蒂尔曼送来的美味佳肴，家人们围坐在我的身旁。艾米蔻、萨曼莎、夏洛特、马克、嘉贝丽、柯宾，还有我父亲。我不用回头就能看见他们。这正是我希望的样子。在饭后闲聊时，嘉贝丽时而指指马克，时而指指我，来来回回，反反复复。她指出，我和马克都做了同样的手势，双手交叉放在头顶上。这让我明白，和家人重新欢聚一堂，意味着什么。

我知道，大多数事情并不是很难，但如果很难，你就应该去咨询专家。换句话说，我并不是什么都懂，所以，我学会了寻求建议和意见，听取专家的意见。这让我明白，看似是我一个人取得的成就，但背后可能有成百上千人的思想和努力。这也让我明白，能够成为这一任务的代表，对我来说，是一种荣幸。

我明白了，俄语中表示诅咒的词汇比英语中的更复杂。表示友谊的词汇也比英语更复杂。

我明白了，我在太空中的一年充满了矛盾。一年里，离开你所爱的人，双方的关系会变得紧张，但又会以新的方式巩固。我明白，登上一艘可能会杀死我的飞船，既是对死亡的抗拒，也是冒险，但这让我觉得自己比以往任何时候都更有活力。我明白了，在这一刻，美国的航天事业来到了一个十字路口，我们重申我们的誓言，向更远的地方出发，在成功的基础上再接再厉，做越来越难的事。否则的话，我们就只能降低目标，并向困难妥协。

我明白，草闻起来很香，风的感觉令人惊讶，而雨是个奇迹。在我的余生中，我会努力记住，这些平常的事情是多么神奇。

我明白了，我的女儿们非常出色，她们有不可思议的坚韧，我错过了她们生命中永远无法追回的一部分。

我明白了，从太空中看，地球就像一片混乱和冲突的旋涡，环境退化令人心碎。但我懂得，我们的星球非常美，拥有它，我们很幸运。

我明白了，接受脊椎穿刺并不是好玩的事情。

我学会了，以同理心对待他人，包括我不认识的人和我不认同的人。我开始让人们知道，我很欣赏他们，有时，这会吓坏他们。因为这有点不符合我的性格。但这是我很高兴得到并希望保持的性格。

我告诉我的飞行外科医生史蒂夫，从太空回来后我感觉很好，可以马上开始工作，我也这么做了。但是，几天后，我感觉身体很不舒服。这就是让我把自己的身体用于科学研究的意义。在我的余生中，我将继续作为测试对象。

几个月后，我感觉明显好多了。随着我和我哥马克年龄的增长，我将继续参与双胞胎研究。科学是一个缓慢发展的过程，可能需要数年时间，才能从数据中获得重大的理解或突破。有时，科学提出的问题可以通过其他问题得到解答。这并不会特别地困扰我——我会把科学问题留给科学家去解决。对我来说，为人类知识的进步做出贡献，是值得的，即使这只是漫长旅程中的一小步。

我一直在周游全国，周游世界，谈论我的太空经历。看到人们对我的任务充满好奇，看到孩子们本能地感受到太空飞行的兴奋和惊奇，看到有很多人和我一样，认为登陆火星是人类的下一个计划，我感到很欣慰。

夏天的时候，我爸被查出来患有喉癌，并开始接受放射治疗。到了10月，他病得更厉害了。一天晚上，艾米蔻接到了他的电话，这很正常，当我在太空的时候，我爸就非常依赖她，他们经常一起聊天。但是那天，他并不想要什么特别的东西。

"我只是想让你知道，我有多爱你，亲爱的，"他告诉她，"我很高兴你和斯科特在一起。你们一起完成了那么多事情，你们所经历的一切，都是值得的。"艾米蔻认为，这不符合我爸的性格，但她还是说，他听起来比以前好多了。几天后，他的病情恶化了，当马克、艾米蔻和我都不在国内的时候，他躺在重症监护室里去世了，比我妈晚走了 4 年半，我的女儿萨曼莎陪在他身边。我很感激萨曼莎能和他在一起。

我相信，他坚持活着，是为了见证我完成任务，庆祝我的归来。对他来说，支持我和马克的事业和家庭，庆祝我们的成就，是一件大事。当然，他也为自己宠爱的孙女们感到骄傲。像大多数人一样，随着年龄的增长，他变得成熟了，在他生命的最后阶段，我们父子之间的关系也有了很大的改善。

在我的电脑里，有一个文件夹，里面有我和同事在国际空间站拍摄的所有照片。当我试图回忆任务中的一些细节时，我会打开它。它堪称海量，因为实在太多了，有 50 万张，但是，某一天、某个特定人物的照片，常常会激活我大量的感官记忆。我会突然想起空间站上的气味，或者同伴们的笑声，或者乘员舱内柔软墙壁的纹理。

一天晚上，在艾米蔻睡着后，我打开了这些照片：米沙和谢尔盖在俄罗斯服务舱里，笑着准备参加周五晚上的晚餐；萨曼莎·克里斯托弗雷蒂女士在墙上的跑步机上跑步，还咧着嘴笑；我在半夜拍摄到了紫绿色的极光；从太空中拍摄到的飓风眼；一个我正要扔掉的过滤器通风口，看起来很脏，上面都是灰尘和线头，还有一根很长的金色头发，肯定是凯伦·尼伯格留下的，她在我抵达空间站的前一年多就离开了；我和希德拉·特里在修理飞船时拍摄的一系列连接器照片，只有这样，地面工程师才能看到它的样子；飘浮在穹顶舱的一台平板电脑，上面是一个我不认识的新生儿，下面可以看到地球上巨大的云层；

蒂姆·皮克为他的首次太空行走准备宇航服的一张照片，宇航服的肩上可以看到英国国旗，他正发出孩子般的大笑；凯尔像超人一样飞越美国实验室舱段的一张照片。还有一张照片，是我和根纳季在节点1舱段里聊天，享受着此时此刻彼此的陪伴。一年中，有过无数这样的场景，我不可能都拍下来。

有一张照片并不在我的电脑里，但我会永远记住它，那就是当谢尔盖、米沙和我离开国际空间站时，从"联盟号"飞船的舷窗看到的景象。尽管我很了解空间站的内部结构，但空间站的外面，我只见过几次。真是一个奇怪的景象，空间站有一个足球场那么长，在阳光的照射下闪闪发光，它的太阳能电池板居然超过2 000平方米。这是一个十分独特的结构，在这里，在真空中，宇航员以每小时1.75万英里的速度环绕地球飞行，周围的极端温度可达 ±270 华氏度。18年来，15个不同国家的人围绕这里工作，成千上万的人说不同的语言，使用不同的工程方法和标准。在某种意义上，空间站各舱段在地球上都从未彼此连接过，但在太空中，它们完美地结合在一起。

当我们离开空间站的时候，我知道，我再也看不到它了，我在这里度过了生命中的500多天。有生之年，我的生命中再也不会遇到像这样的空间站了，我将永远感激在空间站的生命中我所扮演的角色。在一个妥协和不确定的世界里，这个空间站是工程研制和合作精神的胜利。把它送入轨道，让它运转并长期保持，是人类有史以来做过的最困难的事情。它证明了，当我们下定决心做一些困难的事情时，当我们一起努力时，我们可以完成任何事情，包括解决我们在地球上面临的问题。

我也知道，如果想载人登陆火星，不仅技术上会非常非常困难，而且也需要大量的资金，甚至可能还会牺牲生命。但如今我知道，如果我们决定这么做，我们就能做到。

致谢

艾米蔻曾对我说，"只有团队合作，才能实现梦想"，太空飞行是目前最大规模的团队活动。所以，无论我在太空中度过多长时间，都需要成千上万人的支持和合作。从训练我们的教官，到飞行控制员和在任务控制中心工作的飞行指导员，再到让我与地球生活保持联系的朋友和家人。由于本书没有足够的篇幅来感谢所有人，因此，一句向所有人致敬的"谢谢"，就已经足够了。

最重要的是，我必须特别感谢我的恋人和未婚妻，艾米蔻·科德勒。我希望，这本书上的每一页文字都能清楚地告诉我，在这段旅程中的每一天，她都和我在一起，一起经历挑战、胜利、高潮和低谷，以及这对我来说，究竟意味着什么。我试图向她表达，在这次成功的任务中，她扮演了多么重要的角色。但是，在过去8年中，她在我生活中的重要作用，语言永远无法表达。谢谢你，艾米蔻。

我的孩子萨曼莎和夏洛特，为她们的父亲牺牲了很多。从错过她们的生日和节日，到常常打扰她们的生活，要她们接受太空飞行的固有风险，要与全世界分享她们的父亲。她们勇敢、适应能力强、有韧性。你们以勇敢而优雅的方式处理这一切，我很欣赏，并为你们感到骄傲。谢谢你们。

我的哥哥马克，从我出生起，就一直在我身边，在我的一生中，他一直在激励我，支持我。因为他也曾参加过太空飞行任务，他很理解这次太空旅行面临的刺激、考验和艰辛。他的支持和忠告，是我所依赖和感激的。谢谢你。

看着自己的儿子进入太空，等待他安全返回地球，我的父母忍受着情感上的创伤——我的母亲帕特里夏经历了7次这样的伤痛，而我父亲理查德，则经历了8次。感谢我的母亲，感谢她以身作则，向我展示了实现一个崇高目标所需要的一切。

我的前妻莱斯利也愿意支持我，她成了一位全职的单身妈妈，确保在我每次离开地球去太空工作时，我们的女儿都能在地球上是安全的，并得到照顾。谢谢你。

写一本书需要整个团队一起努力。这是我第一次写书，也是我的合著者玛格丽特第一次与别人合写一本书。除此以外，这次经历也不是一次简单的合作。从一开始，玛格丽特就表现出值得信赖的一面，她不仅保守秘密，而且让我敞开心扉，探索自己的心路历程，这才使得这些个人故事得以重现。谢谢你，玛格丽特，谢谢你帮助我经历这个过程，也谢谢你的友谊。

乔纳森·西格尔是我们的编辑，对整个写作过程和最终的图书质量起到了关键作用。谢谢你，乔纳森。我还要感谢我的版权代理人艾丽丝·切尼，她不仅与出版商签署了这份协议，而且还是我的良师益友。

多年来，我的飞行外科医生史蒂夫·吉尔莫博士一直在太空中和地球上照料我的健康，对许多与医学相关的内容提供了重要建议，值得我给予特别的肯定。

我还要感谢一些人，他们对我描述的经历提出了自己的观点，并允许我讲述他们的故事。许多人补充了本书的细节，为本书的草稿提供了他们的意见，并以其他大大小小的方式提供帮助。感谢比尔·巴比斯、克里斯·伯金、史蒂夫·布莱克威尔、贝丝·克里斯特曼、保罗·科尼利亚罗、萨曼莎·克里斯托弗雷蒂、特蕾西·考德威尔·戴森、蒂尔曼·费尔蒂塔、史蒂夫·弗里克、鲍勃·吉布森、马克·格罗布、安娜·古斯曼、玛莎·汉德勒、埃琳娜·汉森、布鲁克·希思曼、克里斯托弗·赫伯特、吉赛尔·休伊特、艾尔·霍兰德博士、星出彰彦、比尔·英格尔斯、奥马尔·伊兹奎尔多、史密斯·约翰斯顿博士、杰夫·琼斯博士、鲍勃·凯尔曼、谢尔盖·克林科夫、内森·科加、迈克·拉莫斯、谢尔·林德格伦博士、梅根·麦克阿瑟博士、布莱恩·迈尔斯博士、罗布·内维亚斯博士、詹姆斯·皮卡诺博士、朱莉·罗宾逊博士、杰里·罗斯、汤姆·圣安杰洛、达利亚·谢尔巴科娃、柯克·希尔曼、斯科特·斯托弗、杰瑞·塔诺夫、罗伯特·蒂杰里纳、特里·维尔茨、谢尔盖·沃尔科夫、香农·沃克博士、利兹·沃伦博士、道格·惠洛克和戴夫·威廉姆斯博士。

最后，我要感谢汤姆·沃尔夫，他给了我最初的灵感。我真的相信，如果我没有在 18 岁的时候读过《太空英雄》，我就不会写这本书，也不会有幸遨游太空。